住房和城乡建筑领域专业技术管理人员培训教材

造 价 员

（第2版）

本书主编　　陈远吉　宁　平

本书副主编　李　娜　毕春蕾

本书编委　　谭　续　　费月燕　　陈愈义　　陈远生

陈桂香　　陈文娟　　陈娅茹　　王　勇

李春平　　李文慧　　李　倩　　孙艳鹏

宁荣荣　　梁海丹　　符文峰　　邱晓花

合 作 伙 伴　中国考通网（www. kaotong. net）

江苏人民出版社

图书在版编目（CIP）数据

造价员 / 陈远吉，宁平　主编．
—南京：江苏人民出版社，2013.9
（住房和城乡建筑领域专业技术管理人员培训教材）
ISBN 978-7-214-07457-7

Ⅰ．①造…　Ⅱ．①陈…　②宁…　Ⅲ．①建筑造价管理
—岗位培训—教材　Ⅳ．①TU723.3

中国版本图书馆 CIP 数据核字（2011）第 192714 号

造价员（第 2 版）　　　　　　　　　　　　　　　陈远吉　宁　平　主编

责任编辑：蒋卫国　翟永梅
责任监印：安子宁
出　　版：江苏人民出版社（南京湖南路 1 号 A 楼　邮编：210009）
发　　行：天津凤凰空间文化传媒有限公司
销售电话：022-87893668
网　　址：http://www.ifengspace.cn
集团地址：凤凰出版传媒集团（南京湖南路 1 号凤凰广场 A 楼　邮编：210009）
经　　销：全国新华书店
印　　刷：昌黎县思锐印刷有限责任公司
开　　本：787mm×1 092mm　1/16
印　　张：20.5
字　　数：525 千字
版　　次：2013 年 9 月第 2 版
印　　次：2013 年 9 月第 2 次印刷
书　　号：ISBN 978-7-214-07457-7
定　　价：45.00 元

内 容 提 要

　　本书从基础知识与实践应用入手，依据最新的概预算定额及《建设工程工程量清单计价规范》，采用课堂模式，详细讲解了造价员所必须掌握的专业知识。为了对文中需要特别注意或生僻之处能理解得更加透彻，本书还新增了温馨提示及建筑词典的小版块。本书共分为16章，主要包括：建筑工程识图，建筑工程造价概论，建筑工程定额，建筑工程单价的确定，建筑工程工程量清单计价，建筑面积计算规则，土石方工程工程量计算，地基处理与边坡支护工程及桩基工程工程量计算，砌筑工程工程量计算，混凝土及钢筋混凝土工程工程量计算，门窗与木结构工程工程量计算，金属结构工程工程量计算，屋面及防水工程工程量计算，防腐、隔热、保温工程工程量计算，建筑工程施工图预算的编制与审查及建筑工程结算与竣工决算。

　　本书结构新颖，重点、难点突出，实用性强，可作为建筑工程造价编制工作人员的培训教材，也可供在建筑工程中从事造价工作的人员使用。

前　言

　　建筑业是我国国民经济的支柱产业。近年来,为了适应建筑业的发展需要,国家对建筑设计、建筑结构及施工质量验收等一系列标准规范进行了大规模的修订。与此同时,各种工程建设新技术、新设备、新工艺及新材料已得到广泛应用。做好工程施工准备工作,理解各分部分项工程的施工要求和方法,以及按照施工组织设计和有关标准、经济文件的要求进行施工等,是住房和城乡建筑领域专业技术管理人员必须具备的职业技能。其管理能力及技术水平的高低,直接关系到建筑工程的效率和质量,关系到企业的信誉、前途和发展。因此,大力发展以职业技能培训为重点的职业教育,无疑成为适应建筑业高速、可持续发展的当务之急。

　　根据住房和城乡建筑领域专业技术管理人员的实际需要,本套培训教材以工程项目中的专业技术管理人员为编写对象,目的是在建筑技术不断发展的今天,能够为其提供一套内容简明,通俗易懂,图文并茂,融新技术、新材料、新工艺与管理工作为一体的实用参考书。

　　本套丛书共分为9本分册:

　　1.《施工员》;

　　2.《监理员》;

　　3.《质量员》;

　　4.《测量员》;

　　5.《造价员》;

　　6.《材料员》;

　　7.《资料员》;

　　8.《安全员》;

　　9.《试验员》。

　　本套丛书由工程建筑领域的知名专家、学者及一批长期工作在工程施工一线的技术人员和管理人员历经数年精心编写而成,是编者多年实际工作经验的积累与总结。

　　丛书在编写过程中,打破以往类似图书呆板、单调、千篇一律的传统模式,准确把握施工技术的关键知识点,提炼所需的知识信息,遵循循序渐进、各个击破的原则,让所有的知识潜移默化地传授给读者。以科学的方法、合理的信息,将每章分成:学习目标、知识课堂、学以致用等栏目,同时文中也设置了建筑词典及温馨提示的小版块,让读者像查阅"地图"一样查找相关的知识信息。这是丛书最大的创新,也是区别于其他类似图书最大的"亮点"。

　　学习目标:明确学习任务,将本章的重点、难点筛选提炼出来,去粗存精,突出重点,遵循"基本知识不遗漏、前沿知识有选择"的原则,力求突出"自学"的特点。

　　知识课堂:本书采取图文并茂的形式,用通俗易懂的语言及图表解释的方法,将本章的重点知识和难点知识统一归纳,让读者读起来省心、省时、省力。同时,也增加了一些互动环节,着重改善"学习的被动状态",引导读者从被动走向主动,从主动走向互动,从而达到学习的最佳效果。

学以致用：这是本书的重点。在这里我们将一步一步地教读者如何应用所学的知识进行实践操作，真正让读者在阅读本书后，能将工作"拿得起，放得下"。

建筑词典版块：将陌生的术语、难以理解的语句，予以详细的解释，让读者真正能明白其中的含义。

温馨提示版块：提示读者在学习或实践操作中要注意的地方，包括施工安全及数据的解释等相关内容。

本套丛书在编写时参考和引用了部分单位、专家学者的资料，并得到许多业内人士的大力支持，在此表示衷心的感谢。限于编者水平有限和时间紧迫，书中疏漏及不当之处在所难免，敬请广大读者批评指正。

编　者
2013 年 9 月

目　　录

第一章　建筑工程识图

学习目标

1. 了解常用建筑材料图例、部分构造及配件图例的表示方式及特征。
2. 掌握施工图识图方法和一般要求。
3. 具体分类记忆施工图的分类识读。

知识课堂

建筑施工常用图例

在建筑工程图中,除图示构筑物的形状、大小外,还需采用一些图例符号和必要的文字说明,共同把设计内容表示在图纸上。各种图例符号,必须遵照国家已制定的统一标准,如标准图例不符合应用时,可暂用各地区或各单位的惯用图例,并应在图纸的适当位置画出该图例,并加以说明。

一、常用建筑材料图例

图例是建筑施工图纸上用图形来表示一定含义的符号。常用建筑材料图例见表1-1。

表 1-1　常用建筑材料图例

序号	名　称	图　例
1	自然土壤	
2	夯实土壤	
3	砂、灰土	
4	砂砾石、碎砖和三合土	
5	石材	
6	毛石	
7	普通砖	

序号	名 称	图 例
8	耐火砖	
9	空心砖	
10	饰面砖	
11	焦渣、矿渣	
12	混凝土	
13	钢筋混凝土	
14	多孔材料	
15	纤维材料	
16	泡沫塑料材料	
17	木材	
18	胶合板	
19	石膏板	
20	金属	
21	网状材料	
22	液体	
23	玻璃	
24	橡胶	

序号	名 称	图 例
25	塑料	
26	防水材料	
27	粉刷	

注:序号1、2、5、7、8、13、14、16、17、18、22的图例中的斜线、短斜线、交叉斜线等一律为45°。

温馨提示

建筑工程图是重要的技术资料,是施工的依据。为了使工程图样图形准确统一,图面清晰,符合生产要求和便于技术交流,以适应工程的需要,国家制定了《房屋建筑制图统一标准》(GB/T 50001—2010)、《总图制图标准》(GB/T 50103—2010)、《建筑制图标准》(GB/T 50104—2010)、《建筑结构制图标准》(GB/T 50105—2010)、《建筑给水排水制图标准》(GB/T 50106—2010)和《暖通空调制图标准》(GB/T 50114—2010)等国家制图标准,分别对图幅大小、图线线型、尺寸标注、图例符号、字体等内容做了统一的规定。

二、部分构造及配件图例

部分构造及配件图例见表1-2。

表1-2 部分构造及配件图例

序号	名 称	图 例	序号	名 称	图 例
1	墙体		5	坡道	
2	隔断				
3	栏杆				
4	楼梯		6	平面高差	

序号	名　称	图　例	序号	名　称	图　例
7	检查孔		16	双扇门（包括平开或单面弹簧）	
8	孔洞				
9	墙预留洞	宽×高或ϕ / 标高	17	对开折叠门	
10	墙预留槽	宽×高或ϕ×深 / 标高			
11	烟道		18	推拉门	
12	通风道		19	单扇双面弹簧门	
13	新建的墙和窗		20	双扇双面弹簧门	
14	改建时保留的原有墙和窗		21	转门	
15	单扇门（包括平开或单面弹簧）		22	自动门	

续表

序号	名 称	图 例	序号	名 称	图 例
23	折叠上翻门		25	单层内开平开窗	
24	单层外开平开窗		26	双层内外开平开窗	

学以致用

施工图识读方法与一般要求

1. 施工图的分类

一套完整的施工图按各专业内容不同，一般分为以下几项。

1）图纸目录，说明各专业图纸名称、张数、编号，目的是便于查阅。

2）设计说明，主要说明工程概况和设计依据。包括建筑面积，工程造价，有关的地质、水文、气象资料，采暖通风及照明要求，建筑标准，荷载等级，抗震要求，主要施工技术和材料使用等。

3）建筑施工图（简称建施），它的基本图纸包括建筑总平面图、平面图、立面图和剖面图等；它的建筑详图包括墙身剖面图、楼梯详图、浴厕详图、门窗详图及门窗表，以及各种装修、构造做法、说明等。在建筑施工图的标题栏内均注写建施××号，可供查阅。

4）结构施工图（简称结施），它的基本图纸包括基础平面图、楼层结构平面图、屋顶结构平面图、楼梯结构图等；它的结构详图包括基础详图，梁、板、柱等构件详图及节点详图等。在结构施工图的标题内均注写结施××号，可供查阅。

5）设备施工图（简称设施）包括以下几种。

① 给水排水施工图，主要表示管道的布置和走向，构件做法和加工安装要求。图纸包括平面图、系统图、详图等。

② 采暖通风施工图，主要表示管道布置和构造安装要求。图纸包括平面图、系统图、安装详图等。

③ 电气施工图，主要表示电气线路走向及安装要求。图纸包括平面图、系统图、接线原理图以及详图等。

在上述施工图的标题栏内，分别注写水施××号、暖施××号、电施××号，以便查阅。

2. 施工图编排顺序

《房屋建筑制图统一标准》（GB/T 50001—2010）对工程施工图的编排顺序做了如下规定："工程图纸应按专业顺序编排，一般应为图纸目录。总图、建筑图、结构图、给水排水图、暖通空调图、电气图……各专业的图纸,应该按图纸内容的主次关系、逻辑关系,有序排列。"

> **温馨提示**
>
> 　　一栋建筑物是由许许多多的构、配件组成。无论工业建筑还是民用建筑,基本上都由基础、墙或柱、楼板、地面、楼梯、屋顶、门窗等主要部分组成。不同的构、配件由于所处位置及承担功能的不同,其作用及性质也有所不同。施工图是现代建筑生产中必不可少的技术资料,被喻为建筑工程界的"语言"。每位建筑技术人员均应熟悉和掌握有关识图的基本知识和技能。

一、建筑施工图的识读

1. 总平面图的识读

　　将拟建工程四周一定范围内的新建、拟建、原有和拆除的建筑物、构筑物连同其周围的地形及地物状况,用水平投影方法和相应的图例所画出的图样,称为总平面图。

　　(1) 总平面图的用途

　　总平面图是一个建设项目的总体布局图,表示新建房屋所在基地范围内的平面布置、具体位置以及周围情况,总平面图通常画在具有等高线的地形图上。

　　图1-1是某学校拟建教师住宅楼的总平面图。图中用粗实线画出的图形表示新建住宅楼。用中实线画出的图形表示原有建筑物。各个平面图形内的小黑点数,表示房屋的层数。

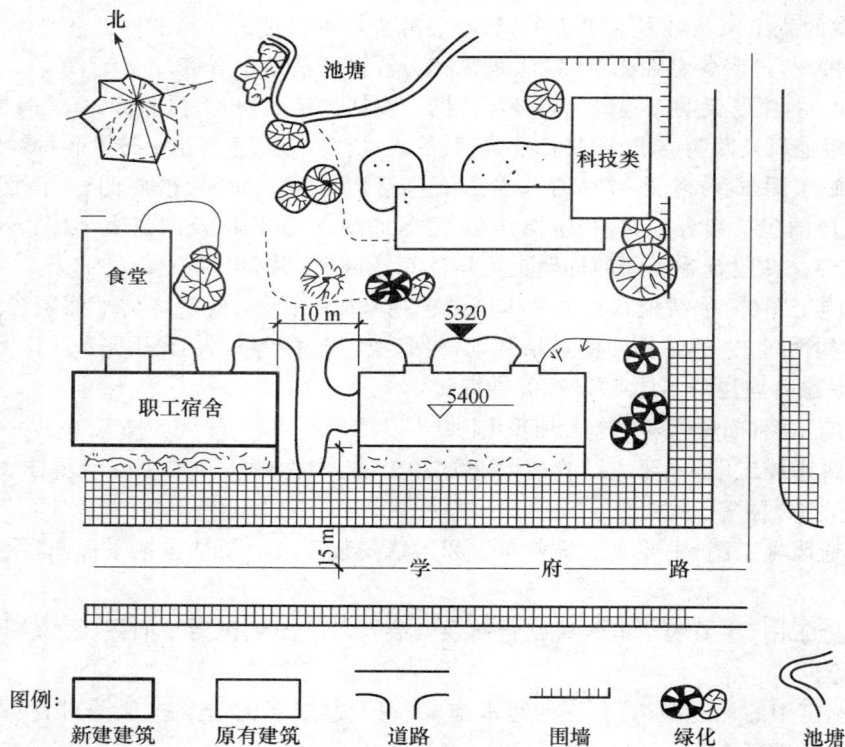

图 1-1　总平面图

除建筑物之外,道路、围墙、池塘、绿化等均用图例表示。

总平面图的主要用途主要有:

1) 工程施工的依据(如施工定位、施工放线和土方工程);

2) 室外管线布置的依据;

3) 工程预算的重要依据(如土石方工程量、室外管线工程量的计算)。

(2) 总平面图的基本内容

1) 表明新建区域的地形、地貌、平面布置,包括红线位置,各建(构)筑物、道路、河流、绿化等的位置及其相互间的位置关系。

2) 确定新建房屋的平面位置。一般根据原有建筑物或道路定位,标注定位尺寸;修建成片住宅、较大的公共建筑物、工厂或地形复杂时,用坐标确定房屋及道路转折点的位置。

3) 表明建筑物首层地面的绝对标高,室外地坪、道路的绝对标高;说明土方填挖情况、地面坡度及雨水排除方向。

4) 用指北针和风向频率玫瑰图来表示建筑物的朝向。风向频率玫瑰图还表示该地区常年风向频率。它是根据某一地区多年统计的各个方向吹风次数的百分数值,按一定比例绘制,用 16 个罗盘方位表示。风向频率玫瑰图上所表示的风的吹向,是指从外面吹向地区中心的。实线图形表示常年风向频率;虚线图形表示夏季(6、7、8 三个月)的风向频率。

5) 根据工程的需要,有时还有水、暖、电等管线总平面,各种管线综合布置图、竖向设计图、道路纵横剖面图以及绿化布置图等。

2. 建筑平面图的识读

建筑平面图,简称平面图,实际上是一幢房屋的水平剖面图。它是假想用一水平剖面将房屋沿门窗洞口剖开,移去上部分。剖面以下部分的水平投影图就是平面图。

一般地说,多层房屋就应画出各层平面图。沿底层门窗洞门切开后得到的平面图,称为底层平面图。沿二层门窗洞口切开后得到的平面图,称为二层平面图。依次可得到三层、四层平面图。当某些楼层平面相同时,可以只画出其中一个平面图,称其为标准层平面图(或中间层平面图)。

为了表明屋面构造,一般还要画出屋顶平面图。屋顶平面图不是剖面图,而是俯视屋顶时的水平投影图;主要表示屋面的形状及排水情况和突出屋面的构造位置。

(1) 建筑平面图的用途

建筑平面图主要表示建筑物的平面形状、水平方向各部分(出入口、走廊、楼梯、房间、阳台等)的布置和组合关系,墙、柱及其他建筑物的位置和大小。其主要用途如下:

1) 建筑平面图是施工放线,砌墙、柱,安装门窗框、设备的依据。

2) 建筑平面图是编制和审查工程预算的主要依据。

(2) 建筑平面图的基本内容

1) 表明建筑物的平面形状,内部各房间包括走廊、楼梯、出入口的布置及朝向。

2) 表明建筑物及其各部分的平面尺寸。在建筑平面图中,必须详细标注尺寸。平面图中的尺寸分为外部尺寸和内部尺寸。外部尺寸有三道,一般沿横向、竖向分别标注在图形的下方和左方。

① 第一道尺寸,表示建筑物外轮廓的总体尺寸,也称为外包尺寸。它是从建筑物一端外墙边到另一端外墙边的总长和总宽尺寸。

② 第二道尺寸,表示轴线之间的距离,也称为轴线尺寸。它标注在各轴线之间,说明房间的开间及进深的尺寸。

③ 第三道尺寸,表示各细部的位置和大小的尺寸,也称细部尺寸。它以轴线为基准,标注出门、窗的大小和位置,墙、柱的大小和位置。此外,台阶(或坡道)、散水等细部结构的尺寸可分别单独标出。

④ 内部尺寸标注在图形内部,用以说明房间的净空大小,内门、窗的宽度,内墙厚度以及固定设备的大小和位置。

3) 表明地面及各层楼面标高。

4) 表明各种门、窗位置,代号和编号,以及门的开启方向。门的代号用 M 表示,窗的代号用 C 表示,编号数用阿拉伯数字表示。

5) 表示剖面图剖切符号、详图索引符号的位置及编号。

6) 综合反映其他各工种(工艺、水、暖、电)对土建的要求:各工程要求的坑、台、水池、地沟、电闸箱、消火栓、雨水管等及其在墙或楼板上的预留洞,应在图中表明其位置及尺寸。

7) 表明室内装修做法:包括室内地面、墙面及顶棚等处的材料及做法。一般简单的装修在平面图内直接用文字说明;较复杂的工程则另列房间明细表和材料做法表,或另画建筑装修图。

8) 文字说明:平面图中不易表明的内容,如施工要求、砖及灰浆的标号等需用文字说明以上所列内容,可根据具体项目的实际情况取舍。

3. 建筑立面图识读

(1) 建筑立面图的形成及名称

建筑立面图,简称立面图,就是对房屋的前后左右各个方向所做的正投影图。立面图的命名方法如下:

1) 按房屋朝向,如南立面图,北立面图,东立面图,西立面图。

2) 按轴线的编号,如图①～㉚立面图,Ⓐ～Ⓠ立面图。

3) 按房屋的外貌特征命名,如正立面图,背立面图等。

4) 对于简单的对称式房屋,立面图可只绘一半,但应画出对称轴线和对称符号。

(2) 建筑立面图的用途

立面图是表示建筑物的体型、外貌和室外装修要求的图样。主要用于外墙的装修施工和编制工程预算。

(3) 建筑立面图的主要图示内容

1) 图名及比例。立面图的比例常与平面图一致。

2) 标注建筑物两端的定位轴线及其编号。在立面图中一般只画出两端的定位轴线及其编号,以便与平面图对照。

3) 画出室内外地面线、房屋的勒脚、外部装饰及墙面分格线。表示出屋顶、雨篷、阳台、台阶、雨水管、水斗等细部结构的形状和做法。为了使立面图外形清晰,通常把房屋立面的最外轮廓线画成粗实线,室外地面用特粗线表示,门窗洞口、檐口、阳台、雨篷、台阶等用中实线表示;其余的,如墙面分隔线、门窗格子、雨水管以及引出线等均用细实线表示。

4) 表示门窗在外立面的分布、外形、开启方向。在立面图上,门窗应按标准规定的图例画出。门、窗立面图中的斜细线,是开启方向符号。细实线表示向外开,细虚线表示向内开。一般无需把所有的窗都画上开启符号。凡是窗的型号相同的,只画出其中一两个即可。

5)标注各部位的标高及必须标注的局部尺寸。在立面图上,高度尺寸主要用标高表示。一般要注出室内外地坪,一层楼地面,窗台、窗顶、阳台面、檐口、女儿墙压顶面,进口平台面及雨篷底面等的标高。

6)标注出详图索引符号。

7)文字说明外墙装修做法。根据设计要求,外墙面可选用不同的材料及做法。在立面图上一般用文字说明。

4. 建筑剖面图的识读

(1)建筑剖面图的形成和用途

建筑剖面图简称剖面图,一般是指建筑物的垂直剖面图,且多为横向剖切形式。剖面图的主要用途如下:

1)主要表示建筑物内部垂直方向的结构形式、分层情况、内部构造及各部位的高度等,用于指导施工。

2)编制工程预算时,与平、立面图配合计算墙体、内部装修等的工程量。

(2)建筑剖面图的主要内容

1)图名、比例及定位轴线。剖面图的图名与底层平面图所标注的剖切位置符号的编号一致。在剖面图中,应标出被剖切的各承重墙的定位轴线及与平面图一致的轴线编号。

2)表示出室内底层地面到屋顶的结构形式、分层情况。在剖面图中,断面的表示方法与平面图相同。断面轮廓线用粗实线表示,钢筋混凝土构件的断面可涂黑表示。其他没被剖切到的可见轮廓线用中实线表示。

3)标注各部分结构的标高和高度方向尺寸。剖面图中应标注出室内外地面、各层楼面、楼梯平台、檐口、女儿墙顶面等处的标高。其他结构则应标注高度尺寸。高度尺寸分为三道:

① 第一道是总高尺寸,标注在最外边;

② 第二道是层高尺寸,主要表示各层的高度;

③ 第三道是细部尺寸,表示门窗洞、阳台、勒脚等的高度。

4)文字说明某些用料及楼、地面的做法等。需画详图的部位,还应标注出详图索引符号。

5. 建筑详图的识读

建筑详图是把房屋的某些细部构造及构配件用较大的比例(如 1:20,1:10,1:5 等)将其形状、大小、材料和做法详细表达出来的图样,简称详图或大样图、节点图。常用的详图一般有墙身详图、楼梯详图、门窗详图,厨房、卫生间、浴室、壁橱及装修详图(吊顶、墙裙、贴面)等。

(1)建筑详图的分类及特点

建筑详图分为局部构造详图和构配件详图。局部构造详图主要表示房屋某一局部构造做法和材料的组成,如墙身详图、楼梯详图等。构配件详图主要表示构配件本身的构造,如门、窗、花格等详图。

建筑详图的特点有:

1)图形详。图形采用较大比例绘制,各部分结构应表达详细,层次清楚,但又要详而不繁。

2)数据详。各结构的尺寸要标注完整齐全。

3)文字详。无法用图形表达的内容采用文字说明,要详尽清楚。

4) 详图的表达方法和数量,可根据房屋构造的复杂程度而定。有的只用一个剖面详图就能表达清楚(如墙身详图),有的需加平面详图(如楼梯间、卫生间),或用立面详图(如门窗详图)。

(2) 外墙身详图识读

外墙身详图实际上是建筑剖面图的局部放大图。它主要表示房屋的屋顶、檐口、楼层、地面、窗台、门窗顶、勒脚、散水等处的构造以及楼板与墙的连接关系。

1) 外墙身详图的主要内容如下。

① 标注墙身轴线编号和详图符号。

② 采用分层文字说明的方法表示屋面、楼面、地面的构造。

③ 表示各层梁、楼板的位置及与墙身的关系。

④ 表示檐口部分,如女儿墙的构造、防水及排水构造。

⑤ 表示窗台、窗过梁(或圈梁)的构造情况。

⑥ 表示勒脚部分,如房屋外墙的防潮、防水和排水的做法。外墙身的防潮层一般在室内底层地面下 60 mm 左右处。外墙面下部有 30 mm 厚 1∶3 水泥砂浆,层面为褐色水刷石的勒脚。墙根处有坡度 5% 的散水。

⑦ 标注各部位的标高及高度方向和墙身细部的大小尺寸。

⑧ 文字说明各装饰内、外表面的厚度及所用的材料。

2) 阅读外墙身详图时,应注意下列问题:

① ±0.000 或防潮层以下的砖墙以结构基础图为施工依据。看墙身剖面图时,必须与基础图配合,并注意 ±0.000 处的搭接关系及防潮层的做法。

② 屋面、地面、散水、勒脚等的做法、尺寸应和材料做法对照。

③ 要注意建筑标高和结构标高的关系。建筑标高一般是指地面或楼面装修完成后上表面的标高,结构标高一般是指主要结构构件的下皮或上皮标高。在预制楼板结构楼层剖面图中,一般只注明楼板的下皮标高。在建筑墙身剖面图中只注明建筑标高。

(3) 楼梯详图识读

1) 一般要求。

① 楼梯是房屋中比较复杂的构造,目前多采用预制或现浇钢筋混凝土结构。楼梯由楼梯段、休息平台和栏板(或栏杆)等组成。

② 楼梯详图一般包括平面图、剖面图及踏步栏杆详图等。它们表示出楼梯的形式,踏步、平台、栏杆的构造、尺寸、材料和做法。楼梯详图分为建筑详图与结构详图,并分别绘制。对于比较简单的楼梯,建筑详图和结构详图可以合并绘制,编入建筑施工图和结构施工图。

2) 楼梯平面图。

① 一般每一层楼都要画一张楼梯平面图。三层以上的房屋,若中间各层的楼梯位置及其梯段数、踏步数和大小相同时,通常只画底层、中间层和顶层三个平面图。

② 楼梯平面图实际是各层楼梯的水平剖面图,水平剖切位置应在每层上行第一梯段及门窗洞口的任一位置处。各层(除顶层外)被剖到的梯段,按"国标"规定,均在平面图中以一根 45°折断线表示。

③ 在各层楼梯平面图中应标注该楼梯间的轴线及编号,以确定其在建筑平面图中的位置。底层楼梯平面图还应注明楼梯剖面图的剖切符号。

④ 平面图中要注出楼梯间的开间和进深尺寸、楼地面和平台面的标高及各细部的详细尺寸。通常把梯段长度尺寸与踏面数、踏面宽的尺寸合写在一起。

3) 楼梯剖面图。假想用一铅垂平面通过各层的一个梯段和门窗洞将楼梯剖开，向另一未剖到的梯段方向投影，所得到的剖面图，即为楼梯剖面图。

① 楼梯剖面图表达出房屋的层数，楼梯梯段数，步级数以及楼梯形式，楼地面、平台的构造及与墙身的连接等。

② 若楼梯间的屋面没有特殊之处，一般可不画。

③ 楼梯剖面图中还应标注地面、平台面、楼面等处的标高和梯段、楼层、门窗洞口的高度尺寸。楼梯高度尺寸注法与平面图梯段长度注法相同。如 $10 \times 150 = 1500$，10 为梯段步级数减 1，150 为踏步高度。

④ 楼梯剖面图中也应标注承重结构的定位轴线及编号。对需画详图的部位注出详图索引符号。

4) 节点详图。楼梯节点详图主要表示栏杆、扶手和踏步的细部构造。

建筑词典

风向频率玫瑰图，用极坐标表示不同风向相对频率的图解。风向玫瑰图是在极坐标图上绘出某地在一年中各种风向出现的频率。因图形与玫瑰花朵相似而命名。"风向玫瑰图"是一个给定地点一段时间内的风向分布图，通过它可以得知当地的主导风向。最常见的风向玫瑰图是一个圆，圆上引出 16 条放射线，它们代表 16 个不同的方向，每条直线的长度与这个方向的风的频度成正比。静风的频度放在中间。有些风向玫瑰图上还指示出了各风向的风速范围。

女儿墙，指的是建筑物屋顶外围的矮墙，主要作用除维护安全外，亦可在底处视作防水压砖收头，以避免防水层渗水或是屋顶雨水漫流。依建筑技术规则规定，女儿墙被视作栏杆的作用，如建筑物在 10 层楼以上，高度不得小于 1.2 m，而为避免业者刻意加高女儿墙，方便以后搭盖违建，亦规定高度最高不得超过 1.5 m。

二、结构施工图的识读

结构施工图是表示建筑物的承重构件（如基础、承重墙、梁、板、柱等）的布置、形状大小、内部构造和材料做法等的图纸。结构施工图的主要用途如下：

1) 施工放线，构件定位，支模板，轧钢筋，浇筑混凝土，安装梁、板、柱等构件以及编制施工组织设计的依据。

2) 编制工程预算和工料分析的依据。建筑结构按其主要承重构件所采用的材料不同，一般可分为钢结构、木结构、砖石结构和钢筋混凝土结构等。不同的结构类型，其结构施工图的具体内容及编排方式也各有不同，但一般都包括以下三部分：结构设计说明、结构平面图、构件详图。构件代号按下述标准。

① 结构构件的种类繁多，为了便于绘图和读图，在结构施工图中常用代号来表示构件的名称。构件代号一般用大写的汉语拼音字母表示。

② 当采用标准、通用图集中的构件时，应用该图集中的规定代号或型号注写。

1. 基础结构图识读

基础结构图或称基础图,是表示建筑物室内地面(±0.000)以下基础部分的平面布置和构造的图样,包括基础平面图、基础详图和文字说明等。

(1)基础平面图

基础平面图的形成如下:

1)基础平面图是假想用一个水平剖切面在地面附近将整幢房屋剖切后,向下投影所得到的剖面图(不考虑覆盖在基础上的泥土)。

2)基础平面图主要表示基础的平面位置以及基础与墙、柱轴线的相对关系。在基础平面图中,被剖切到的基础墙轮廓要画成粗实线。基础底部的轮廓线画成细实线。基础的细部构造不必画出。它们将详尽地表达在基础详图上。图中的材料图例可与建筑平面图画法一致。

3)在基础平面图中,必须标注出与建筑平面图一致的轴间尺寸。此外,还应标注出基础的宽度尺寸和定位尺寸。宽度尺寸包括基础墙宽和大放脚宽;定位尺寸包括基础墙、大放脚与轴线的联系尺寸。基础平面图的内容见表1-3。

表1-3 基础平面图的内容

序号	主要内容
1	图名、比例
2	纵横定位线及其编号(必须与建筑平面图中的轴线一致)
3	基础的平面布置,即基础墙、柱及基础底面的形状、大小及其与轴线的关系
4	断面图的剖切符号
5	轴线尺寸、基础大小尺寸和定位尺寸
6	施工说明

(2)基础详图

基础详图是用放大的比例画出的基础局部构造图,它表示基础不同断面处的构造做法、详细尺寸和材料。基础详图的主要内容见表1-4。

表1-4 基础详图的主要内容

序号	主要内容
1	轴线及编号
2	基础的断面形状,基础形式,材料及配筋情况
3	基础详细尺寸:表示基础的各部分长、宽和高,基础埋深,垫层宽度和厚度等尺寸;主要部位标高,如室内外地坪及基础底面标高等
4	防潮层的位置及做法

2. 楼层结构平面图识读

楼层结构平面图是假想沿着楼板面(结构层)把房屋剖开,所做的水平投影图。它主要表示楼板、梁、柱、墙等结构的平面布置,现浇楼板、梁等的构造,配筋以及各构件间的联结关系。一般由平面图和详图所组成。

3. 屋顶结构平面图识读

屋顶结构平面图是表示屋顶承重构件布置的平面图,它的图示内容与楼层结构平面图基本相同。对于平屋顶,因屋面排水的需要,承重构件应按一定坡度铺设,并设置天沟、上人孔、屋顶水箱等。

温馨提示

施工图识读注意事项如下:

1) 施工图是根据投影原理绘制的,用图纸表明房屋建筑的设计及构造做法。所以要看懂施工图,应掌握投影原理和熟悉房屋建筑的基本构造。

2) 施工图采用了一些图例符号以及必要的文字说明,共同把设计内容表现在图纸上。因此要看懂施工图,还必须记住常用的图例符号。

3) 看图时要注意从粗到细,从大到小。先粗看一遍,了解工程的概貌,然后再细看。细看时,应先看总说明和基本图纸,然后再深入看构件图和详图。

4) 一套施工图是由各工种的许多张图纸组成,各图纸之间是互相配合、紧密联系的。图纸的绘制大体是按照施工过程中不同的工种、工序分成一定的层次和部位进行的,因此要有联系地、综合地看图。

5) 结合实际看图。根据实践、认识、再实践、再认识的规律,看图时联系生产实践,就能比较快地掌握图纸的内容。

第二章 建筑工程造价概论

1. 了解工程造价的构成及掌握建筑工程费用的计取方法。
2. 熟悉建筑安装工程计价的程序。
3. 了解工程造价的计价依据。

建筑工程造价的构成及程序

一、建筑工程造价的构成

价格是以货币形式表现的商品价值。价值是价格形成的基础。商品的价值是由社会必要劳动所耗费的时间来确定的。商品生产中,社会必要劳动时间消耗越多,商品中所含的价值量就越大;反之,商品中凝结的社会必要劳动时间就越少,商品的价值量就越低。

建设项目投资包含固定资产投资和流动资产投资两部分。建设项目投资中的固定资产投资与建设项目的工程造价在量上相等,由设备及工器具购置费用、建筑安装工程费用、工程建设其他费用、预备费、建设期贷款利息和固定资产投资方向调节税(自 2000 年 1 月起发生的投资额暂停征收该税种)构成。工程造价构成内容如图 2-1 所示。

1. 设备及工器具购置费

由图 2-1 可看出,设备及工器具购置费由设备购置费和工器具及生产家具购置费两部分组成。

(1) 设备购置费

设备购置费,是指为建设项目自制的或购置达到固定资产标准的各种国产或进口设备的购置费用。它由设备原价和设备运杂费构成,其计算方法如下:

$$设备购置费＝设备原价＋设备运杂费$$

其中,设备原价是指国产设备或进口设备的原价;运杂费是指设备原价之外的关于设备采购、运输、途中包装及仓库保管等方面支出费用的总和。

1) 国产设备原价。一般是指设备制造厂的交货价或订货合同价。它一般根据生产厂或供应商的询价、报价、合同价确定,或采用一定的方法计算确定。国产设备原价分为国产标准设备原价和国产非标准设备原价。

① 国产标准设备。

种类:国产标准设备原价有两种,即带有备件的原价和不带有备件的原价。

计算方法:在计算时,一般采用带有备件的出厂价确定原价。

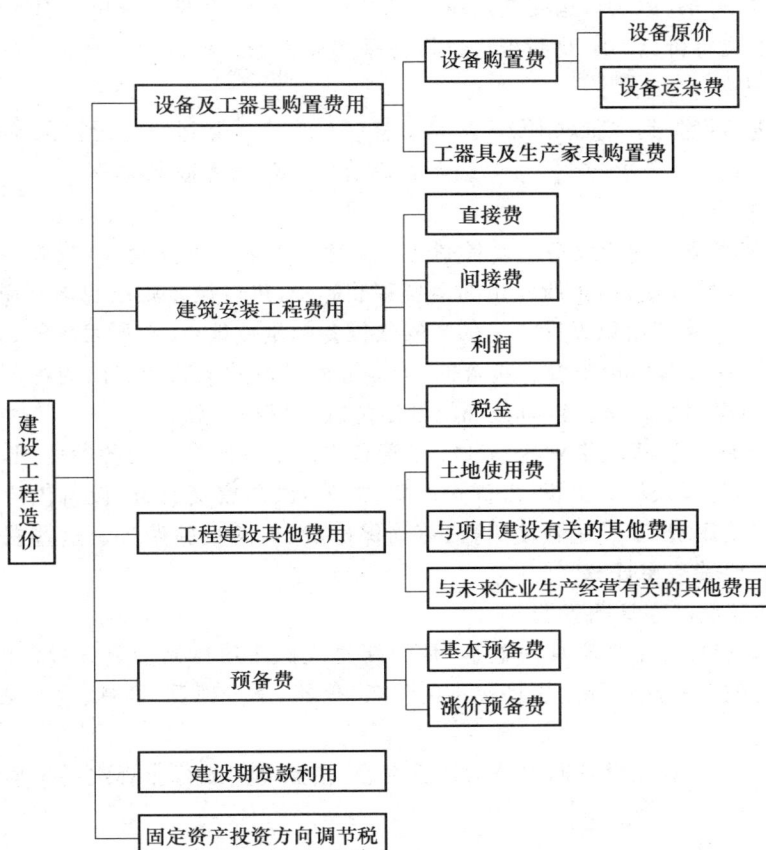

图 2-1　工程造价的构成

② 国产非标准设备。

计算方法：国产非标准设备原价有多种不同的计算方法，如成本计算估价法、系列设备插入估价法、分部组合估价法、定额估价法等。但无论采取哪种方法都应该使非标准设备计价接近实际出厂价。按成本计算法，非标准设备的原价由材料费、加工费、辅助材料费、专用工具费、废品损失费、外购配套件费、包装费、利润、税金、非标准设备设计费等费用组成。计算公式：

单台非标准设备原价＝{[（材料费＋加工费＋辅助材料费）×（1＋专用工具费率）×（1＋废品损失率）＋外购配套件费]×（1＋包装费率）－外购配套件费}×（1＋利润率）＋销项税＋非标准设备设计费＋外购配套件费

2）进口设备原价。

① 概念。

进口设备原价是指进口设备的到岸价格，即进口设备抵达买方边境港口或边境车站，且缴纳完关税等税费之后的价格。

② 计算方法。

进口设备采用最多的是装运港交货方式，即卖方在出口国装运交货，主要有装运港船上交货价,习惯称离岸价格(FOB);运费在内价(CFR)及运费、保险费在内价(CIF),习惯称到岸价格。装运港船上交货价(FOB)是我国进口设备采用最多的一种货价。

③ 计算公式如下:

$$进口设备到岸价(CIF)=离岸价格(FOB)+国际运费+运输保险费$$
$$=运费在内价(CFR)+运输保险费$$

3) 设备运杂费。

① 运费和装卸费。国产设备由设备制造厂交货地点起至工地仓库(或施工组织设计指定的需要安装设备的堆放地点)止所发生的运费和装卸费;进口设备则由我国到岸港口或边境车站起至工地仓库(或施工组织设计指定的需安装设备的堆放地点)止所发生的运费和装卸费。

② 包装费。在设备原价中没有包含的,为运输而进行的包装所支出的各种费用。

③ 设备供销部门手续费。按有关部门规定的统一费率计算。

④ 采购与仓库保管费。指采购、验收、保管和收发设备所发生的各种费用,包括设备采购人员、保管人员和管理人员的工资、工资附加费、办公费、差旅交通费,设备供应部门办公和仓库所占固定资产使用费、工具用具使用费、劳动保护费、检验试验费等。这些费用应按有关部门规定的采购与保管费率计算。

(2) 工器具及生产家具购置费

1) 概念。工器具及生产家具购置费,是指新建或扩建项目初步设计规定的,保证初期正常生产必须购置的没有达到固定资产标准的设备、仪器、工卡模具、器具、生产家具和备品备件的购置费用。

2) 计算方法。一般以设备购置费为计算基数,按照部门或行业规定的工器具及生产家具费率计算。

3) 计算公式如下:

$$工器具及生产家具购置费=设备购置费×定额费率$$

2. 我国现行建筑安装工程费用的构成

我国现行建筑安装工程费用(即安装工程造价)的构成,按建设部、财政部共同颁发的《建筑安装工程费用项目组成》(建标[2003]206号,自2004年1月1日起施行)文件规定,我国安装工程费用包括直接费、间接费、利润和税金四大部分,如图2-2所示。

(1) 直接费

1) 直接工程费,是指施工过程中耗费的构成工程实体的各项费用,包括人工费、材料费、施工机械使用费。

2) 措施费,是指为完成工程项目施工,发生于该工程施工前和施工过程中非工程实体项目的费用,包括安全文明施工费,夜间施工增加费,非夜间施工照明费,二次搬运费,冬雨季施工增加费,大型机械设备进出场及安拆费,施工排水、降水费,地上、地下设施、建筑物的临时保护设施费,已完工程及设备保护费,混凝土、钢筋、混凝土模板及支架费,脚手架费,垂直运输费,超高施工增加费等。

(2) 间接费

1) 规费,是指政府和有关权力部门规定必须缴纳的费用。包括工程排污费、社会保障费、住房公积金等。

2) 企业管理费是指施工单位为组织施工生产和经营管理所发生的费用。

（3）利润

利润，是指施工企业完成所承包工程获得的盈利。

（4）税金

税金，是指国家税法规定的应计入建筑安装工程造价内的营业税、城市维护建设税及教育费附加等。

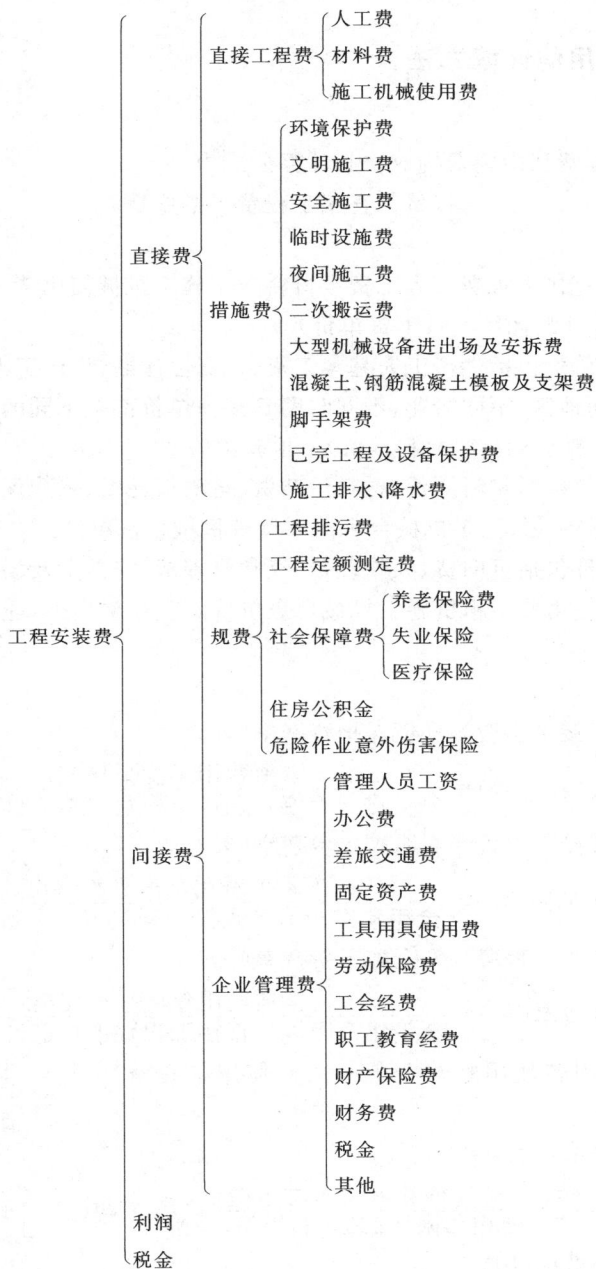

```
                                         ┌ 人工费
                              直接工程费 ┤ 材料费
                                         └ 施工机械使用费
                                         ┌ 环境保护费
                                         │ 文明施工费
                                         │ 安全施工费
                                         │ 临时设施费
                        直接费 ┤         │ 夜间施工费
                                         │ 二次搬运费
                              措施费 ────┤ 大型机械设备进出场及安拆费
                                         │ 混凝土、钢筋混凝土模板及支架费
                                         │ 脚手架费
                                         │ 已完工程及设备保护费
                                         └ 施工排水、降水费
                                         ┌ 工程排污费
                                         │ 工程定额测定费
                                         │              ┌ 养老保险费
                              规费 ──────┤ 社会保障费 ┤ 失业保险
  工程安装费 ┤                          │              └ 医疗保险
                                         │ 住房公积金
                                         └ 危险作业意外伤害保险
                                         ┌ 管理人员工资
                                         │ 办公费
                                         │ 差旅交通费
                                         │ 固定资产费
                                         │ 工具用具使用费
                        间接费 ┤         │ 劳动保险费
                              企业管理费 ┤ 工会经费
                                         │ 职工教育经费
                                         │ 财产保险费
                                         │ 财务费
                                         │ 税金
                                         └ 其他
              利润
              税金
```

图 2-2 我国现行建筑安装工程费用构成

建筑词典

工程造价,是指进行一个工程项目的建造所需要花费的全部费用,即从工程项目确定建设意向直至建成、竣工验收为止的整个建设期间所支出的总费用,这是保证工程项目建造正常进行的必要资金,是建设项目投资中的最主要的部分。

二、建筑工程费用的计取方法

1. 直接费

直接费由直接工程费和措施费构成。其计算公式为:

$$直接费=直接工程费+措施费$$

(1) 直接工程费

$$直接工程费=人工费+材料费+施工机械使用费$$

1) 人工费=$\sum$(工日消耗量×日工资单价)

其中,日工资综合单价包括生产工人基本工资、工资性津贴、生产工人辅助工资、职工福利费及劳动保护费。不同地区、不同行业、不同时期日工作单价都是不同的。

2) 材料费=$\sum$(材料消耗量×材料基价)+检验试验费

其中,材料预算单价包括材料原价、材料运杂费、运输损耗费、采购保管费。

3) 施工机械使用费=$\sum$(施工机械台班消耗量×机械台班单价)

其中,机械台班单价包括折旧费、大修理费、经常修理费、安拆费及场外运费、人工费、燃料动力费、养路费及车船使用费。租赁施工机械台班单价除上述费用外,还包括租赁企业的管理费、利润和税金。

(2) 措施费

1)环境保护费=直接工程费×环境保护费费率(%)

$$环境保护费费率(\%)=\frac{本项费用年度平均支出}{全年建安产值×直接工程费占总造价比例(\%)}$$

2)文明施工费=直接工程费×文明施工费费率(%)

$$文明施工费费率(\%)=\frac{本项费用年度平均支出}{全年建安产值×直接工程费占总造价比例(\%)}$$

3)安全施工费=直接工程费×安全施工费费率(%)

$$安全施工费费率(\%)=\frac{本项费用年度平均支出}{全年建安产值×直接工程费占总造价比例(\%)}$$

4)临时设施费=(周转使用临建费+一次性使用临建费)×[1+其他临时设施所占比例(%)]

①周转使用临建费的计算:

$$周转使用临建费=\sum\left[\frac{临建面积×每平方米造价}{使用年限×365×利用率(\%)}×工期(天)\right]+一次性拆除费$$

②一次性使用临建费的计算:

一次性使用临建费=$\sum${临建面积×每平方米造价×[1-残值率(%)]}+一次性拆除费

③其他临时设施在临时设施费中所占比例,可由各地区造价管理部门依据典型施工企业

的成本资料经分析后综合测定。

5）夜间施工增加费 $= \left(1 - \dfrac{合同工期}{定额工期}\right) \times \dfrac{直接工程费中的人工费合计}{平均日工资单价} \times 每工日夜间施工费开支$

6）二次搬运费 $=$ 直接工程费 $\times$ 二次搬运费费率（%）

$$二次搬运费费率（\%）= \dfrac{年平均二次搬运费开支额}{全年建安产值 \times 直接工程费占总造价的比例（\%）}$$

7）冬雨季施工增加费 $=$ 直接工程费 $\times$ 冬雨季施工增加费费率（%）

$$冬雨季施工增加费费率（\%）= \dfrac{年平均冬雨季施工增加费开支额}{全年建安产值 \times 直接工程费占总造价的比例（\%）}$$

8）大型机械设备进出场及安拆费通常按照机械设备的使用数量以台次为单位计算。

9）成井费用通常按照设计图示尺寸以钻孔深度按米计算。排水、降水费用通常按照排、降水日历天数按昼夜计算。

10）以直接工程费为取费依据，根据工程所在地工程造价管理机构测定的相应费率计算支出。

11）已完工程及设备保护费 $=$ 成品保护所需机械费 $+$ 材料费 $+$ 人工费

12）模板及支架费 $=$ 模板摊销量 $\times$ 模板价格 $+$ 支、拆、运输费

$$摊销量 = 一次使用量 \times （1 + 施工损耗）$$
$$\times \left[\dfrac{1 + （周转次数 - 1）\times 补损率}{周转次数} - \dfrac{（1 - 补损率）\times 50\%}{周转次数}\right]$$

$$租赁费 = 模板使用量 \times 使用日期 \times 租赁价格 + 支、拆、运输费$$

13）脚手架搭拆费 $=$ 脚手架摊销量 $\times$ 脚手架价格 $+$ 搭、拆、运输费

$$脚手架摊销量 = \dfrac{单位一次使用量 \times （1 - 残值率）}{耐用期 \div 一次使用期}$$

$$租赁费 = 脚手架每日租金 \times 搭设周期 + 搭、拆、运输费$$

14）垂直运输费可按照建筑面积以"m^2"为单位计算。

垂直运输费可按照施工工期日历天数以"天"为单位计算。

15）超高施工增加费通常按照建筑物超高部分的建筑面积以"m^2"为单位计算。

2. 间接费

$$间接费 = 取费基数 \times 间接费费率$$
$$间接费费率（\%）= 规费费率（\%）+ 企业管理费费率（\%）$$

在不同的取费基数下，规费费率和企业管理费率计算方法均不相同。

（1）当以直接费为计算基础时

1）规费费率。

$$规费费率（\%）= \dfrac{\sum 规费缴纳标准 \times 每万元发承包价计算基数}{每万元发承包价中的人工费含量}$$
$$\times 人工费占直接费的比例（\%）$$

2）企业管理费费率。

$$企业管理费费率（\%）= \dfrac{生产工人年平均管理费}{年有效施工天数 \times 人工单价} \times 人工费占直接费比例（\%）$$

（2）当以人工费和机械费合计为计算基础时

1）规费费率。

$$规费费率（\%）=\frac{\sum 规费缴纳标准\times 每万元发承包价计算基数}{每万元发承包价中的人工费含量和机械费含量}\times 100\%$$

2)企业管理费费率。

$$企业管理费费率（\%）=\frac{生产工人年平均管理费}{年有效施工天数\times（人工单价+每一工日机械使用费）}\times 100\%$$

（3）当以人工费为计算基础时

1)规费费率。

$$规费费率（\%）=\frac{\sum 规费缴纳标准\times 每万元发承包价计算基数}{每万元发承包价中的人工费含量}\times 100\%$$

2)企业管理费费率。

$$企业管理费费率（\%）=\frac{生产工人年平均管理费}{年有效施工天数\times 人工单价}\times 100\%$$

3.利润

1)以直接费为计算基础时利润的计算方法：

$$利润=（直接费+间接费）\times 相应利润率（\%）$$

2)以人工费和机械费为计算基础时利润的计算方法：

$$利润=直接费中的人工费和机械费合计\times 相应利润率（\%）$$

3)以人工费为计算基础时利润的计算方法：

$$利润=直接费中的人工费合计\times 相应利润率（\%）$$

4.税金

税金是以直接费、间接费、利润之和（即不含税工程造价）为基数计算。其计算公式为：

$$税金=（直接费+间接费+利润）\times 综合税率（\%）$$

三、建筑安装工程计价程序

根据建设部第 107 号部令《建筑工程施工发包与承包计价管理办法》的规定,发包与承包价的计算方法分为工料单价法和综合单价法。

1.工料单价法计价程序

工料单价法是以分部分项工程量乘以单价后的合计为直接工程费,直接工程费以人工、材料、机械的消耗量及其相应价格确定。直接工程费汇总后另加间接费、利润、税金生成工程发承包价,其计算程序分为以下三种。

（1）以直接费为计算基础

以直接费为计算基础（见表 2-1）。

表 2-1 以直接费为基础的工料单价法计价程序

序号	费用项目	计算方法	备注
1	直接工程费	按预算表	
2	措施费	按规定标准计算	
3	小计	1+2	
4	间接费	3×相应费率	

序号	费用项目	计算方法	备注
5	利润	(3+4)×相应利润率	
6	合计	3+4+5	
7	含税造价	6×(1+相应税率)	

（2）以人工费和机械费为计算基础

以人工费和机械费为计算基础（见表2-2）。

表 2-2　以人工费和机械费为基础的工料单价法计价程序

序号	费用项目	计算方法	备注
1	直接工程费	按预算表	
2	其中人工费和机械费	按预算表	
3	措施费	按规定标准计算	
4	其中人工费和机械费	按规定标准计算	
5	小计	1+3	
6	人工费和机械费小计	2+4	
7	间接费	6×相应费率	
8	利润	6×相应利润率	
9	合计	5+7+8	
10	含税造价	9×(1+相应税率)	

（3）以人工费为计算基础

以人工费为计算基础（见表2-3）。

表 2-3　以人工费为基础的工料单价法的计价程序

序号	费用项目	计算方法	备注
1	直接工程费	按预算表	
2	直接工程费中人工费	按预算表	
3	措施费	按规定标准计算	
4	措施费中人工费	按规定标准计算	
5	小计	1+3	
6	人工费小计	2+4	
7	间接费	6×相应费率	
8	利润	6×相应利润率	
9	合计	5+7+8	
10	含税造价	9×(1+相应税率)	

2. 综合单价法计价程序

综合单价法,是分部分项工程单价为全费用单价,全费用单价经综合计算后生成,其内容包括直接工程费、间接费、利润和税金(措施费也可按此方法生成全费用价格)。

各分项工程量乘以综合单价的合价汇总后,生成工程发承包价。

由于各分部分项工程中的人工、材料、机械含量的比例不同,各分项工程可根据其材料费占人工费、材料费、机械费合计的比例(以字母"C"代表该项比值)在以下三种计算程序中选择一种计算其综合单价。

1) 当 $C > C_0$(C_0 为本地区原费用定额测算所选典型工程材料费占人工费、材料费和机械费合计的比例)时,可采用以人工费、材料费、机械费合计为基数计算该分项的间接费和利润(表 2-4)。

表 2-4　以直接费为基础的综合单价法计价程序

序号	费用项目	计算方法	备注
1	分项直接工程费	人工费+材料费+机械费	
2	间接费	1×相应费率	
3	利润	(1+2)×相应利润率	
4	合计	1+2+3	
5	含税造价	4×(1+相应税率)	

2) 当 $C < C_0$ 值的下限时,可采用以人工费和机械费合计为基数计算该分项的间接费和利润(表 2-5)。

表 2-5　以人工费和机械费为基础的综合单价计价程序

序号	费用项目	计算方法	备注
1	分项直接工程费	人工费+材料费+机械费	
2	其中人工费和机械费	人工费+机械费	
3	间接费	2×相应费率	
4	利润	2×相应利润率	
5	合计	1+3+4	
6	含税造价	5×(1+相应税率)	

3) 如该分项的直接费仅为人工费,无材料费和机械费时,可采用以人工费为基数计算该分项的间接费和利润(表 2-6)。

表 2-6　以人工费为基础的综合单价计价程序

序号	费用项目	计算方法	备注
1	分项直接工程费	人工费+材料费+机械费	
2	直接工程费中人工费	人工费	
3	间接费	2×相应费率	
4	利润	2×相应利润率	
5	合计	1+3+4	
6	含税造价	5×(1+相应税率)	

学以致用

工程造价的计价依据

工程造价的计价依据的编制,遵循真实和科学的原则,以现阶段的劳动生产率为前提,广泛收集资料,进行科学分析并对各种动态因素研究、论证;工程造价计价依据是多种内容结合成的有机整体,它的结构严谨,层次鲜明。经规定程序和授权单位审批颁发的工程造价计价依据,具有较强的权威性。例如,工程量计算规则、工料机定额消耗量,就具有一定的强制性;而相对活跃的造价依据,例如基础单价、各项费用的取费率,则赋予一定的指导性。

一、建筑工程造价计价依据的作用

在社会主义市场经济条件下,建筑工程造价计价依据不仅是建筑工程计价的客观要求,也是规范建筑市场管理的客观需要。建筑工程造价计价依据的主要作用如下:

1) 是计算确定建筑工程造价的重要依据。从投资估算、设计概算、施工图预算,到承包合同价、结算价、竣工决算都离不开工程造价计价依据。

2) 是投资决策的重要依据。投资者依据工程造价计价依据预测投资额,进而对项目作出财务评价,提高投资决策的科学性。

3) 是工程投标和促进施工企业生产技术进步的工具。投标时,根据政府主管部门和咨询机构公布的计价依据,得以了解社会平均的工程造价水平,再结合自身条件,作出合理的投标决策。由于工程造价计价依据较准确地反映了工料机消耗的社会平均水平,这对于企业贯彻按劳分配、提高设备利用率、降低建筑工程成本都有重要作用。

4) 是政府对工程建设进行宏观调控的依据。在社会主义市场经济条件下,政府可以运用工程造价依据等手段,计算人力、物力、财力的需要量,恰当地调控投资规模。

在注重工程造价计价依据权威性的过程中,必须正确处理计价依据的稳定性与时效性的关系。计价依据的稳定性是指造价依据在一段时间内表现出稳定的状态,一般说来,工程量计算规则比较稳定,能保持十几年、几十年;工料机定额消耗量相对稳定,能保持五年左右;基础单价、各项费用取费率、造价指数的稳定时间很短。因此,为了适应地区差别、劳动生产率的变化以及满足新材料、新工艺对建筑工程的计价要求,我们必须认真研究计价依据的编制原理,灵活应用,及时补充,在确保市场交易行为规范的前提下满足建筑工程造价的时代要求。

二、工程量计算规则

1. 制定统一工程量计算规则的意义

1995 年 12 月 15 日,建设部以建标[1995]736 号文发布了《全国统一建筑工程预算工程量计算规则》。制定统一工程量计算规则的意义如下:

1) 有利于统一全国各地的工程量计算规则,打破了各自为政的局面,为该领域的交流提供了良好条件。

2）有利于"量价分离"。固定价格不适用于市场经济,因为市场经济的价格是变动的,必须进行价格的动态计算,把价格的计算依据动态化,变成价格信息。因此,需要把价格从定额中分离出来,使时效性差的工程量、人工量、材料量、机械量的计算与时效性强的价格分离开来。

3）有利于工料消耗定额的编制,为计算工程施工所需的人工、材料、机械台班消耗水平和市场经济中的工程计价提供依据。工料消耗定额的编制是建立在工程量计算规则统一化、科学化的基础之上的。

4）有利于工程管理信息化。统一的计量规则,有利于统一计算口径,也有利于统一划项口径;而统一的划项口径又有利于统一信息编码,进而可实现统一的信息管理。

5）《建设工程工程量清单计价规范》(GB 50500—2013)及其他九本分册对工程量的计算规则进行了规定。作为编制工程量清单和利用工程量清单进行投标报价的依据。

2. 建筑面积计算规则

建筑面积的计算主要作用如下:

1）建筑面积是一项重要的技术经济指标。在国民经济一定时期内,完成建筑面积的多少,也标志着一个国家的工农业生产发展状况、人民生活居住条件的改善和文化生活福利设施发展的程度。

2）建筑面积是计算结构工程量或用于确定某些费用指标的基础。如计算出建筑面积之后,利用这个基数,就可以计算地面抹灰、室内填土、地面垫层、平整场地、脚手架工程等项目的预算价值。为了简化预算的编制和某些费用的计算,有些取费指标的取定,如中小型机械费、生产工具使用费、检验试验费、成品保护增加费等也是以建筑面积为基数确定的。

3）建筑面积作为结构工程量的计算基础,不仅重要,而且也是一项需要认真对待和细心计算的工作,任何粗心大意都会造成计算上的错误,不但会造成结构工程量计算上的偏差,也会直接影响概预算造价的准确性,造成人力、物力和国家建设资金的浪费及大量建筑材料的积压。

4）建筑面积与使用面积、辅助面积、结构面积之间存在着一定的比例关系。设计人员在进行建筑或结构设计时,都应在计算建筑面积的基础上再分别计算出结构面积、有效面积及诸如平面系数、土地利用系数等技术经济指标。有了建筑面积,才有可能计算单位建筑面积的技术经济指标。

5）建筑面积的计算对于建筑施工企业实行内部经济承包责任制、投标报价、编制施工组织设计、配备施工力量、成本核算及物资供应等,都具有重要的意义。

3. 建筑安装工程预算工程量计算规则

《通用安装工程工程量计算规范》(GB 50856—2013)的内容,见表2-7。

表2-7 《通用安装工程工程量计算规范》(GB 50856—2013)内容

序号	规则内容	序号	规则内容
1	机械设备安装工程	7	通风空调工程
2	热力设备安装工程	8	工业管道工程
3	静置设备与工艺金属结构制作安装工程	9	消防工程
4	电气设备安装工程	10	给排水、采暖、燃气工程
5	建筑智能化工程	11	通信设备及线路工程
6	自动化控制仪表安装工程	12	刷油、防腐蚀、绝热工程

4.工程量清单计价规范工程量计算规则

工程量清单计价与计量规范由《建设工程工程量清单计价规范》(GB 50500—2013)为总本,由以下 9 本:《房屋建筑与装饰工程工程量计算规范》(GB 50854—2013)、《仿古建筑工程工程量计算规范》(GB 50855—2013)、《通用安装工程工程量计算规范》(GB 50856—2013)、《市政工程工程量计算规范》(GB 50857—2013)、《园林绿化工程工程量算规范》(GB 50858—2013)、《矿山工程工程量计算规范》(GB 50859—2013)、《构筑物工程工程量计算规范》(GB 50860—2013)、《城市轨道交通工程工程量计算规范》(GB 50861—2013)、《爆破工程工程量计算规范》(GB 50862—2013)组成。

为说明问题,现将《房屋建筑与装饰工程工程量计算规格》(GB 50854—2013)中土方工程的清单项目设置及工程量计算规则摘录如下。

A.1　土方工程。工程量清单项目设置及工程量计算规则,应按表 A.1 的规定执行。

表 A.1　土方工程(编号:010101)

项目编码	项目名称	项目特征	计量单位	工程量计算规则	工程内容
010101001	平整场地	1.土壤类别 2.弃土运距 3.取土运距	m²	按设计图示尺寸以建筑物首层建筑面积计算	1.土方挖填 2.场地找平 3.运输
010101002	挖一般土方	1.土壤类别 2.挖土深度 3.弃土运距	m³	按设计图示尺寸以体积计算	1.排地表水 2.土方开挖 3.围护(挡土板)及拆除 4.基底钎探 5.运输
010101003	挖沟槽土方			按设计图示尺寸以基础垫层底面积乘以挖土深度计算	
010101004	挖基坑土方				
010101005	冻土开挖	1.冻土厚度 2.弃土运距		按设计图示尺寸开挖面积乘厚度以体积计算	1.爆破 2.开挖 3.清理 4.运输
010101006	挖淤泥、流砂	1.挖掘深度 2.弃淤泥、流砂距离		按设计图示位置、界限以体积计算	1.开挖 2.运输
010101007	管沟土方	1.土壤类别 2.管外径 3.挖沟深度 4.回填要求	1. m 2. m³	1.以米计量,按设计图示以管道中心线长度计算 2.以立方米计量,按设计图示管底垫	1.排地表水 2.土方开挖 3.围护(挡土板)、支撑 4.运输 5.回填

项目编码	项目名称	项目特征	计量单位	工程量计算规则	工程内容
010101007	管沟土方	1. 土壤类别 2. 管外径 3. 挖沟深度 4. 回填要求	1. m 2. m³	层面积乘以挖土深度计算;无管底垫层按管外径的水平投影面积乘以挖土深度计算。不扣除各类井的长度,井的土方并入	1. 排地表水 2. 土方开挖 3. 围护(挡土板)、支撑 4. 运输 5. 回填

三、建筑工程定额

建筑工程定额是指按国家有关产品标准、设计标准、施工质量验收标准(规范)等确定的施工过程中完成规定计量单位产品所消耗的人工、材料、机械等消耗量的标准,建筑工程定额的作用如下:

1) 建筑工程定额具有促进节约社会劳动和提高生产效率的作用。企业用定额计算工料消耗、劳动效率、施工工期并与实际水平对比,衡量自身的竞争能力,促使企业加强管理,厉行节约的合理分配和使用资源,以达到节约的目的。

2) 建筑工程定额提供的信息,为建筑市场供需双方的交易活动和竞争创造条件。

3) 建筑工程定额有助于完善建筑市场信息系统。定额本身是大量信息的集合,既是大量信息加工的结果,又向使用者提供信息。建筑工程造价就是依据定额提供的信息进行的。

建筑工程价格指数编制

1. 建筑工程单价信息和费用信息

在计划经济条件下,工程单价信息和费用是以定额形式确定的,定额具有指令性;在市场经济下,它们不具有指令性,只具有参考性。对于发包人和承包人以及工程造价咨询单位来说,都是十分重要的信息来源。单价亦可从市场上调查得到,还可以利用政府或中介组织提供的信息。单价的种类如下:

(1) 人工单价

人工单价指一个建筑安装工人一个工作日在预算中应计入的全部人工费用,它反映了建筑安装工人的工资水平和一个工人在一个工作日中可以得到的报酬。

(2) 材料单价

材料单价是指材料由供应者仓库或提货地点到达工地仓库后的出库价格。材料单价包括材料原价、供销部门手续费、包装费、运输费及采购保管费。

(3) 机械台班单价

机械台班单价是指一台施工机械,在正常运转条件下,每工作一个台班应计入的全部费用。机械台班单价包括折旧费、大修理费、经常修理费、安拆费及场外运输费、燃料动力费、人工费、运输机械养路费、车船使用税及保险费。

2. 建筑工程价格指数

建筑工程价格指数是反映一定时期由于价格变化对工程价格影响程度的指标,它是调整建筑工程价格差价的依据。建筑工程价格指数是报告期与基期价格的比值,可以反映价格变动趋势,用来进行估价和结算,估计价格变动对宏观经济的影响。

在社会主义市场经济中,设备、材料和人工费的变化对建筑工程价格的影响日益增大。在建筑市场供求和价格水平发生经常性波动的情况下,建筑工程价格及其各组成部分也处于不断变化之中,使不同时期的工程价格失去可比性,造成了造价控制的困难。编制建筑工程价格指数是解决造价动态控制的最佳途径。

(1) 分类标准

建筑工程价格指数因分类标准的不同可分为以下不同的种类,如下所示。

1) 按工程范围、类别和用途分类。可分为单项价格指数和综合价格指数。单项价格指数分别反映各类工程的人工、材料、施工机械及主要设备等报告期价格对基期价格的变化程度;综合价格指数综合反映各类项目或单项工程人工费、材料费、施工机械使用费和设备费等报告期价格对基期价格变化而影响造价的程度,反映造价总水平的变动趋势。

2) 按工程价格资料期限长短分类。可分为时点价格指数、月指数、季指数和年指数。

3) 按不同基期分类。可分为定基指数和环比指数。前者指各期价格与其固定时期价格的比值;后者指各时期价格与前一期价格的比值。

(2) 编制公式

建筑工程价格指数可以参照以下所列的公式进行编制。

1) 人工、机械台班、材料等要素价格指数的编制

$$材料(设备、人工、机械)价格指数 = \frac{报告期预算价格}{基期预算价格}$$

2) 建筑安装工程价格指数的编制

建筑安装工程价格指数＝人工费指数×基期人工费占建筑安装工程价格的比例＋∑(单项材料价格指数×基期该材料费占建筑安装工程价格比例)＋∑(单项施工机械台班指数×基期该机械费占建筑安装工程价格比例)＋(其他直接费、间接费综合指数)×(基期其他直接费、间接费占建安工程价格比例)

第三章　建筑工程定额

学习目标

1. 了解建筑定额的概念、特点、分类及应用中的意义。
2. 掌握建筑施工定额、建筑预算定额的具体内容。
3. 熟悉概算定额及概算指标的具体内容。

知识课堂

定额的基础知识

尽管管理科学在不断发展,但是它仍然离不开定额。没有定额提供可靠的基本管理数据,任何好的管理方法和手段也不能取得理想的结果。因此,定额虽然是科学管理发展初期的产物,但它在企业管理中,一直有重要的地位。

一、建筑工程定额

1. 建筑定额的基本含义

定额是在正常的施工生产条件下,完成单位合格产品所必需的人工、材料、施工机械设备及其资金消耗数量的标准,也叫技术经济定额。通俗地说,建筑工程定额就是进行生产经营活动时,在人力、物力、财力消耗方面所应遵守或达到的数量标准。在建筑生产过程中,为了完成建筑产品,必须消耗一定数量的生产质量合格的单位建筑产品所需要的劳动力、材料和机械台班费等的数量标准,就称为建筑工程定额。

2. 建设工程中应用定额的意义

(1) 定额是编制计划的基础

工程建设活动需要编制各种计划来组织与指导生产,而计划编制中又需要各种定额来作为计算人力、物力、财力等资源需要量的依据。定额是编制计划的重要基础。

(2) 定额是确定工程造价的依据和评价设计方案经济合理性的尺度

工程造价是根据由设计规定的工程规模、工程数量及相应需要的劳动力、材料、机械设备消耗量及其他必须消耗的资金确定的。其中,劳动力、材料、机械设备的消耗量又是根据定额计算出来的,定额是确定工程造价的依据。同时,建设项目投资的大小又反映了各种不同设计方案技术经济水平的高低。因此,定额又是比较和评价设计方案经济合理性的尺度。

(3) 定额是组织和管理施工的工具

建筑企业要计算和平衡资源需要量、组织材料供应、调配劳动力、签发任务单、组织劳动竞赛、调动人的积极因素、考核工程消耗和劳动生产率、贯彻按劳分配工资制度、计算工人报酬等,都要利用定额。因此,从组织施工和管理生产的角度来说,企业定额又是建筑企业组织和管理施工的工具。

（4）定额是总结先进生产方法的手段

定额是在平均先进的条件下，通过对生产流程的观察、分析、综合等过程制定的，它可以最严格地反映出生产技术和劳动组织的先进合理程度。因此，我们就可以以定额方法为手段，对同一产品在同一操作条件下的不同的生产方法进行观察、分析和总结，从而得到一套比较完整、优良的生产方法，作为生产中推广的范例。由此可见，定额是实现工程项目，确定人力、物力和财力等资源需要量，有计划地组织生产，提高劳动生产率，降低工程造价，完成和超额完成计划的重要的技术经济工具，是工程管理和企业管理的基础。

3. 定额的特点

定额是科学管理的产物，是实行科学管理的基础，在社会主义市场经济的条件下，定额特性如下：

（1）权威性

在建设工程当中，定额具有很大的权威性，这种权威在一些情况下具有经济法规性质。权威性反映统一的意志和统一的要求，也反映信誉和信赖程度以及定额的严肃性。

1）工程建设定额的权威性的客观基础是定额的科学性。只有科学的定额才具有权威，但是在社会主义市场经济条件下，它必然涉及各有关方面的经济关系和利益关系。赋予工程建设定额以一定的权威性，就意味着在规定的范围内，对于定额的使用者和执行者来说，不论主观上愿意不愿意，都必须按定额的规定执行。在当前市场不规范的情况下，赋予工程建设定额以权威性是十分重要的。但是在竞争机制引入工程建设的情况下，定额的水平必然会受市场供求状况的影响，从而在执行中可能产生定额水平的浮动。

2）在社会主义经济条件下，对定额的权威性不应该绝对化。定额毕竟是主观对客观的反映，定额的科学性会受到人们认识的局限。与此相关，定额的权威性也就会受到削弱核心的挑战。更为重要的，随着投资体制的改革和投资主体多元化格局的形成，随着企业经营机制的转换，它们都可以根据市场的变化和自身的情况，自主地调整自己的决策行为。因此，在这里，一些与经营决策有关的工程建设定额的权威性特征就弱化了。

（2）科学性

1）工程建设定额的科学性首先表现在定额是在认真研究客观规律的基础上，自觉地遵守客观规律的要求，实事求是地制定的。因此，它能正确地反映单位产品生产所必需的劳动量，从而以最少的劳动消耗而取得最大的经济效果，促进劳动生产率的不断提高。

2）定额的科学性还表现在制定定额所采用的方法上，通过不断吸收现代科学技术的新成就，不断完善，形成一套严密的确定定额水平的科学方法。这些方法不仅在实践中已经行之有效，而且还有利于研究建筑产品生产过程中的工时利用情况，从中找出影响劳动消耗的各种主客观因素，设计出合理的施工组织方案，挖掘生产潜力，提高企业管理水平，减少以至杜绝生产中的浪费现象，促进生产的不断发展。

（3）统一性

1）工程建设定额的统一性，主要是由国家对经济发展的有计划的宏观调控职能决定的。为了使国民经济按照既定的目标发展，就需要借助于某些标准、定额、参数等，对工程建设进行规划、组织、调节、控制。而这些标准、定额、参数必须在一定的范围内是一种统一的尺度，才能实现上述职能，才能利用它对项目的决策、设计方案、投标报价、成本控制进行比较评价。

2）工程建设定额的统一性按照其影响力和执行范围来看，有全国统一定额、地区统一定额和行业统一定额等；按照定额的制定、颁布和贯彻使用来看，有统一的程序、统一的原则、统一的要求和统一的用途。

3）在生产资料私有制的条件下，定额的统一性是很难想象的，充其量也只是工程量计算规则的统一和信息提供。我国工程建设定额的统一性和工程建设本身的巨大投入和巨大产出有关。它对国民经济的影响不仅表现在投资的总规模和全部建设项目的投资效益等方面，而且往往还表现在具体建设项目的投资数额及其投资效益方面。因而需要借助统一的工程建设定额进行社会监督。这一点和工业生产、农业生产中的工时定额、原材料定额也是不同的。

（4）时效性

工程建设定额的时效性主要表现在定额所规定的各种工料消耗量是由一定时期的社会生产力水平确定。当生产条件发生较大变化时，定额制定授权部门必须对定额进行修订与补充。因此，定额具有一定的时效性。

（5）稳定性

1）稳定性的意义。工程建设定额中的任何一种都是一定时期技术发展和管理水平的反映，因而在一段时间内都表现出稳定的状态。稳定的时间有长有短，一般在5～10年之间。保持定额的稳定性是维护定额的权威性所必需的，更是有效地贯彻定额所必要的。如果某种定额处于经常修改变动之中，那么必然造成执行中的困难和混乱，使人们感到没有必要去认真对待它，很容易导致定额权威性的丧失。工程建设定额的不稳定也会给定额的编制工作带来极大的困难。

2）工程建设定额的稳定性是相对的。当生产力向前发展了，定额就会与已经发展了的生产力不相适应。这样，它原有的作用就会逐步减弱以至消失，需要重新编制或修订。

> **温馨提示**
>
> 在建筑工程施工过程中，为了完成某一工程项目或结构构件，就必须消耗一定数量的人力、物力和财力资源。这些资源是随着施工对象、施工方式和施工条件的变化而变化的。不同产品具有不同的质量要求，因此，不能把定额看成单纯的数量关系，而应看成是质量和安全的统一体。

二、建筑工程定额的分类

建筑工程定额是一个综合的概念，是建筑工程中生产消耗定额的总称。在建筑施工生产中，根据需要而采用不同的定额。建筑工程定额种类很多，一般建筑工程定额的分类方法如下。

1. 按生产因素分类（图3-1）

（1）劳动定额

劳动定额，又称人工定额，它规定了在正常施工技术条件下和合理劳动组织下为生产单位合格产品所必须消耗的工作时间，或在一定的工作时间中必须生产的产品数量标准。

（2）材料消耗定额

材料消耗定额，是指在节约和合理使用材料的条件下，生产单位合格产品必须消耗的建筑材料的数量标准。

（3）机械台班使用定额

机械台班使用定额，又称机械使用定额，是指在正常施工条件和合理的劳动组织条件下，完成单位合格产品所必须消耗的机械台班数量标准。

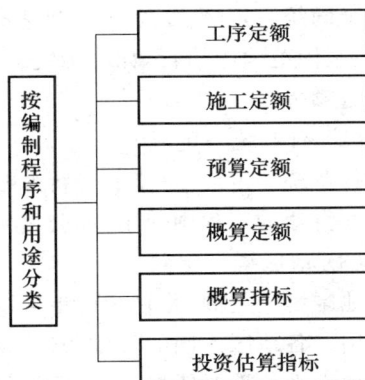

2. 按定额编制程序和用途分类（图 3-2）

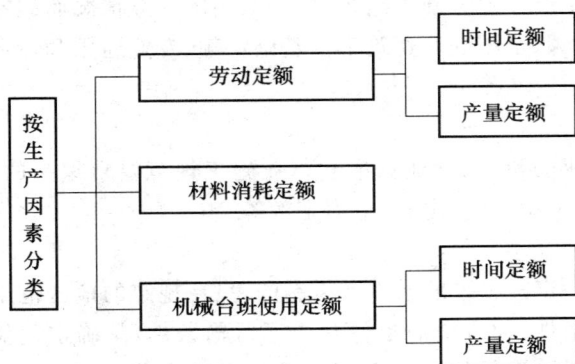

图 3-1　按生产因素分类　　　　图 3-2　按编制程序和用途分类

（1）工序定额

工序定额，是以最基本的施工过程为标定对象，表示其生产产品数量的时间消耗关系的定额。

（2）施工定额

施工定额，是施工企业内部直接用于施工管理的一种技术定额。这是以工作过程或复合工作过程为标定对象，规定某种建筑产品的人工消耗量、材料消耗量和机械台班使用消耗量。施工定额是建筑企业中最基本的定额，可用来编制施工预算、施工组织设计、施工作业计划，考核劳动生产率和进行成本核算的依据。施工定额也是编制预算定额的基础资料。

（3）预算定额

预算定额，是以建筑物或构筑物的各个分部分项工程为单位编制的。定额中包括所需人工工日数、各种材料的消耗量和机械台班使用量，同时表示对应的地区基价。预算定额是以施工定额为基础编制的，它是在施工定额的基础上综合和扩大，用以编制施工图预算，确定建筑安装工程造价，编制施工组织设计和工程竣工决算。预算定额也是编制概算定额和概算指标的基础。

（4）概算定额

概算定额，是预算定额的扩大与合并，它是确定完成合格的单位扩大分项工程或结构构件所需人工、材料和施工机械台班的消耗以及费用标准。概算指标是方案设计阶段编制概算的依据，是进行技术经济分析，考核建设成本的标准，是国家控制基本建设投资的主要依据。

（5）概算指标

概算指标，是以每 100 m² 建筑面积或 100 m³ 建筑体积为计算单位，构筑物以座为计算单位，规定所需人工、材料、机械消耗和资金数量的定额指标。

（6）投资估算指标

投资估算指标，是指确定和控制建设项目全过程各项技术支出的技术经济指标，其范围涉及建设前期、建设实施期和竣工交付使用期等各个阶段的费用支出,内容因行业不同而不同。投资估算指标是决策阶段编制投资估算的依据,是进行技术经济分析、方案比较的依据,对于项目前期的方案选定和投资计划编制有着重要的作用。

3. 按编制单位和执行范围分类(图 3-3)

(1) 全国统一定额

全国统一定额,是综合全国基本建设的生产技术和施工组织、生产劳动的一般情况而编制的,在全国范围内执行,如全国统一的劳动定额、全国统一建筑工程基础定额、专业通用和专业专用定额等。

(2) 行业统一定额

行业统一定额,是指一个行业根据本行业的特点、行业标准和行业施工规范要求编制的,只在本行业的工程中使用,如公路定额、水利定额、化工定额、电力定额等。

(3) 地区统一定额

地区统一定额,是在考虑地区特点和统一定额水平的条件下编制的,只在规定的地区范围内使用。各地区不同的气候条件、物质技术条件、地方资源条件和交通运输条件,是确定定额内容和水平的重要依据,如一般地区通用的建筑工程预算定额、概算定额和补充劳动定额等。

(4) 企业定额

企业定额,是指由建筑安装企业考虑本企业生产技术和组织管理等具体情况并参照统一部门或地方定额的水平制定的,是只在本企业内部使用的定额。生产经营管理水平高的施工企业,都有企业内部使用的、比较完善的施工定额和预算定额,它是反映企业素质的重要标志之一。

(5) 临时补充定额

临时补充定额,是指统一定额和企业定额中未列入的项目,或在特殊施工条件下无法执行统一的定额,由预算员和有经验的工作人员根据施工特点、工艺要求等直接估算的定额。补充定额制定后必须报上级主管部门批准。

4. 按专业分类(图 3-4)

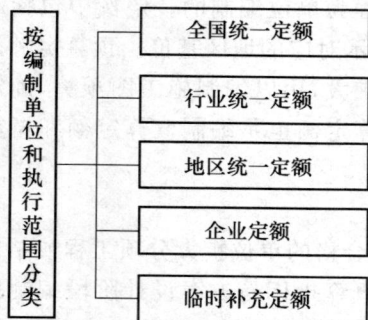

图 3-3　按编制单位和执行范围分类

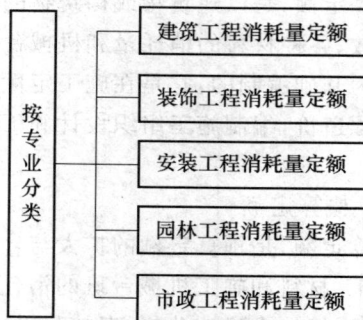

图 3-4　按专业分类

(1) 建筑工程消耗量定额

建筑工程即指房屋建筑的土建工程。

建筑工程消耗量定额,是指各地区(或企业)编制确定的完成每一建筑分项工程(即每一土建分项工程)所需人工、材料和机械台班消耗量标准的定额。它是业主或建筑施工企业(承包商)计算建筑工程造价主要的参考依据。

　　(2)装饰工程消耗量定额

　　装饰工程即指房屋建筑室内外的装饰装修工程。

　　装饰工程消耗量定额,是指各地区(或企业)编制确定的完成每一装饰分项工程所需人工、材料和机械台班消耗量标准的定额。它是业主或装饰施工企业(承包商)计算装饰工程造价主要的参考依据。

　　(3)安装工程消耗量定额

　　安装工程即指房屋建筑室内外各种管线、设备的安装工程。

　　安装工程消耗量定额,是指各地区(或企业)编制确定的完成每一安装分项工程所需人工、材料和机械台班消耗量标准的定额。它是业主或安装施工企业(承包商)计算安装工程造价主要的参考依据。

　　(4)园林工程消耗量定额

　　园林绿化工程即指城市园林、房屋环境等的绿化通称。

　　园林绿化工程消耗量定额,是指各地区(或企业)编制确定的完成每一园林绿化分项工程所需人工、材料和机械台班消耗量标准的定额。它是业主或园林绿化施工企业(承包商)计算安装工程造价主要的参考依据。

　　(5)市政工程消耗量定额

　　市政工程即指城市道路、桥梁等公共公用设施的建设工程。

　　市政工程消耗量定额,是指各地区(或企业)编制确定的完成每一市政分项工程所需人工、材料和机械台班消耗量标准的定额。它是业主或市政施工企业(承包商)计算安装工程造价主要的参考依据。

> 学以致用

建筑工程施工定额

　　施工定额中,除汽车运输、吊装及机械打桩部分列有具体使用的机械名称、规格和台班用量外,一般中小型机械只列机械名称和台班用量,不标出规格。

一、施工定额

1.施工定额的概念

　　施工定额是指规定在工作过程或复合工作过程中所生产合格单位产品必须消耗的活劳动与物化劳动的数量标准。

　　施工定额是施工企业内部直接用于施工管理的一种技术定额,由劳动定额、机械台班使用定额和材料消耗定额所组成。

2.施工定额的作用

　　由于施工定额包括了劳动定额、机械台班定额和材料消耗定额三个部分,施工定额的作用主要表现在合理地组织施工生产和按劳分配两个方面。因此,认真执行施工定额,正确地发挥施工定额在施工管理中的作用,对于促进施工企业的发展,具有十分重要的意义。总的来说,在施工过程中施工定额具有以下几方面的作用：

  1）是编制单位工程施工预算、进行"两算"对比、加强企业成本管理的依据；

  2）是编制施工组织设计、制订施工作业计划和人工、材料、机械台班需用量计划的依据；

  3）是施工队向工人班组签发施工任务书和限额领料单的依据；

  4）是实行计件、定额包工包料、考核工效、计算劳动报酬与奖励的依据；

  5）是班组开展劳动竞赛、班组核算的依据；

  6）是编制预算定额和企业补充定额的基础资料。

  总之，编制和执行好施工定额并充分发挥其作用，对于促进施工企业内部施工组织管理水平的提高，加强经济核算，提高劳动生产率，降低工程成本，提高经济效益，具有十分重要的意义。

3. 施工定额的编制水平

  定额编制水平是指规定消耗在单位产品上的劳动、机械和材料数量的多少。施工编制定额的水平应直接反映劳动生产率水平，也反映劳动和物质消耗水平。

二、劳动定额

1. 劳动定额的概念与作用

（1）劳动定额的概念

  劳动定额，又称人工定额，是指在正常的施工技术和组织条件下，某级工人在生产某种产品或完成某项工作所必需的劳动消耗量标准。这个标准是国家和企业对工人在单位时间内完成产品的数量和质量的综合要求。在各种定额中，劳动定额是重要的组成部分。

（2）劳动定额的作用

  劳动定额的作用主要表现在组织生产和按劳分配两个方面。在一般情况下，两者是相辅相成的，即生产决定分配，分配促进生产。当前对企业基层推行的各种形式的经济责任制的分配形式，无一不是以劳动定额作为核算基础的。具体来说，劳动定额的作用主要表现在以下几个方面：

  1）是编制施工作业计划的依据；

  2）是贯彻按劳分配原则的重要依据；

  3）是开展社会主义劳动竞赛的必要条件；

  4）是企业经济核算的重要基础。

2. 劳动定额的表现形式

（1）时间定额

  1）时间定额的概念。时间定额亦称工时定额，是指在正常的施工技术和合理的劳动组织条件下，完成单位合格建筑产品所必需的工日数。定额时间包括准备与结束工作时间、基本工作时间、辅助工作时间、不可避免的中断时间及必需的休息时间等。工作时间是指工人在工作中的所有时间，包括定额时间和非定额时间。工人工作时间的分类一般如图3-5所示。

  从图3-5中可以看出，定额时间包括有效工作时间、不可避免的中断时间和休息时间。有效工作时间是指准备与结束时间、基本工作时间、辅助工作时间。

  非定额时间包括多余或偶然工作的时间、停工时间和违反劳动纪律损失的时间。

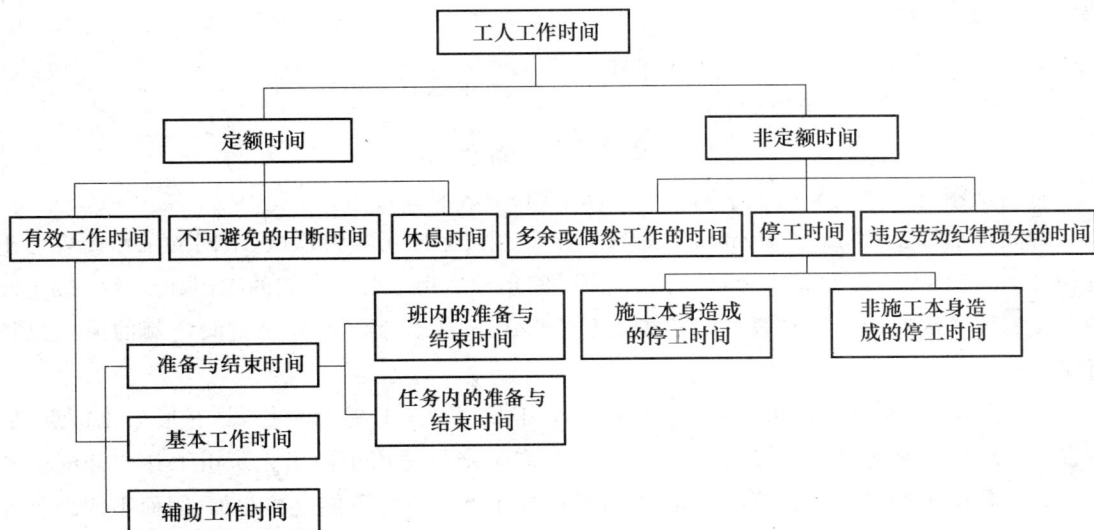

图 3-5 工人工作时间的分类

2）时间定额的计算方法。时间定额以一个工人 8 小时工作日的工作时间为一个"工日"单位。其计算方法如下：

$$单位产品的时间定额（工日）= \frac{1}{每工产量}$$

如果以小组来计算，则为：

$$单位产品的时间定额（工日）= \frac{小组成员工日数总和}{小组（班）产量}$$

时间定额的计量单位，一般以工日和完成产品的单位（如 m^3、m^2、m、t、根等）来表示，如工日/m^3（或 m^2、m、t、根等）。

（2）产量定额

1）产量定额的概念。产量定额，是指在合理的劳动组织和正常的施工条件下，某专业某种技术等级的工人小组（班组）或个人，在单位时间（工日）内，所应完成合格产品的数量。

2）产量定额的计算方法如下：

$$每工产量 = \frac{1}{单位产品时间定额（工日）}$$

或

$$台班产量 = \frac{小组成员工日数的总和}{单位产品的时间定额（工日）}$$

产量定额的单位，一般以产品的计量单位（如 m^3、m^2、m、t、根等）和工日来表示，如 m^3（或 m^2、m、t、根等）/工日。

（3）时间定额与产量定额的关系

时间定额与产量定额互为倒数，即：

$$时间定额 \times 产量定额 = 1$$

或

$$时间定额 = \frac{1}{产量定额}$$

$$产量定额 = \frac{1}{时间定额}$$

时间定额与产量定额都表示同一个劳动定额,但各有其作用。

时间定额以工日/m、工日/m³、工日/m²、工日/根、工日/t 等为单位,不同的工作内容由于有相同的时间单位,定额完成量可以相加,故时间定额适用于劳动计划的编制和统计完成定额的工作需要。因时间定额计算比较方便,且便于综合,故劳动定额采用时间定额的形式比较普遍。

产量定额以 m³/工日、m²/工日、m/工日、t/工日、根/工日等为单位,具有形象化特点,数量直观、具体,容易为工人所接受和理解。因此,产量定额适用于向工人班组下达和分配生产任务。但是由于产量定额的单位不同,在统计完成生产任务时不能直接相加,因而不能满足计划统计工作的要求。

3. 劳动定额的编制方法

(1) 技术测定法

1) 概念。技术测定法是在先进合理的技术、组织及施工条件下,在充分发挥生产潜力的基础上,详细地记录施工过程各组成部分的工时、材料、机械台班消耗,完成产品数量及各种影响因素,并对记录进行整理,科学地分析各因素对消耗量的影响,从而获得编制定额的技术资料和基础数据。

2) 优缺点。技术测定法的优点是技术依据充分,定额水平先进合理,能反映客观实际。缺点是工作量大,操作复杂。

3) 主要步骤。

① 确定拟编定额项目的施工过程,对其组成部分进行必要的划分;

② 选择正常的施工条件和合适的观察对象;

③ 到施工现场对观察对象进行测时观察,记录完成产品的数量、工时消耗及影响工时消耗的有关因素;

④ 分析整理观察资料。

4) 常用方法。

① 测时法。测时法是一种最基本的技术测定方法,它是指在一定的时间内,对特定作业进行直接的连续观测、记录,从而获得工时消耗数据,并据以分析制定劳动定额的方法。测时法的优点是对作业过程的各种情况记录比较详细,数据比较准确,分析研究比较充分。但缺点是技术测定工作量大,一般适用于重复程度比较高的工作过程或重复性手工作业。

② 写实记录法。写实记录法是一种研究各种性质工作时间消耗的技术测定法。采用该方法可以获得工作时间消耗的全部资料。写实记录法的特点是:精度较高,观察方法比较简单。观察对象是一个工人或一个工人小组(班组),采用普通表为计时工具。

③ 工作日写实法。工作日写实法是研究整个工作班内各种损失时间、休息时间和不可避

免中断时间的方法。工作日写实法的特点是技术简单、资料全面。

（2）统计分析法

1）概念。统计分析法是把过去一定时期内实际施工中的同类工程和生产同类产品的实际工时消耗和产品数量的统计资料(施工任务书、考勤报表和其他相关资料)，通过整理，结合当前生产技术组织条件，进行分析对比研究来制定定额的一种方法。所考虑的统计对象应该具有一定的代表性，应以具有平均先进水平的地区、企业、施工队伍的情况作为统计计算定额的依据。统计中要特别注意资料的真实性、系统性和完整性，确保定额的编制质量。

2）优缺点。统计分析法的优点是简单易行，工作量小。缺点是要使统计分析法制定的定额有较好的质量，就应在基层健全原始记录和统计报表制度，并剔除一些不合理的虚假因素，为了使定额保持平均先进水平，可从统计资料中求出平均先进值。

3）主要步骤。

① 先从资料中删除特别偏高、偏低及明显不合格的数据。

② 计算出算术平均值。

③ 在工时统计数值中，取小于上述算术平均值的数组，再计算其平均值，即为所求的平均先进值。

4）计算实例。

【实例 3-1】　某建筑工程有工时消耗统计数组：30,40,70,50,70,70,40,50,40,50,90，试求平均先进值。

解：上述数组中 90 是明显偏高的数，应删去，删去 90 后，求算术平均值：

算术平均值＝(30＋40＋70＋50＋70＋70＋40＋50＋40＋50)/10＝51

选数组中小于算术值平均值 51 的数，求平均先进值

平均先进值＝(30＋3×40＋3×50)/7＝42.9

（3）比较类推法

1）概念。比较类推法也叫典型定额法。该方法是在同类型的定额子目中，选择有代表性的典型子目，用技术测定法确定各种消耗量，然后根据测定的定额用比较类推的方法编制其他相关定额。

2）优缺点。比较类推法的优点是简单易行，有一定的准确性。缺点是该方法运用了正比例的关系来编制定额，故有一定的局限性。采用这种方法，要特别注意掌握工序、产品的施工工艺和劳动组织的"类似"或"近似"的特征，细致地分析施工过程的各种影响因素，防止将因素变化很大的项目作为同类型项目比较类推。

3）计算公式。比较类推法的计算公式为

$$t = Pt_0$$

式中　t——比较类推同类相邻定额项目的时间定额；

P——各同类相邻项目耗用工时的比例；

t_0——典型定额项目的时间定额。

4）计算实例。

【实例 3-2】　已知某建筑工程挖一类土地槽的时间定额为 0.133 工日，二类土耗用工时比例 P 为 1.43，请推算二类土的时间定额。

解：挖二类土的时间定额为

$$t_2 = P_2 t_0 = 1.43 \times 0.133 = 0.190 (\text{工日}/\text{m}^3)$$

（4）经验估工法

1）概念。经验估工法是由定额编制人员、技术人员、生产工人相结合，总结以往施工中的生产、管理经验，参照图纸、规范等资料进行讨论、研究、计算来制定定额。

2）优缺点。经验估工法的优点是简单、快速、易于掌握、工作量小。缺点是技术根据不足，有主观性、偶然性因素，准确、可靠性较差，一般用于一次性定额的制定。

三、材料消耗定额

1. 材料消耗定额的概念

材料消耗定额是指在正常的施工（生产）条件下，在节约和合理使用材料的情况下，生产单位合格产品所必须消耗的一定品种、规格的材料、半成品、配件等的数量标准。

在我国建筑产品的成本中，材料费占整个工程费用的 70% 左右。因此，材料的运输储存、管理和使用在施工中占有极其重要的地位。降低工程成本，在很大程度上取决于减少建筑材料的消耗量。用科学方法正确制定材料消耗定额，对合理使用材料、减少浪费、正确计算工程造价、保证正常施工都具有极其重要的意义。

2. 施工中材料消耗的组成

施工中材料的消耗，可分为必需的材料消耗和损失的材料两类性质。

必须消耗的材料，是指在合理用料的条件下，生产合格产品所需消耗的材料。它包括直接用于建筑和安装工程的材料、不可避免的施工废料、不可避免的材料损耗。

必须消耗的材料属于施工正常消耗，是确定材料消耗定额的基本数据。其中：直接用于建筑和安装工程的材料作为编制材料净用量定额；不可避免的施工废料和材料损耗作为编制材料损耗定额。

材料各种类型的损耗量之和称为材料损耗量，除去损耗量之后净用于工程实体上的数量称为材料净用量，材料净用量与材料损耗量之和称为材料总消耗量，损耗量与总消耗量之比称为材料损耗率，它们的关系用下列公式表示：

$$材料损耗率 = \frac{材料损耗量}{材料总消耗量} \times 100\%$$

$$材料损耗量 = 材料总消耗量 - 材料净用量$$

$$材料净用量 = 材料总消耗量 - 材料损耗量$$

$$材料总消耗量 = \frac{材料净用量}{1 - 材料损耗量}$$

或

$$材料总消耗量 = 材料净用量 + 材料损耗量$$

为了简便，通常将损耗量与净用量之比，作为损耗率。即：

$$材料损耗率 = \frac{材料损耗量}{材料净用量} \times 100\%$$

$$材料总消耗量 = 材料净用量 \times (1 + 材料损耗率)$$

现场施工中，各种建筑材料的消耗，主要取决于材料的消耗定额。

以上各式中的损耗率可参考表 3-1。

表 3-1　部分建筑材料、成品、半成品损耗率参考表

材料名称	工程项目	损耗率/(%)	材料名称	工程项目	损耗率/(%)
普通黏土砖	地面、屋面、空化(斗)墙	1.5	水泥砂浆	抹墙及墙裙	2.0
普通黏土砖	基础	0.5	水泥砂浆	地面、屋面、构筑物	1.0
普通黏土砖	实砖墙	2.0	素水泥浆		1.0
普通黏土砖	方砖柱	3.0	混凝土(预制)	柱、基础梁	1.0
普通黏土砖	圆砖柱	7.0	混凝土(预制)	其他	1.5
普通黏土砖	烟囱	4.0	混凝土(现浇)	二次灌浆	3.0
普通黏土砖	水塔	3.0	混凝土(现浇)	地面	1.0
白瓷砖		3.5	混凝土(现浇)	其余部分	1.5
陶瓷锦砖(马赛克)		1.5	细石混凝土		1.0
面砖、缸砖		2.5	轻质混凝土		2.0
水磨石板		1.5	钢筋(预应力)	后张吊车梁	13.0
大理石板		1.5	钢筋(预应力)	先张高强丝	9.0
混凝土板		1.5	钢材	其他部分	6.0
水泥瓦、黏土瓦	包括脊瓦	3.5	铁件	成品	1.0
石棉垄瓦(板瓦)		4.0	镀锌铁皮	屋面	2.0
砂	混凝土、砂浆	3.0	镀锌铁皮	排水管、沟	6.0
白石子		4.0	铁钉		2.0
砾(碎)石		3.0	电焊条		12.0
乱毛石	砌墙	2.0	小五金	成品	1.0
乱毛石	其他	1.0	木材	窗扇、框(包括配料)	6.0
方整石	砌体	3.5	木材	镶板门芯板制作	13.1
方整石	其他	1.0	木材	镶板门企口板制作	22.0
碎砖、炉(矿)渣		1.5	木材	木屋架、檩、椽圆木	5.0
珍珠岩粉		4.0	木材	木屋架、檩、椽方木	6.0
生石膏		2.0	木材	屋面板平口制作	4.4
滑石粉	油漆工程用	5.0	木材	屋面板平口安装	3.3
滑石粉	其他	1.0	木材	木栏杆及扶手	4.7

材料名称	工程项目	损耗率/(%)	材料名称	工程项目	损耗率/(%)
砌筑砂浆	砖、毛方石砌体	1.0	模板制作	各种混凝土结构	5.0
砌筑砂浆	空斗墙	5.0	模板安装	工具式钢模板	1.0
砌筑砂浆	泡沫混凝土地墙	2.0	模板安装	支撑系统	1.0
砌筑砂浆	多孔砖墙	10.0	模板制作	圆形储仓	3.0
砌筑砂浆	加气混凝土块	2.0	胶合板、纤维板	顶棚、间壁	5.0
混合砂浆	抹顶棚	3.0	吸音板	顶棚、间壁	5.0
混合砂浆	抹墙及墙裙	2.0	石油沥青		1.0
石灰砂浆	抹顶棚	1.5	玻璃	配制	15.0
石灰砂浆	抹墙及墙裙	1.0	清漆		3.0
水泥砂浆	抹顶棚、梁柱腰线、挑檐	2.5	环氧树脂		2.5

3. 材料消耗定额的制定方法

材料消耗定额必须在充分研究材料消耗规律的基础上制定。科学的材料消耗定额应当是材料消耗规律的正确反映。材料消耗定额是通过施工生产过程中对材料消耗进行观测、试验以及根据技术资料的统计与计算等方法制定的。具体制定方法如下所示。

（1）观测法

观测法亦称现场测定法，是在合理使用材料的条件下，在施工现场按一定程序对完成合格产品的材料耗用量进行测定，通过分析、整理，最后得出一定的施工过程单位产品的材料消耗定额。

利用现场测定法主要是编制材料损耗定额，也可以提供编制材料净用量定额的数据。其优点是能通过现场观察、测定，取得产品产量和材料消耗的情况，为编制材料定额提供技术根据。

观测法的首要任务是选择典型的工程项目，其施工技术、组织及产品质量，均要符合技术规范的要求；材料的品种、型号、质量也应符合设计要求；产品检验合格，操作工人能合理使用材料和保证产品质量。

在观测前要充分做好准备工作，如选用标准的运输工具和衡量工具，采取减少材料损耗措施等。

观测的结果，要取得材料消耗的数量和产品数量的数据资料。

观测法是在现场实际施工中进行的。观测法的优点是真实可靠，能发现一些问题，也能消除一部分消耗材料不合理的浪费因素。但是，用这种方法制定材料消耗定额，由于受到一定的生产技术条件和观测人员的水平等限制，仍然不能把所消耗材料不合理的因素都揭露出来。同时，也有可能把生产和管理工作中的某些与消耗材料有关的缺点保存下来。

对观测取得的数据资料要进行分析研究，区分哪些是合理的，哪些是不合理的，哪些是不可避免的，以制定出在一般情况下都可以达到的材料消耗定额。

（2）试验法

试验法是指在材料试验室中进行试验和测定数据。例如:以各种原材料为变量因素,求得不同强度等级混凝土的配合比,从而计算出每立方米混凝土的各种材料耗用量。

利用试验法,主要是编制材料净用量定额。通过试验,能够对材料的结构、化学成分和物理性能以及按强度等级控制的混凝土、砂浆配比作出科学的结论,为编制材料消耗定额提供有技术根据的、比较精确的计算数据。

但是,试验法不能取得在施工现场实际条件下,由于各种客观因素对材料耗用量影响的实际数据,这是该法的不足之处。

试验室试验必须符合国家有关标准规范,计量要使用标准容器和称量设备,质量要符合施工与验收规范要求,以保证获得可靠的定额编制依据。

（3）统计法

统计法是指通过对现场进料、用料的大量统计资料进行分析计算,获得材料消耗的数据。这种方法由于不能分清材料消耗的性质,因而不能作为确定材料净用量定额和材料损耗定额的精确依据。

对积累的各分部分项工程结算的产品所耗用材料的统计分析,是根据各分部分项工程拨付材料数量、剩余材料数量及总共完成产品数量来进行计算。

采用统计法,必须要保证统计和测算的耗用材料和相应产品一致。在施工现场中的某些材料,往往难以区分用在各个不同部位上的准确数量。因此,要有意识地加以区分,才能得到有效的统计数据。

用统计法制定材料消耗定额一般采取两种方法:

1）经验估算法是指以有关人员的经验或以往同类产品的材料实耗统计资料为依据,通过研究分析并考虑有关影响因素的基础上制定材料消耗定额的方法。

2）统计法是对某一确定的单位工程拨付一定的材料,待工程完工后,根据已完产品数量和领退材料的数量,进行统计和计算的一种方法。这种方法的优点是不需要专门人员测定和实验。由统计得到的定额有一定的参考价值,但其准确程度较差,应对其分析研究后才能采用。

（4）理论计算法

理论计算法是根据施工图,运用一定的数学公式,直接计算材料耗用量。计算法只能计算出单位产品的材料净用量。材料的损耗量仍要在现场通过实测取得。采用这种方法必须对工程结构、图纸要求、材料特性和规格、施工及验收规范、施工方法等先进行了解和研究。理论计算法适宜于不易产生损耗,且容易确定废料的材料,如木材、钢材、砖瓦、预制构件等材料。因为这些材料根据施工图纸和技术资料从理论上都可以计算出来,不可避免的损耗也有一定的规律可找。

理论计算法是材料消耗定额制定方法中比较先进的方法。但是,用这种方法制定材料消耗定额,要求掌握一定的技术资料和各方面的知识,以及有较丰富的现场施工经验。

4. 周转性材料消耗量的计算

在编制材料消耗定额时,某些工序定额、单项定额和综合定额中涉及周转材料的确定和计算,周转性材料在施工过程中不属于通常的一次性消耗材料,而是可多次周转使用,经过修理、补充才逐渐消耗尽的材料。如模板、钢板桩、脚手架等,实际上它亦是作为一种施工工具和措施。在编制材料消耗定额时,应按多次使用、分次摊销的办法确定。

周转性材料消耗的定额量是指每使用一次摊销的数量,其计算必须考虑一次使用量、周转使用量、回收价值和摊销量之间的关系。

四、机械台班使用定额

1. 机械台班使用定额的概念与作用

（1）概念

在建筑工程中,有些工程产品或工作是由工人来完成的,有些是由机械来完成的,有些则是由人工和机械配合共同完成的。由机械或人机配合共同完成产品或工作中,就包含一个机械工作时间。

机械台班使用定额或称机械台班消耗定额,是指在正常施工条件下,合理的劳动组合和使用机械,完成单位合格产品或某项工作所必需的机械工作时间,包括准备与结束时间、基本工作时间、辅助工作时间、不可避免的中断时间以及使用机械的工人生理需要与休息时间。

（2）内容

机械台班使用定额内容是以机械作业为主体划分期日,列出完成各种分项工程或施工过程的台班产量标准,并包括机械性能、作业条件和劳动组合等说明。

（3）作用

施工机械台班使用定额的作用是施工企业对工人班组签发施工任务书、下达施工任务、实行计划奖励的依据;是编制机械需用量计划和作业计划,考核机械效率,核定企业机械调度和维修计划的依据;是编制预算定额的基础资料。

2. 机械台班使用定额的表现形式

机械台班使用定额的形式按其表现形式不同,可分为机械时间定额和机械台班产量定额两种。

（1）机械时间定额

机械时间定额就是在正常的施工条件和劳动组织的条件下,使用某种规定的机械,完成单位合格产品所必须消耗的台班数量。机械时间定额以"台班"表示,即一台机械工作一个作业班时间。一个作业班时间为 8 h。即

$$单位产品机械时间定额（台班）= \frac{1}{机械台班产量定额}$$

由于机械必须由工人小组配合,所以完成单位合格产品的时间定额,同时列出人工时间定额。即

$$单位产品人工时间定额（工日）= \frac{小组成员总人数}{台班产量}$$

【实例 3-3】 斗容量 1 m³ 正铲挖土机,挖四类土,装车,深度在 2 m 内,小组成员两人,机械台班产量为 4.76（定额单位 100 m³）,试求该小组成员的人工时间定额和机械时间定额。

解:挖 100 m³ 的人工时间定额为: $\frac{小组成员总人数}{台班产量} = \frac{2}{4.76} = 0.42$（工日）

挖 100 m³ 的机械时间定额为: $\frac{1}{机械台班产量定额} = \frac{1}{4.76} = 0.21$（台班）

（2）机械台班产量定额

机械台班产量定额就是在正常的施工条件和劳动组织条件下,某种机械在一个台班时间内必须完成的单位合格产品的数量。即

$$机械台班产量定额 = \frac{1}{机械时间定额(台班)}$$

机械时间定额和机械产量定额互为倒数关系。

（3）人工配合机械工作时的人工定额

人工配合机械工作时除了要有机械时间定额或机械台班产量定额外，还需综合的人工时间定额以及分工种的人工时间定额和产量定额，其计算公式为

$$配合机械综合小组的人工时间定额(工日) = \frac{班组总工日数}{台班的产量}$$

或

$$配合机械综合小组每工的产量定额 = \frac{台班的产量}{班组总工日数}$$

【实例 3-4】 某建筑工程用 6 t 塔式起重机吊装某种混凝土构件，由 1 名吊车司机、7 名安装起重工、2 名电焊工组成的综合小组共同完成。已知机械台班产量定额为 40 块，试求吊装每一块混凝土构件的机械时间定额和人工时间定额。

解：吊装每一块混凝土构件的机械时间定额为

$$机械时间定额 = \frac{1}{机械时间定额(台班)} = \frac{1}{40} = 0.025(台班)$$

吊装每一块混凝土构件的人工时间定额有以下两种方法。

① 按综合小组计算：

$$人工时间定额 = \frac{1+7+2}{40} = 0.25(工日)$$

或

$$人工时间定额 = (1+7+2) \times 0.025 = 0.25(工日)$$

② 分工种计算：

吊车司机时间定额 = $1 \times 0.025 = 0.025$（工日）

吊装起重机工时间定额 = $7 \times 0.025 = 0.175$（工日）

电焊工时间定额 = $2 \times 0.025 = 0.050$（工日）

建筑工程预算定额

一、建筑工程预算定额的基本含义

1. 建筑工程预算定额的概念与作用

（1）概念

建筑工程预算定额是以工程基本构造要求（分项工程和结构构件）为对象。它规定了在正常的施工条件下，完成单位合格产品的人工、材料和机械台班消耗的数量标准。在建筑工程预算定额中，除了规定上述各项资源和资金消耗的数量标准外，还规定了它应完成的工程内容和相应的质量标准及安全要求等内容。

（2）内容

预算定额是工程建设中一项重要的技术经济文件。它的各项指标反映了国家要求施工企业和建设单位在完成施工任务中所消耗人工、材料和机械等消耗量的限度。预算定额体现了

国家、建设单位和施工企业之间的一种经济关系。预算定额在控制投资中起指导作用,国家和建设单位按预算定额的规定,为建设工程提供必要的人力、物力和资金供应;在招标投标的工程量清单计价中起参考作用,施工企业可以在预算定额的消耗量范围内,通过自己的施工活动,按质按量地完成施工任务。

（3）作用

预算定额在我国建设工程中具有如下重要作用。

1）对设计方案进行技术经济评价,是新结构、新材料进行技术经济分析的依据;

2）是编制施工图预算,确定工程预算造价的依据;

3）是施工企业编制人工、材料、机械台班需用量计算,统计完成工程量,考核工程成本,实行经济核算的依据;

4）是建筑工程招标、投标中确定标底和标价,实行招标承包制的重要依据;

5）是建设单位和建设银行拨付工程价款、建设资金贷款和竣工结（决）算的依据;

6）是编制地区单位估价表、概算定额和概算指标的基础资料。

2. 预算定额与施工定额的区别

（1）预算定额与施工定额的联系

预算定额以施工定额为基础进行编制,它们都规定了完成单位合格产品,所需人工、材料、机械台班消耗的数量标准,但这两种定额是不同的。

（2）预算定额与施工定额的区别

1）研究对象不同。预算定额以分部分项工程为研究对象,施工定额以施工过程为研究对象。前者在后者基础上,在研究对象上进行了科学的综合扩大。

2）编制单位和使用范围不同。预算定额由国家、行业或地区建设主管部门编制,是国家、行业或地区建设工程造价计价法规性标准。施工定额是由施工企业编制,是企业内部使用的定额。

3）编制时考虑的因素不同。预算定额编制考虑的是一般情况,考虑了施工过程中,对前面施工工序的检验,对后继施工工序的准备,以及相互搭接中的技术间歇、零星用工及停工损失等人工、材料和机械台班消耗量的增加因素。施工定额考虑的是企业施工的特殊情况。所以,预算定额比施工定额考虑的因素更多、更复杂。

4）编制水平不同。预算定额采用社会平均水平编制,施工定额采用企业平均先进水平编制。一般情况是,人工消耗量方面,预算定额比施工定额低 10%～15%。

机械台班使用定额的编制

机械台班使用定额的编制方法及其要求如下。

（1）确定正常的施工条件

1）拟定机械工作正常条件。主要是拟定工作地点的合理组织和合理的工人编制。工作地点的合理组织,就是对施工地点机械和材料的放置位置、工人从事操作的场所,作出科学合理的平面布置和空间安排。它要求施工机械和操纵机械的工人在最小范围内移动,但又不阻碍机械运转和工人操作;应使机械的开关和操纵装置尽可能集中地装置在操纵工人的近旁,以节省工作时间和减轻劳动强度;应最大限度发挥机械的效能,减少工人的手工操作。

2）拟定合理的工人编制,就是根据施工机械的性能和设计能力,工人的专业分工和劳动工效,合理确定操纵机械的工人和直接参加机械化施工过程的工人的编制人数。拟定合理的工人编制,应要求保持机械的正常生产率和工人正常的劳动工效。

(2) 确定机械 1 h 纯工作正常生产率

确定机械正常生产率时,必须首先确定出机械纯工作 1 h 的正常生产率。机械纯工作时间,就是指机械的必需消耗时间。机械 1 h 纯工作正常生产率,就是在正常施工组织条件下,具有必需的知识和技能的技术工人操纵机械 1 h 的生产率。

根据机械工作特点的不同,机械 1 h 纯工作正常生产率的确定方法,也有所不同。对于循环动作机械,确定机械纯工作 1 h 正常生产率的计算公式如下:

$$机械一次循环的正常延续时间=\sum(循环各组成部分正常延续时间)-交叠时间$$

$$机械纯工作 1 h 循环次数=\frac{60\times60(s)}{一次循环的正常延续时间}$$

机械纯工作 1 h 正常生产率=机械纯工作 1 h 正常循环次数×一次循环生产的产品数量

从公式中可以看到,计算循环机械纯工作 1 h 正常生产率的步骤是:

1) 根据现场观察资料和机械说明书确定各循环组成部分的延续时间;

2) 将各循环组成部分的延续时间相加,减去各组成部分之间的交叠时间,求出循环过程的正常延续时间;

3) 计算机械纯工作 1 h 的正常循环次数;

4) 计算循环机械纯工作 1 h 的正常生产率。

对于连续动作机械,确定机械纯工作 1 h 正常生产率要根据机械的类型和结构特征,以及工作过程的特点来进行。计算公式如下:

$$连续动作机械纯工作 1 h 正常生产率=\frac{工作时间内生产的产品数量}{工作时间(h)}$$

工作时间内的产品数量和工作时间的消耗,要通过多次现场观察和用机械说明书来取得数据。

对于同一机械进行作业属于不同的工作过程,如挖掘机所挖土壤的类别不同,碎石机所破碎的石块硬度和粒径不同,均需分别确定其纯工作 1 h 的正常生产率。

(3) 确定施工机械的正常利用系数

确定施工机械的正常利用系数,是指机械在工作班内对工作时间的利用率。机械的利用系数和机械在工作班内的工作状况有着密切的关系。所以,要确定机械的正常利用系数,首先要拟定机械工作班的正常工作状况,保证合理利用工时。

确定机械正常利用系数,要计算工作班正常状况下准备与结束工作、机械启动、机械维护等工作所必需消耗的时间,以及机械有效工作的开始与结束时间。从而进一步计算出机械在工作班内的纯工作时间和机械正常利用系数。机械正常利用系数的计算公式如下:

$$机械正常利用系数=\frac{机械在一个工作班内纯工作时间}{一个工作班延续时间(8 h)}$$

(4) 计算施工机械台班定额

计算施工机械定额是编制机械定额工作的最后一步。在确定了机械工作正常条件、机械 1 h 纯工作正常生产率和机械正常利用系数之后,采用下列公式计算施工机械的产量定额:

$$施工机械台班产量定额=机械 1 h 纯工作正常生产率×工作班纯工作时间$$

或

$$施工机械台班产量定额＝机械 1 h 纯工作正常生产率×工作班延续时间×机械正常利用系数$$

$$施工机械时间定额＝\frac{1}{机械台班产量定额指标}$$

预算定额的编制

1. 预算定额的构成要素

预算定额一般由项目名称、单位、人工、材料、机械台班消耗量构成,若反映货币量,还包括项目的定额基价。预算定额示例见表 3-2。

（1）项目名称

预算定额的项目名称也称定额子目名称。定额子目是构成工程实体或有助于构成工程实体的最小组成部分。一般是按工程部位或工程材料划分。一个单位工程预算可由几十到上百个定额子目构成。

（2）人工、材料、机械台班（以下简称工料机）消耗量

工料机消耗量是预算定额的主要内容,这些消耗量是完成单位产品（一个单位定额子目）的规定数量。

（3）定额基价

定额基价也称工程单价,是上述定额子目中工料机消耗量的货币表现。

$$定额基价＝工日数×工日单价＋\sum_{i=1}^{n}（材料用量×材料单价）_i＋$$

$$\sum_{i=1}^{n}（机械台班量×台班单价）_j$$

表 3-2　预算定额摘录

定额编号			5—408	
项　　目		单位	单价	现浇 C20 混凝土圈梁/m³
基　　价		元		199.05
其中	人工费	元		58.60
	材料费	元		137.50
	机械费	元		2.95
人工	综合用工	工日	20.00	2.93
材料	C20 混凝土	m³	134.50	1.015
	水	m³	0.90	1.087
机械	混凝土搅拌机 400L	台班	55.24	0.039
	插入式振动器	台班	10.37	0.077

2. 预算定额的编制原则

（1）社会平均必要劳动量确定定额水平的原则

在社会主义市场经济条件下,确定预算定额的各种消耗量指标,应遵循价值规律的要求,

按照产品生产中所消耗的社会平均必要劳动量确定其定额水平。即在正常施工的条件下,以平均的劳动强度、平均的劳动熟练程度、平均的技术装备水平,确定完成每一单位分项工程或结构构件所需要的劳动消耗量,并据此作为确定预算定额水平的主要原则。

（2）简明扼要,适用方便的原则

预算定额的内容与形式,既要体现简明扼要、层次清楚、结构严谨、数据准确,还应满足各方面使用的需要,如编制施工图预算、办理工程结算、编制各种计划和进行成本核算等的需要,使其具有多方面的适用性,且使用方便。

（3）经济和技术统一的原则

建筑工程预算定额既不是技术定额,也不是单纯的经济定额,而是一种技术经济定额。因为从它作为工程建设中生产消费定额来说,它无疑是经济定额。但是,它又和许多技术条件、技术因素有着密切的关系,直接受技术条件、技术因素的约束和影响。因此,建筑工程预算定额是一种计价性的技术经济定额。例如,生产者技术熟练程度、原材料、设备及工器具的状况、施工工艺及方法等,不仅影响定额项目的划分和定额项目的多少,而且极大地影响着定额的水平。所以,在定额日常管理和制定中应该密切注意技术条件和技术因素的状态、影响程度、影响范围、影响内容、变化及发展趋势,积极而慎重地采用已经成熟与推广的新技术、新工艺、新材料等。同时还应在定额管理和制定中贯彻国家有关的技术政策,并鼓励和推动技术的进步与技术的发展。

（4）统一性和差别性相结合的原则

所谓统一性,就是指对计价定额的制定规划和组织实施,由国务院工程建设行政主管部门归口,并负责全国统一定额制定或修订,颁发有关工程造价管理的规章制度和办法等。这样,就有利景通过定额和工程造价的管理实现建筑安装工程价格的宏观调控。通过全国统一定额,使建筑安装产品具有一个统一的计价依据,也使考核设计和施工的经济效果具有一个统一的尺度,同时,也可以培育全国统一市场,规范计价行为。

所谓差别性,就是在统一的基础上,各部门和各省、自治区、直辖市工程建设行政主管部门可以在自己的管辖范围内,根据本部门、本地区的具体情况,以培育全国统一市场规范计价行为为目的,制定本部门、本地区的建筑安装工程定额、补充性制度和管理办法等,以适应我国幅员辽阔,地区间、行业间发展不平衡和差异大的实际情况。从而可以形成我国工程建设中相互联系、相互区别,既有统一性、又有差别性相结合的预算定额管理体制。

3. 预算定额的编制依据

1）现行的《全国统一建筑工程基础定额》和《全国统一建筑装饰装修工程消耗量定额》。

2）现行的设计规范、施工验收规范、质量评定标准和安全操作规程。

3）通用的标准图集、定型设计图纸和有代表性的设计图纸。

4）有关科学实验、技术测定和可靠的统计资料。

5）已推广的新技术、新材料、新结构和新工艺等资料。

6）现行的预算定额基础资料、人工工资标准、材料预算价格和机械台班预算价格等。

4. 预算定额的编制步骤

预算定额的编制,大致可分为四个阶段,如下所示。

（1）准备工作阶段（第一阶段）

1）拟定编制方案。提出编制定额目的和任务、定额编制范围和内容,明确编制原则、要求、项目划分和编制依据,拟定编制单位和编制人员,做出工作计划、时间、地点安排和经费预算等。

2）成立编制小组。抽调人员,根据专业需要划分编制小组。如土建定额组、设备定额组、混凝土及木构件组、混凝土及砌筑砂浆配合比测算组和综合组等。

3）收集资料。在已确定的编制范围内,采用表格化收集定额编制基础资料,以统计资料为主,注明所需要的资料内容、填表要求和时间范围。例如,收集一些现行规定、规范和政策法规资料;收集定额管理部门积累的资料(如:日常定额解释资料、补充定额资料、工程实践资料等)等。其优点是统一口径,便于资料整理,并具有广泛性。

4）专题座谈。邀请建设单位、设计单位、施工单位及管理单位的有经验的专业人员开座谈会,从不同的角度就以往定额存在的问题谈各自意见和建议,以便在编制新定额时改进。

（2）定额编制阶段（第二阶段）

1）确定编制细则。该项工作主要包括:统一编制表格和统一编制方法;统一计算口径、计量单位和小数点位数的要求;有关统一性的规定,即用字、专业用语、符号代码的统一以及简化字的规范化和文字的简练明确;人工、材料、机械单价的统一等。

2）确定定额的项目划分和工程量计算规则。

3）定额人工、材料、机械台班消耗用量的计算、复核和测算。

（3）定额审核报批阶段（第三阶段）

1）审核定稿。定额初稿的审核工作是定额编制工作的法定程序,是保证定额编制质量的措施之一。审稿工作应由经验丰富、责任心强、多年从事定额工作的专业技术人员来承担。审稿主要内容如下:文字表达确切通顺,简明易懂;定额的数字准确无误;章节、项目之间无矛盾等。

2）预算定额水平测算。新定额编制成稿向主管机关报告之前,必须与原定额进行对比测算,分析水平升降原因。新编定额的水平一般应不低于历史上已经达到过的水平,并略有提高。

（4）修改定稿阶段（第四阶段）

1）征求意见。定额编制初稿完成以后,需要组织征求各有关方面意见,通过反馈意见,分析研究。在统一意见基础上,整理分类,制定修改方案。

2）修改、整理、报批。根据确定的修改方案,按定额的顺序对初稿进行修改,并经审核无误后形成报批稿,经批准后交付印刷。

3）撰写编制说明。为贯彻定额,方便使用,需要撰写新定额编写说明,内容主要包括:项目、子目数量;人工、材料、机械消耗的内容范围;资料的依据和综合取定情况;定额中允许换算和不允许换算的规定;人工、材料、机械单价的计算和资料;施工方法、工艺的选择及材料运距的考虑;各种材料损耗率的取定资料;调整系数的使用;其他应说明的事项与计算数据、资料等。

4）立档、成卷。定额编制资料是贯彻执行中需查对资料的唯一依据,也为修编定额提供历史资料数据,作为技术档案应予永久保存。立档成卷目录包括:编制文件资料档;编制依据资料档;编制计算资料档;编制方案资料档;编制一、二稿原始资料档;讨论意见资料档;修改方案资料档(包括定额印刷底稿全套);新定额水平测算资料档;工作总结和汇报材料档;简报资料、工作会议记录、记录资料档等。

5. 预算定额的编制方法

（1）确定分项工程的名称、工作内容及施工方法

预算定额除一部分新编项目要确定名称和工作内容外，过去的预算定额的项目名称和工作内容绝大部分可以使用。对于施工方法，因为原定额是反映当时技术水平下的施工方法，新编和修编预算定额时，应根据现行施工及验收规范的规定重新核定。确定时，要力求便于编制工程预算，便于进行工程计划、统计和成本核算工作。

（2）确定预算定额的计量单位与计算精度

1）定额计量单位的确定。定额计量单位应与定额项目内容相适应，要能确切反映各分项工程产品的形态特征、变化规律与实物数量，并便于计算和使用。通常定额计量单位采用以下几种。

① 当物体的断面形状一定而长度不定时，宜采用长度"m"或"延长米"为计量单位，如木装饰、落水管安装等。

② 当物体有一定的厚度，而长与宽变化不定时，宜采用面积"m²"为计量单位，如楼地面、墙面抹灰、屋面工程等。

③ 当物体的长、宽、高均变化不定时，宜采用体积"m³"作为计量单位，如土方、砖石、混凝土和钢筋混凝土工程等。

④ 当物体的长、宽、高均变化不大，但其质量与价格差异却很大时，宜采用"kg"或"t"为计量单位，如金属构件的制作、运输等。

⑤ 在预算定额项目表中，一般都采用扩大的计量单位，如 100 m、100 m²、10 m³ 等，以便于预算定额的编制和使用。

2）计算精度的确定。预算定额项目中各种消耗量指标的数值单位和计算时小数位数的取定见表 3-3。

表 3-3　预算定额项目中各消耗量指标的数值单位和计算时小数位数的确定

序号	各消耗量指标数值单位	计算时小数位数的确定
1	人工以"工日"为单位	取小数后 2 位
2	机械以"台班"为单位	取小数后 2 位
3	木材以"m³"为单位	取小数后 3 位
4	钢材以"t"为单位	取小数后 3 位
5	标准砖以"千匹"为单位	取小数后 2 位
6	砂浆、混凝土、沥青膏等半成品以"m³"为单位	取小数后 2 位

（3）确定预算定额指标

1）一般规定。预算定额中的人工消耗量指标，包括完成该分项工程所必需的基本用工和其他用工数量。这些人工消耗量是根据多个典型工程综合取定的工程量数据和《全国统一建筑工程劳动定额》计算求得。

2）基本用工。基本用工指完成质量合格单位产品所必需消耗的技术工种用工。可按技术工种相应劳动定额的工时定额计算，以不同工种列出定额工日数。

3）其他用工。其他用工包括辅助用工、超运距用工和人工幅度差。

① 辅助用工。辅助用工指技术工种劳动定额内不包括而在预算定额内又必须考虑的用工。如机械土方工程配合、材料加工(包括筛砂子、洗石子、淋石灰膏等)及模板整理等用工。

② 超运距用工。超运距用工指预算定额中材料及半成品的场内水平运距超过了劳动定额规定的水平运距部分所需增加的用工。

$$超运距＝预算定额取定的运距－劳动定额已包括的运距$$

③ 人工幅度差。人工幅度差指预算定额与劳动定额的定额水平不同而产生的差异。它是劳动定额作业时间之外,预算定额内应考虑的、在正常施工条件下所发生的各种工时损失。其内容包括:工种间的工序搭接、交叉作业及互相配合所发生停、易人的用工;现场内施工机械转移及临时水电线路移动所造成的停工;质量检查和隐蔽工程验收工作而影响工人操作的时间;工序交接时对前一工序不可避免的修整用工;班组操作地点转移而影响工人操作的时间;施工中不可避免的其他零星用工。人工幅度差计算公式如下:

$$人工幅度差＝(基本用工＋超运距用工＋辅助用工)×人工幅度差系数$$

式中 人工幅度差系数一般取 10%～15%。

(4) 确定材料消耗量指标

1) 一般规定。预算定额中的材料消耗量指标由材料净用量和材料损耗量构成。其中材料损耗量包括材料的施工操作损耗、场内运输损耗、加工制作损耗和场内管理损耗。

2) 主材净用量的确定。预算定额中主材净用量的确定,应结合分项工程的构造做法,按照综合取定的工程量及有关资料进行计算确定。

3) 主材损耗量的确定。预算定额中主材损耗量的确定,是在计算出主材净用量的基础上乘以损耗率系数就可求得损耗量。在已知主材净用量和损耗率的条件下,要计算出主材损耗量就需要找出它们之间的关系系数,这个关系系数称为损耗率系数。主材损耗量和损耗率系数的计算公式如下:

$$主材损耗量＝主材净用量×损耗系数$$

$$损耗系数＝\frac{损耗量}{净用量}＝\frac{损耗率}{1－损耗率}$$

4) 次要材料消耗量的确定。预算定额中对于用量很少、价值又不大的建筑材料,在估算其用量后,合并成"其他材料费",以"元"为单位列入预算定额表内。

5) 周转性材料摊销量的确定。周转性材料按多次使用,分次摊销的方式计入预算定额。

(5) 确定机械台班消耗指标

预算定额中的机械台班消耗量指标,一般按《全国建筑安装工程统一劳动定额》中的机械台班产量,并考虑一定的机械幅度差进行计算。机械幅度差是指在合理的施工组织条件下机械的停歇时间。确定机械台班消耗指标时,需考虑以下两方面。

1) 在确定机械台班消耗指标时,机械幅度差以系数表示,大型机械的幅度差系数规定为:土石方机械为 1.25,吊装机械为 1.3,打桩机械为 1.33,其他专用机械(打桩、钢筋加工、木工等)为 1.1。

2) 垂直运输的塔吊、卷扬机以及混凝土搅拌机、砂浆搅拌机这些中小型机械是按工人小组配合使用的,应按小组产量计算台班产量,不增加机械幅度差。计算公式如下:

$$分项定额机械台班消耗量 = \frac{分项定额计算单位值}{小组总产量}$$

$$= \frac{分项定额计算单位值}{小组总人数 \times \sum(分项计算取定比值 \times 劳动定额综合产量)}$$

三、预算定额的应用

1. 预算定额的直接套用

当施工图的设计要求与预算定额的项目内容一致时,可直接套用预算定额中的预算单价(基价)的工料消耗量,并据此计算该分项工程的工程直接费及工料需用量。在编制单位工程施工图预算的过程中,大多数项目可以直接套用预算定额。套用时应注意以下几点:

1)根据施工图、设计说明和做法说明,选择定额项目。

2)要从工程内容、技术特征和施工方法上仔细核对,才能较准确地确定相对应的定额项目。

3)分项工程的名称和计量单位要与预算定额相一致。

2. 预算定额的换算

(1)一般说明

当施工图中的分项工程项目不能直接套用预算定额时,就产生定额的换算。

(2)换算原则

为了保持定额的水平,在预算定额的说明中规定了有关换算原则,一般包括:

1)定额的砂浆、混凝土强度等级,如设计与定额不同时,允许按定额附录的砂浆、混凝土配合比表换算,但配合比中的各种材料用量不得调整。

2)定额中抹灰项目已考虑了常用厚度,各层砂浆的厚度一般不作调整。如果设计有特殊要求时,定额中工、料可以按厚度比例换算。

3)必须按预算定额中的各项规定换算定额。

(3)预算定额的换算类型

1)砂浆换算:即砌筑砂浆换强度等级、抹灰砂浆换配合比及砂浆用量。

2)混凝土换算:即构件混凝土、楼地面混凝土的强度等级、混凝土类型的换算。

3)系数换算:按规定对定额中的人工费、材料费、机械费乘以各种系数的换算。

4)其他换算:除上述三种情况以外的定额换算。

(4)定额换算的基本思路

定额换算的基本思路是:根据选定的预算定额基价,按规定换入增加的费用,减去应扣除的费用。即:

$$换算后的定额基价 = 原定额基价 + 换入的费用 - 换出的费用$$

概算定额和概算指标的编制

建筑工程概算定额是在建筑工程预算定额基础上,根据有代表性的建筑工程通用图和标准图等资料,对预算定额相应子目进行适当的综合、合并、扩大而成,是介于预算定额和概算指标之间的一种定额。由于它是在预算定额的基础上编制的,因此,在编排次序、内容形式上基本与预算定额相同。只是比预算定额篇幅减少、子目减少,更容易编制和计算。

一、概算定额

1. 概算定额的概念与作用

（1）概念

概算定额是指生产按一定计量单位规定的扩大分部分项工程或扩大结构部分的人工、材料和机械台班的消耗量标准和综合价格。

（2）分类

概算定额可根据专业性质不同可分为建筑工程概算定额和安装工程概算定额两大类别，如图 3-6 所示。

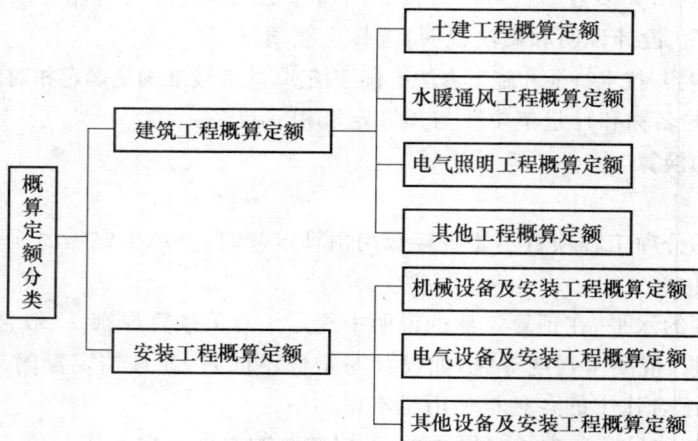

```
                                    ┌─ 土建工程概算定额
                                    │
                   ┌─ 建筑工程概算定额 ─┼─ 水暖通风工程概算定额
                   │                │
概 算              │                ├─ 电气照明工程概算定额
定 额              │                │
定 额 ─────────────┤                └─ 其他工程概算定额
分 类              │
                   │                ┌─ 机械设备及安装工程概算定额
                   │                │
                   └─ 安装工程概算定额 ─┼─ 电气设备及安装工程概算定额
                                    │
                                    └─ 其他设备及安装工程概算定额
```

图 3-6　概算定额的分类

（3）作用

1）建筑工程概算定额是对设计方案进行技术经济分析比较的依据。设计方案比较，主要是对不同的建筑及结构方案的人工、材料和机械台班消耗量、材料用量、材料资源短缺程度等比较，弄清不同方案，人工材料和机械台班消耗量对工程造价的影响，材料用量对基础工程量和材料运输量的影响，以及由此而产生的对工程造价的影响，短缺材料用量及其供给的可能性，某些轻型材料和变废为利的材料应用所产生的环境效益和国民经济宏观效益等。其目的是选出经济合理的建筑设计方案，在满足功能和技术性能要求的条件下，降低造价和人工、材料消耗。概算定额按扩大建筑结构构件或扩大综合内容划分定额项目，对上述诸方面，均能提供直接的或间接的比较依据，从而有助于做出最佳的选择。

对于新结构和新材料的选择与推广，也需要借助于概算定额进行技术经济分析和比较，从经济角度考虑普遍采用的可能性和效益。

2）建筑工程概算定额是初步设计阶段编制工程设计概算、技术设计阶段编制修整概算、施工图设计阶段编制施工概算的主要依据。

概算项目的划分与初步设计的深度相一致，一般是以分部工程为对象。根据国家有关规定，按设计的不同阶段对拟建工程进行估价，编制工程概算和休整概算。这样，就需要与设计深度相适应的计价定额，概算定额正是使用了这种深度而编制的。

3）建筑工程概算定额作为快速进行编制招标标底、投标报价及签订施工承包合同的参考之用。建筑工程概算定额是编制建设工程概算指标或估算指标的基础。

2. 概算定额的编制

（1）编制原则

概算定额应贯彻社会主义平均水平和简明适用的原则。由于概算定额和预算定额都是工程计价的依据，所以应符合价值规律和反映现阶段生产力水平，在概预算定额水平之间应保留必要的幅度差，并在概算定额的编制过程中严格控制。为了满足事先确定造价，控制项目投资，概算定额要尽量不留活口或少留活口。

（2）编制依据

1）现行的设计标准规范。

2）现行建筑安装工程预算定额。

3）国务院各有关部门和各省、自治区、直辖市批准颁发的标准设计图集和有代表性的设计图纸。

4）现行的概算定额及其他相关资料。

（3）编制步骤

1）准备阶段，主要是确定编制机构和人员组成，进行调查研究，了解现行概算定额执行情况和存在问题，明确编制的目的，制定概算定额的编制方案和确定概算定额的项目。

2）编制初稿阶段，是根据已经确定的编制方案和概算定额项目，收集和整理各种编制依据，对各种资料进行深入细致的测算和分析，确定人工、材料和机械台班的消耗量指标，最后编制概算定额初稿。

3）审查定稿阶段，主要工作是测算概算定额水平，即测算新编制概算定额与原概算定额及现行预算定额之间的水平。测算的方法既要分项进行测算，又要通过编制单位工程概算以单位工程为对象进行综合测算。概算定额水平与预算定额水平之间应有一定的幅度差，幅度差一般在5%以内。

3. 概算定额的内容

（1）总说明

主要是介绍概算定额的作用、编制依据、编制原则、使用范围、有关规定等内容。

（2）建筑面积计算规则

规定了计算建筑面积的范围、计算方法，不计算建筑面积的范围等。建筑面积是分析建筑工程技术指标的重要依据，现行建筑面积的计算规则，是由国家统一规定的。

（3）册章节说明

册章节（又称章分部）说明主要是对本章定额运用、界限划分、工程量计算规则、调整换算规定等内容进行说明。

（4）概算定额项目表

概算定额项目表是概算定额的核心，它反映了一定计量单位扩大结构或扩大分项工程的概算单价，以及主要材料消耗量的标准。表头部分有工程内容，表中有项目计量单位、概算单价、主要工程量及材料用量等。

（5）附录、附件

附录或附件一般列在概算定额手册的后面，包括砂浆、混凝土配合比表，各种材料、机械台班造价表有关资料，供定额换算、编制工作计划使用。

4. 概算定额的应用

使用概算定额前,首先要学习概算定额的总说明,册章节说明以及附录、附件,熟悉定额的有关规定,才能正确地使用概算定额。概算定额的使用方法同预算定额一样,分为直接套用、定额的调整和补充定额项目等三项情况。

二、概算指标

1. 概算指标的相关含义

(1) 概念

概算指标是按一定的计量单位规定的,比概算定额更加综合扩大的单位工程或单项工程等的人工、材料、机械台班的消耗量标准和造价指标。通常以 m^2、m^3、台、座、组等为计量单位,因而估算工程造价较为简单。

(2) 分类

概算指标分为建筑工程概算指标和安装工程概算指标。

1) 建筑工程概算指标:包括一般土建工程概算指标、给排水工程概算指标、采暖工程概算指标、通信工程概算指标、电气照明工程概算指标。

2) 安装工程概算指标:包括机械设备及安装工程概算指标、电气设备及安装工程概算指标、器具及生产家具购置费概算指标。

(3) 作用

概算指标与概算定额、预算定额一样,都是与各个设计阶段相适应的多次计价的产物,它主要用于投资估价、初步设计阶段,其作用大致有以下几点。

1) 概算指标是编制投资估价和控制初步设计概算,工程概算造价的依据。

2) 概算繁枝是设计单位进行设计方案的技术经济分析、衡量设计水平、考核投资效果的标准。

3) 概算指标是建设单位编制基本建设计划、申请投资贷款和主要材料计划的依据。

(4) 表现形式

概算指标在具体内容的表示方法上,分综合指标和单项指标两种形式。

1) 综合概算指标。综合概算指标是按照工业或民用建筑及其结构类型而制定的概算指标。综合概算指标的概括性较大,其准确性、针对性不如单项指标。

2) 单项概算指标。单项概算指标是指为某种建筑物或构筑物而编制的概算指标。单项概算指标的针对性较强,故指标中对工程结构形式要作介绍。只要工程项目的结构形式及工程内容与单项指标中的工程概况相吻合,编制出的设计概算就比较准确。

2. 概算指标的编制

(1) 编制原则

1) 按平均水平确定概算指标的原则。

2) 概算指标的内容和表现形式,要贯彻简明适用的原则。

3) 概算指标的编制依据,必须具有代表性。

(2) 编制依据

1) 现行的设计标准规范。

2）现行的概算指标及其他相关资料。

3）国务院各有关部门和各省、自治区、直辖市批准颁发的标准设计图集和有代表性的设计图纸。

4）编制期相应地区人工工资标准、材料价格、机械台班费用等。

（3）编制步骤

1）准备阶段。主要是收集资料，确定指标项目，研究编制概算指标的有关方针、政策和技术性的问题。

2）编制阶段。主要是选定图纸，并根据图纸资料计算工程量和编制单位工程预算书，以及按照编制方案确定的指标项目和人工及主要材料消耗指标，填写概算指标表格。

3）审核定案及审批。概算指标初步确定后要进行审查、比较，并作必要的调整后，送国家授权机关审批。

3. 概算指标的内容

（1）总说明

总说明主要从总体上说明概算指标的作用、编制依据、适用范围、工程量计算规则及其他有关规定。

（2）示意图

表明工程的结构形式。工业项目，还表示出吊车及起重能力等。

（3）结构特征

主要对工程的结构形式、层高、层数和建筑面积进行说明。

（4）经济指标

包括工程造价指标及人工、材料消耗指标等。

4. 概算指标的应用

概算指标的应用比概算定额具有更大的灵活性，由于它是一种综合性很强的指标，不可能与拟建工程的建筑特征、结构特征、自然条件、施工条件完全一致。因此在选用概算指标时要十分慎重，选用的指标与设计对象在各个方面应尽量一致或接近，不一致的地方要进行换算，以提高准确性。概算指标的应用一般有以下两种情况。

1）如果设计对象的结构特征与概算指标一致时，可直接套用。

2）如果设计对象的结构特征与概算指标的规定局部不同时，要对指标的局部内容调整后再套用。

第四章 建筑工程单价的确定

1. 了解工程单价的概念与作用,熟悉单位估价表的内容。
2. 掌握人工单价的确定、材料单价的确定与工日单价的计算与确定的内容。
3. 掌握工程单价的编制及机械台班单价的计算。

建筑工程单价的基本概念

地区统一的工程单价是以统一地区单位估价表形式出现的,这就是所谓量价合一的现象。在单位估价表中"基价"所列的内容,是每一定额计量单位分项工程的人工费、材料费和机械费,以及这三者之和。全国统一的预算定额按北京地区的人工工资单价、材料预算价格、机械台班预算价格计算基价(主管部门另有规定的除外)。地区统一定额以省会所在地的人工工资单价、材料预算价格、机械台班预算价格计算基价。

一、工程单价的概念与作用

1. 概念

所谓工程单价,一般是指单位假定建筑产品的不完全价格。通常是指建筑工程的预算单价和概算单价。

工程单价与完整的建筑产品(如单位产品、最终产品)价值在概念上是完全不同的一种单价。完整的建筑产品价值,是建筑物或构筑物在真实意义上的全部价值,即完全成本加利税。单位假定建筑产品单价,不仅不是可以独立发挥建筑物或构筑物价值的价格,甚至也不是单位假定建筑产品的完整价格,因为这种工程单价仅仅是由某一单位工程直接费中的人工、材料和机械费构成。

2. 作用

1) 确定和控制工程造价。工程单价是确定和控制概预算造价的基本依据。由于它的编制依据和编制方法规范,在确定和控制工程造价方面有不可忽视的作用。

2) 利用编制统一性地区工程单价。简化编制预算和概算的工作量,缩短工作周期。同时也为投标报价提供依据。

3) 利用工程单价可以对结构方案进行经济比较,优先设计方案。

4) 利用工程单价进行工程款的期中结算。

温馨提示

工程资料编制的质量要求

工程单价是以概预算定额量为依据编制概预算时的一个特有的概念术语,是传统概预算编制制度中采用单位估价法编制工程概预算的重要文件,也是计算程序中的一个重要环节。我国建设工程概预算制度中长期采用单位估价法编制概预算,因为在价格比较稳定,或价格指数比较完整、准确的情况下,有可能编制出地区的统一工程单价,以简化概预算编制工作。

二、单位估价表

1. 单位估价表的作用

1) 单位估价表是确定工程预算造价的基本依据之一,即按设计图纸计算出分项工程量后,分别乘以相应的定额单价(单位估价表)得出分项直接费,汇总各分部分项直接费,按规定计取各项费用,即得出单位工程全部预算造价。

2) 单位估价表是对设计方案进行技术经济分析的基础资料,即每个分项工程,如各自墙体、地面、装修等,同部位选择什么样的设计方案,除考虑生产、功能、坚固、美观等条件外,还必须考虑经济条件。这就需要采用单位估价表进行衡量、比较,在同样条件下当然要选择一种经济合理的方案。

3) 单位估价表是进行已完工程结算的依据,即建设单位和施工企业,按单位估价表核对已完工程的单价是否正确,以便进行分部分项工程结算。

4) 单位估价表是施工企业进行经济分析的依据,即企业为了考核成本执行情况,必须按单位估价表中所定的单价和实际成本进行比较。通过对两者的比较,算出降低成本多少并找出原因。

总之,单位估价表的作用很大,合理地确定单价,正确使用单位估价表,是准确确定工程造价、促进企业加强经济核算、提高投资效益的重要环节。

2. 单位估价表的分类

(1) 按定额性质划分

1) 建设工程单价估价表,适用于一般建筑工程。

2) 设备安装工程单位估价表,适用于机械和电气设备安装工程、给排水工程、电气照明工程、采暖工程、通风工程等。

(2) 按使用范围划分

1) 全国统一定额单位估价表,适用于各地区、各部门的建筑及设备安装工程。

2) 地区单位估价表,是在地方统一预算定额的基础上,按本地区的工资标准、地区材料预算价格、建筑机械台班费用及本地区建设的需要而编制的。只适于本地区范围内使用。

3) 专业工程单位估价表,仅适用于专业工程的建筑及设备安装工程的单位估价表。

(3) 按编制依据不同划分

按编制依据分为定额单位估价表和补充单位估价表。

单位估价表的内容由两大部分组成,一是预算定额规定的工、料、机数量,即合计用工量、各种材料消耗量、施工机械台班消耗量;二是地区预算价格,即与上述三种"量"相适应的人工工资单价、材料预算价格和机械台班预算价格。

编制单位估价表就是把三种"量"与三种"价"分别结合起来,得出各分项工程人工费、材料费和施工机械使用费,三者汇总起来就是工程预算单价。

为了使用方便,在单位估价表的基础上,应编制单位估价汇总表。单位估价汇总表的项目划分与预算定额和单位估价表是相互对应的。为了简化预算的编制,单位估价汇总表已纳入预算定额中一些常用的分部分项工程和定额中需要调整换算的项目。单位估价汇总表略去了人工、材料和机械台班的消耗数量(即"三量"),保留了单位估价表中的人工费、材料费、机械费(即"三费")和预算价值。

补充单位估价表,是指定额缺项,没有相应项目可使用时,可按设计图纸资料,依照定额单位估价表的编制原则,制定补充单位估价表。

学以致用

人工单价的确定

人工单价一般包括基本工资、工资性补贴及有关保险费等。传统的基本工资是根据工资标准计算的。现阶段企业的工资标准基本上由企业内部制定。人工单价的构成如下所述。

1. 工资标准的确定及计算

(1)一般说明

研究工资标准的主要目的是为了计算非整数等级的基本工资。

(2)工资标准的概念

工资标准,是指国家规定的工人在单位时间内(日或月)按照不同的工资等级所取得的工资数额。

(3)工资等级

工资等级,是按国家有关规定或企业有关规定,按照劳动者的技术水平、熟练程度和工作责任大小等因素所划分的工资级别。

(4)工资等级系数

工资等级系数也称工资级差系数,是表示建筑安装企业各级工人工资标准的比例关系,通常以各级工人工资标准与一级工人工资标准的比例关系来表示。例如,国家规定的建筑工人的工资等级系数 K_n 的计算公式为:

$$K_n = (1.187)^{n-1}$$

式中　n——工资等级;

　　K_n——n 级工资等级系数;

　1.187——工资等级系数的公比。

我国建筑业现行工资制度规定,建筑工人工资分为七级,安装工人工资分为八级。各工资等级之间的关系用工资等级系数表示。各级建筑安装工人工资等级系数见表 4-1。

(5)工资标准的计算方法

计算月工资标准的计算公式为:

$$F_n = F_1 \times K_n$$

式中　F_n——n 级工资标准；

　　　F_1——一级工工资标准；

　　　K_n——工资等级系数。

（6）计算实例

【实例 4-1】 已知北方某地区一级工月工资标准为 1200 元，求 4.8 级建筑工人的月工资标准。

解：依据公式 $K_n = (1.187)^{n-1}$，先算出该工资等级的系数：

$$K_{4.8} = (1.187)^{4.8-1} = 1.918$$

然后根据公式 $F_n = F_1 \times K_n$ 就能算出 4.8 级建筑工人的月工资标准：

$$F_{4.8} = 1200 \times 1.918 = 2301.6（元/月）$$

表 4-1　各级建筑安装工人工资等级系数

工资等级	一	二	三	四	五	六	七	八
建筑工人	1.000	1.187	1.409	1.672	1.985	2.360	2.800	
安装工人	1.000	1.178	1.388	1.635	1.926	2.269	2.673	3.150

2. 人工工日单价的构成

人工工日单价是指一个建筑工人一个工作日在预算中应计入的全部人工费用。当前，生产工人的工日单组成如图 4-1 所示。

（1）基本工资

基本工资，是指发放的生产工人的基本工资，包括岗位工资、技能工资、工龄工资。根据有关规定，生产工人基本工资应执行岗位工资和技能工资制度。根据有关部门制定的《全民所有制大中型建筑安装企业的岗位技能工资试行方案》，生产工人基本工资按照岗位工资、技能工资和年限工资（按职工工作年限确定的工资）计算。

（2）工资性补贴

工资性补贴，是指为了补偿工人额外或特殊的劳动消耗及为了保证工人的工资水平不受特殊条件影响，而以补贴形式支付给工人的劳动报酬，它包括按规定标准发放的物价补贴、煤、燃气补贴，交通费补贴，住房补贴，流动施工津贴及地区津贴等。

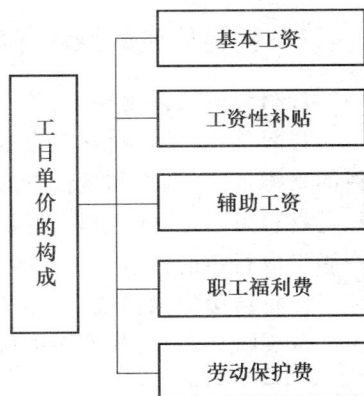

图 4-1　人工工日单价的构成

（3）辅助工资

辅助工资，是指生产工人年有效施工天数以外非作业天数的工资，包括职工学习、培训期间的工资，调动工作、探亲、休假期间的工资，因气候影响的停工工资，女工哺乳时间的工资，病假在六个月以内的工资及产、婚、丧假期的工资。

（4）职工福利费

职工福利费，是指按规定标准计提的职工福利费。

（5）劳动保护费

劳动保护费，是指按规定标准发放的劳动保护用品的购置费及修理费，徒工服装补贴，防暑降温费,在有碍身体健康环境中施工的保健费用等。

人工工日单价组成内容在各部门、各地区并不完全相同,但其中每一项内容都是根据有关法规、政策文件的精神,结合本部门、本地区的特点,通过反复测算最终确定的。

近几年国家陆续出台了养老保险、医疗保险、住房公积金、失业保险等社会保障的改革措施,新的工资标准正逐步将其纳入到人工预算单价中。

温馨提示

工程资料编制的质量要求

影响人工单价的因素如下:

1) 社会平均工资水平;
2) 生活消费指数;
3) 人工单价的组成内容;
4) 劳动力市场供需变化;
5) 政府推行的社会保障和福利政策也会影响人工单价的浮动。

材料单价的确定

一、材料价格的概念与构成

1. 材料价格的含义

材料价格,是指由材料交货地点到达施工工地(或堆放材料地点)后的出库价格。因为材料的来源地点、供应和运输方式不同,从交货地点、发货开始,到用料地点仓库后出库为止,要经过材料采购、装卸、包装、运输、保管等过程,在这些过程中,都需要支付一定的费用,由这些费用组成材料的价格。

2. 材料价格的构成

按现行规定,材料价格由材料原价、供销部分手续、包装费、运杂费、采购及保管费组成。

温馨提示

工程资料编制的质量要求

工程建设需要的材料品种繁多,材料费在各类工程直接费中所占的比重大,如一般土建工程约为 70%,金属结构制作工程为 80%,电气安装工程为 90%。所以材料价格的正确编制,有利于准确计价。

二、材料价格的确定方法

1. 材料原价

材料原价,是指材料的出厂价格,或者是销售部门(如材料金属公司等)的批发牌价和市场采购价格(或信息价)。预算价格中的材料原价按出厂价、批发价、市场价综合考虑。

在确定原价时,凡同一种材料因来源地、交货地、供货单位、生产厂家不同,而有几种价格(原价)时,根据不同来源地供货数量比例,采取加权平均的方法确定其综合原价。计算公式为:

$$加权平均原价 = \frac{K_1C_1 + K_2C_2 + \cdots + K_nC_n}{K_1 + K_2 + \cdots + K_n}$$

式中　$K_1, K_2, \cdots, K_n$——各不同供应地点的供应量或各不同使用地点的需求量;

　　　$C_1, C_2, \cdots, C_n$——各不同供应地点的原价。

【实例 4-2】　某工程计划用砖 12 万块,由 3 个砖厂供应,其中向第一砖厂采购 5 万块,单价为 230 元/千块,向第二个砖厂采购 4 万块,单价为 240 元/千块,向第三个砖厂采购 3 万块,单价为 260 元/千块,试计算砖的加权平均原价。

解:根据公式加权平均原价 $= \dfrac{K_1C_1 + K_2C_2 + \cdots + K_nC_n}{K_1 + K_2 + \cdots + K_n}$　计算得知:

该砖的加权平均原价 $= \dfrac{50 \times 230 + 40 \times 240 + 30 \times 260}{120} \approx 240.83(元/千块)$

2. 供销部门手续费

供销部门手续费,是指根据国家现行的物资供应体制,不能直接向生产厂采购、订货,需通过物资部门供应而发生的经营管理费用。不经物资供应部门的材料,不计供销部门手续费。

供销部门手续费按费率计算,其费率由地区物资管理部门规定,一般为 1%～3%。计算公式为:

供销部门手续费＝材料原价×供销部门手续费率×供销部门供应比重

或

供销部门手续费＝材料净重×供销部门单位质量手续费×供应比重

材料供应价＝材料原价＋供销部门手续费

【实例 4-3】　某工地所需的墙面面砖由供销部门供货,其数量为 20 000 m²,供货单价为 43.00 元/m²,双方约定手续费率为 2.5%,试计算供销部门的手续费(假设供应比重为 30%)。

解:供销部门手续费＝20 000×43×2.5%×30%＝6450(元)

3. 包装费

包装费,是指为了便于材料运输或为保护材料而进行包装所发生的费用。包括水运、陆运中的支撑、篷布等。凡由生产厂负责包装,其包装费已计入材料原价者,不再另行计算,但包装品有回收价值者,应扣回包装回收价值。包装器材的回收价值可参照表 4-2 执行。

表 4-2　包装品回收率、回收折价率表

包装材料	回收率/(%)	回收折价率/(%)
木材、木桶、木箱	70	20
铁桶	95	50
铁皮	50	50
铁丝	20	50
纸袋、纤维品	60	50
草绳、草袋	0	0

（1）简易包装应按下式计算

$$包装费＝包装材料原价－包装材料回收价值$$

$$包装材料回收价值＝包装原价×回收量比例×回收价值比例$$

（2）容器包装应按下式计算

$$包装材料回收价值＝\frac{包装材料原价×回收量比例×回收价值比例}{包装容器标准容重}$$

$$包装费＝\frac{包装材料的价×（1－回收量比例×回收价值比例）＋使用期间维修费}{周转使用次数×包装容器标准容重}$$

【实例 4-4】 某工地每吨水泥用纸袋 25 个，每个纸袋 0.50 元，试计算每吨水泥包装品回收价格。

解：从表 4-2 可查出纸袋的回收率和回收折价率分别为 60％和 50％，于是得出结果：

每吨水泥包装品回收价格＝0.50×25×60％×50％＝3.75（元）

4. 运杂费

运杂费，是指材料由来源地起至工地仓库或施工工地材料堆放点（包括经材料中心仓库转运）为止的全部运输过程中所需要的费用。包括车船等的运输费、调车费、出入库费、装卸费和运输过程中分类整理、堆放的附加费，超长、超重增加费，腐蚀、易碎、危险性物资增加费，笨重、轻浮物资附加费及各种经地方政府物价部门批准的收费站标准收费和合理的运输损耗费等。材料运输流程图见图 4-2 所示。

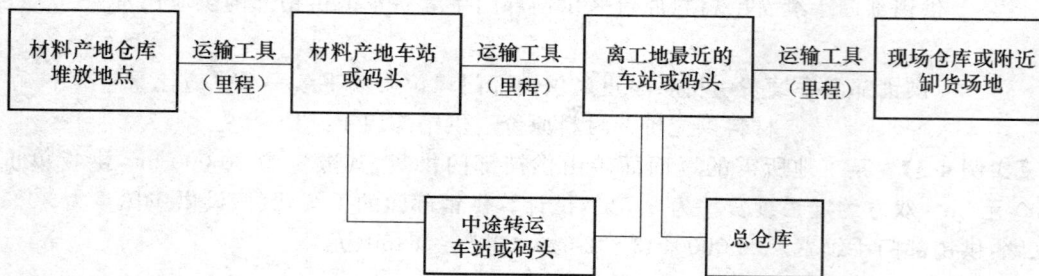

图 4-2 材料运输流程图

材料运输费按运输价格计算，若供货来源地不同且供货数量不同时，需要计算加权平均运输费，其计算公式为：

$$加权平均运输费 = \frac{\sum_{i=1}^{n}（运输单价×材料数量）}{\sum_{i=1}^{n}（材料数量）_i}$$

材料运输损耗费是指在运输和装卸材料过程中产生不可避免的损耗所发生的费用，一般按下列公式计算：

$$材料运输损耗费＝（材料原价＋装卸费＋运输费）×途中损耗率$$

【实例 4-5】 某建筑工地所需的瓷砖由四个生产厂家供货，其数量、运输单价、装卸费用及运输损耗率见表 4-3。

表 4-3 四个生产厂家供货情况

供货地点	瓷砖数量/m²	供货单价/(元/m²)	运输单价/(元/m²)	装卸费/(元/m²)	运输损耗率/(%)
A	350	35.50	1.80	0.90	1.5
B	790	35.00	2.20	1.00	1.5
C	950	34.80	2.60	0.95	1.5
D	980	34.80	2.55	0.95	1.5

请根据上表所列资料计算该瓷砖的运杂费用。

解：

（1）计算瓷砖加权平均装卸费

$$加权平均装卸费 = \frac{0.90 \times 350 + 1.00 \times 790 + 0.95 \times 950 + 0.95 \times 980}{350 + 790 + 950 + 980} \approx 0.96(元/m^2)$$

（2）计算瓷砖加权平均运输费

$$加权平均运输费 = \frac{1.80 \times 350 + 2.20 \times 790 + 2.60 \times 950 + 2.55 \times 980}{350 + 790 + 950 + 980} \approx 2.39(元/m^2)$$

（3）计算瓷砖加权平均原价

$$加权平均原价 = \frac{35.50 \times 350 + 35.00 \times 790 + 34.80 \times 950 + 34.80 \times 980}{350 + 790 + 950 + 980} \approx 34.93(元/m^2)$$

（4）计算瓷砖运输损耗费

$$运输损耗费 = (34.93 + 0.96 + 2.39) \times 1.5\% = 0.5742(元/m^2)$$

（5）计算瓷砖运杂费

$$运杂费 = 0.96 + 2.39 + 0.5742 = 3.9242(元/m^2)$$

5. 材料采购及保管费

材料采购及保管费，是指材料部门在组织采购、供应和保管材料过程中所需要的各种费用。包括各级材料部门的职工工资、职工福利、劳动保护费、差旅费、办公费及交通费等。

建筑材料的种类、规格繁多，采购保管费不可能按每种材料在采购过程中所发生的实际费用计取，只能规定几种费率。目前国家规定的综合采购保管费率为2.5%（其中采购费率为1%，保管费率为1.5%）。由建设单位供应材料到现场仓库，施工单位只收保管费。其计算公式如下：

$$采购保管费 = (材料原价 + 供销部门手续费 + 包装费 + 运杂费) \times 采购保管费率$$

【实例4-6】 南方某地区标号为425号的普通水泥供应情况见表4-4，每个水泥袋0.50元，每吨水泥用纸袋20个，由水泥厂负责包装。假设运输标准为2.50元/(t·km)（包括装卸费），途中损耗率为1.5%，采购保管费率为2.5%，水泥包装袋回收率为60%，回收折价率为50%，试计算水泥的预算价格。

表 4-4 水泥厂供应情况

供应厂家	出厂价格/(元/t)	运输距离/km	供货比例/(%)
A水泥厂	320	180	30%
B水泥厂	340	200	35%
C水泥厂	360	220	45%

解：(1) 计算水泥原价

水泥原价 $=320\times30\%+340\times35\%+360\times45\%=377$(元/t)

(2) 计算平均运输费

平均运输费 $=180\times2.5\times30\%+200\times2.5\times35\%+220\times2.5\times45\%=557.5$(元/t)

(3) 计算运输损耗费

运输损耗费 $=(377+557.5)\times1.5\%\approx14.02$(元/t)

(4) 计算采购保管费

采购保管费 $=(377+557.5+14.02)\times2.5\%\approx23.71$(元/t)

(5) 计算包装品回收价值

包装品回收价值 $=0.50\times60\%\times50\%\times20=3$(元/t)

(6) 计算水泥预算价格

水泥预算价格 $=377+557.5+14.02+23.71-3=969.23$(元/t)

工程单价的编制

1. 工程单价的编制依据

(1) 预算定额和概算定额

编制预算单价或概算单价，主要依据之一是预算定额或概算定额。首先，工程单价的分项是根据定额的分项划分的，所以工程单价的编号、名称、计量单位的确定均以相应的定额为依据。其次，分部分项工程的人工、材料和机械台班消耗的种类和数量，也是依据相应的定额。

(2) 人工单价、材料预算价格和机械台班单价

工程单价除了要依据概预算定额确定分部分项工程的工、料、机的消耗数量外，还必须依据上述三项"价"的因素，才能计算出分部分项工程的人工费、材料费和机械费，进而计算出工程单价。

(3) 措施费和间接费的取费标准

措施费和间接费的取费标准是计算综合单价的必要依据。

2. 工程单价的编制方法

工程单价的编制方法，简单说就是工、料、机的消耗量和工、料、机单价的结合过程，计算公式如下。

(1) 分部分项工程基本直接费单价(基价)

分部分项工程基本直接费单价(基价) = 单位分部分项工程人工费 + 单位分部分项工程材料费 + 单位分部分项工程机械使用费

式中

$$人工费 = \sum(人工工日用量\times人工日工资单价)$$

$$材料费 = \sum(各种材料耗用量\times材料基价)+检验试验费$$

$$机械使用费 = \sum(机械台班用量\times机械台班单价)$$

(2) 分部分项工程全费用单价

分部分项工程直接全部费用单位 = 分部分项工程直接工程费单位(基价) + (1+税率) +

$$(1+间接费率)+(1+利润率)$$

其中,措施费、间接费,一般按规定的费率及其计算基础计算,或按综合费率计算。

3. 地区工程单价的编制

编制地区单价的意义,主要是简化工程造价的计算,同时也有利于工程造价的正确计算和控制。因为一个建设工程,所包括的分部分项工程多达数千项,为确定预算单价所编制的单位估价表就要有数千张。要套用不同的定额和预算价格,要经过多次运算,不仅需要大量的人力、物力,也不能保证预算编制的及时性和准确性,所以,编制地区单价不仅十分必要,而且也很有意义。

编制地区单价的方法主要是加权平均法。要使编制出的工程单价能适应该地区的所有工程,就必须全面考虑各个影响工程单价的因素对所有工程的影响。一般来说,在一个地区范围内影响工程单价的因素有些是统一的,也比较稳定,如预算定额和概算定额、工资单价、台班单价等。不统一、不稳定的因素主要是材料预算价格。因为同一种材料由于原价不同,交货地点不同、运输方式和运输地点不同,以及工程所在地点和区域不同,所形成的材料预算价格也不同。所以要编制地区单价,就要综合考虑上述因素,采用加权平均法计算出地区统一材料预算价格。

材料预算价格的组成因素,按有关部门规定,供销部门手续费、包装费、采购及保管费的费率,在地区范围是相同的。材料原价一般也是基本相同的。因此,编制地区性统一材料预算价格的主要问题,是材料运输费。

就一个地区看,每种材料运输费都可以分为两部分。一部分是自发货地点至当地一个中心点的运输费;而另一部分是自这一中心点至各用料地点的运输费。与此相适应,材料运输费也可以分为长途(外地)运输费和短途(当地)运输费。对于这两部分运输费,要分别采用加权平均法计算出平均运输费。

计算长途运输的平均运输费,主要应考虑:由于供应者不同而引起的同一材料的运距和运输方式不同;每个供应者供应的材料数量不同。采用加权平均法计算其平均运输费的公式为

$$T_A = \frac{Q_1 T_1 + Q_2 T_2 + \cdots + Q_n T_n}{Q_1 + Q_2 + \cdots + Q_n} = R_1 T_1 + R_2 T_2 + \cdots + R_n T_n$$

式中　　　　T_A——平均长途运输费;

$Q_1, Q_2, \cdots, Q_n$——自各不同交货地点起运的同一材料数量;

$T_1, T_2, \cdots, T_n$——自各交货地点至当地中心点的同一材料运输费;

$R_1, R_2, \cdots, R_n$——自各交货地点起运的材料占该种材料总量的比重。

计算当地运输的平均运输费,主要应考虑从中心仓库到各用料地点的运距不同对运输费的影响和用料数量。计算方法和长途运输基本相同,即

$$T_B = M_1 T_1 + M_2 T_2 + \cdots + M_n T_n$$

式中　　　　T_B——平均当地运输费;

$M_1, M_2, \cdots, M_n$——各用料地点对某种材料需要量占该种材料总量比重;

$T_1, T_2, \cdots, T_n$——自当地中心仓库至各用料地点的运输费。

$$材料平均运输费 = T_A + T_B$$

如果原价不同,也可以采用加权平均法计算。

把经过计算的各项因素相加,就是地区材料预算价格。

地区单价是建立在定额和统一地区材料预算价格的基础上的。当这个基础发生变化,地区单价也就相应地变化。在一定时期内地区单价应具有相对稳定性。不断研究和改善地区单价和地区材料预算价格的编制和管理工作,并使之具有相对稳定的基础,是加强概预算管理,提高基本建设管理水平和投资效果的客观要求。

工日单价的计算与确定

1. 人工单价的计算

(1) 一般说明

建筑安装工人的日工资单价包括基本工资的日工资标准和工资补贴及属于生产工人开支范围的各项费用的日标准工资。

(2) 计算公式

$$人工单价 = \frac{月基本工资 + 工资性补贴(如有) + 保险费(如有)}{月平均工作天数}$$

其中

$$月平均工作天数 = \frac{全年天数 - 星期六和星期日天数 - 法定节日天数}{全年月数}$$

$$= \frac{365 - 104 - 10}{12} = 20.92(天)$$

(3) 计算实例

【实例 4-7】 某架子工人小组综合平均月工资标准为 1300 元/月,月工资性补贴为 210 元/月,月保险费为 50 元/月,求人工单价。

解:依据公式,$人工单价 = \dfrac{月基本工资 + 工资性补贴(如有) + 保险费(如有)}{月平均工作天数}$ 进行计算,结果为

$$人工单价 = \frac{1300 + 210 + 50}{20.92} \approx 74.60(元/日)$$

2. 预算定额基价的人工费计算

(1) 计算公式

预算定额基价中的人工费按以下公式进行计算:

$$预算定额基价人工费 = 定额用工量 × 人工单价$$

(2) 计算实例

【实例 4-8】 某工程有 20 m³ 一砖厚混水内墙要进行砌筑,综合用工为 1.24 工日/m³,人工单价为 75.00 元/工日,求该定额项目的人工费。

解:先计算完成砌筑需要的定额用工量 = 20 × 1.24 = 24.8(工日)

再计算砌筑 20 m³ 的定额人工费 = 24.8 × 75.00 = 1860(元)

机械台班单价的计算

施工机械使用费是根据施工中耗用的机械台班数量与机械台班单价确定的。施工机械台班耗用量按预算定额规定计算。

1. 机械台班单价的费用构成

（1）一般规定

施工机械台班单价是指一台施工机械，在正常运转条件下一个工作班中所发生的全部费用，每台班按 8 h 工作制计算。正确制定施工机械台班单价是合理控制工程造价的重要方面。

（2）费用

1）第一类费用。第一类费用也称不变费用，是指属于分摊性质的费用，包括折旧费、大修理费、经常修理费、安拆费及场外运输费等。

2）第二类费用。第二类费用也称可变费用，是指属于支出性质的费用，包括燃料动力费、人工费、养路费及车船使用税等。

2. 机械台班单价的计算

（1）第一类费用的计算

1）折旧费。

① 概念。折旧费，是指机械在规定的寿命期（使用年限或耐用总台班）内，陆续收回其原值的费用及支付贷款利用的费用。

② 计算公式。折旧费的计算公式为

$$台班折旧费 = \frac{机械预算价格 \times (1 - 残值率)}{耐用总台班}$$

上式中，

$$耐用总台班 = 折旧年限 \times 年工作台班$$

或

$$耐用总台班 = 大修间隔台班 \times 大修周期$$

年工作台班是根据有关部门对各类主要机械最近三年的统计资料分析确定。

大修间隔台班是指机械自投入使用起至第一次大修或自上一次大修投入使用起至下一次大修止，应达到的使用台班数。

大修周期是指机械在正常的施工作业条件下，将其寿命期按规定的大修次数划分为若干个周期。其计算公式为

$$大修周期 = 寿命期大修次数 + 1$$

③ 计算实例。

【实例 4-9】 假设 6 t 载重汽车的预算价格为 200 000 元（包含购置税、运杂费等全部费用），残值率为 5%，大修间隔台班为 550 个，大修周期为 3 个，贷款利息为 29 000 元，试计算台班折旧费。

解：先计算耐用总台班

$$耐用总台班 = 550 \times 3 = 1650（个）$$

然后计算台班折旧费

$$台班折旧费 = \frac{200\,000 \times (1 - 5\%) + 29\,000}{1650} \approx 132.73（元/台班）$$

2）大修理费。

① 概念。大修理费是指机械设备按规定的大修理间隔台班进行大修理，以恢复正常使用功能所需支出的费用。

② 计算公式。大修理费的计算公式如下：

$$台班大修理费 = \frac{一次大修理费 \times 大修理次数}{耐用总台班}$$

③ 计算实例。

【实例 4-10】 假设某 6 t 载重汽车一次大修理费为 10 000 元,大修理周期为 3 个,耐用总台班 1650 个,试计算台班大修理费。

解:台班大修理费 $= \dfrac{10\,000 \times (3-1)}{1650} \approx 12.12$(元/台班)

3) 经常修理费。

① 概念。经常修理费,是指机械设备除大修理外的各级保养及临时故障所需支出的费用,包括为保障机械正常运转所需替换设备、随机配置的工具、附具的摊销及维护费用,包括机械正常运转及日常保养所需润滑、擦拭材料费用和机械停置期间的维护保养费用等。

② 计算公式。经常修理费的计算公式为

$$台班经常修理费 = 台班大修理费 \times 经常修理费系数(K)$$

式中,经常修理费系数(K),是根据历次编定额时台班经常维修费与台班大修理费之间的比例关系资料确定的。

③ 计算实例。

【实例 4-11】 假设某 6 t 载重汽车的台班经常修理系数为 6.1,台班大修理费为 12.12 元/台班,试计算台班经常修理费。

解:经常修理费 $= 12.12 \times 6.1 = 73.932$(元/台班)

4) 安拆费。

① 概念。安拆费,是指机械在施工现场进行安装、拆卸所需的人工、材料、机械和试运转费用,以及机械辅助设施(如底座、固定锚桩、行走轨迹、枕木等)的折旧费及搭设、拆除等费用。

② 计算公式。安拆费的计算公式如下:

$$台班安拆费 = \frac{一次安拆费 \times 年平均安拆次数}{年工作台班} + \frac{辅助设施一次使用费 \times (1-残值率)}{辅助设施耐用台班}$$

5) 场外运输费。

① 概念。场外运输费,是指机械整体或分体自停放场地运至施工现场或由一个工地运至另一个工地、运距在 25 km 以内的机械进出场运输及转移费用(包括机械的装卸、运输、辅助材料及架线费用等)。

② 计算公式。

$$台班场外运输费 = \frac{(一次运输及装卸费 + 辅助材料一次摊销费 + 一次架线费)}{年工作台班}$$
$$\times 年平均场外运输次数$$

(2)第二类费用的计算

1) 燃料动力费。

① 概念。燃料动力费,是指机械设备在运转施工作业中所耗用的固体燃料(煤炭、木材)、液体燃料(汽油、柴油)、电力、水和风力等费用。

② 计算公式。燃料动力费的计算公式如下:

$$台班燃料动力费 = 台班燃料动力消耗量 \times 各省、市、自治区规定的相应单价$$

③ 计算实例。

【**实例 4-12**】 假设某省工地 6 t 载重汽车每台班耗用柴油 43kg,每公斤柴油的单价为 6.20 元,求台班燃料动力费。

解:台班燃料动力费 $=43×6.20=266.6$(元/台班)

2) 人工费。

① 概念。人工费,是指机上司机、司炉和其他操作人员的工作日工资以及上述人员在机械规定的年工作台班以外的基本工资和工资性质的津贴(年工作台班以外机上人员工资指机械保管所支出的工资,以"增加系数表示")。

② 计算公式。工作台班以外机上人员人工费用,以增加机上人员的工日数形式列入定额,按下列公式计算:

台班人工费=定额机上人工工日×日工资单价

定额机上人工工日=机上定员工日×(1+增加工日系数)

$$增加工日系数=\frac{年日历天数-规定节假公休日-辅助工资中年非工作日-机械年工作台班}{机械年工作台班}$$

其中:增加工日系数取定 0.25。

③ 计算实例。

【**实例 4-13**】 假设某省工地挖掘机每台班机上操作人工工日 2.35 个,人工日工资单价为 90.00 元,试求台班人工费。

解:台班人工费 $=2.35×90.00=211.5$(元/台班)

3) 养路费及车船使用税。

① 概念。养路费及车船使用税指按照国家有关规定应缴纳的运输机械养路费和车船使用税,按各省、自治区、直辖市规定标准计算后列入定额。

② 计算公式。养路费及车船使用税的计算公式如下:

台班养路费及车船使用税=

$$\frac{车载重量(或核定吨位)×\{养路费[元/(吨月)]×12+车船使用税[元/(吨车)]\}}{年工作台班}+保险费及年检费$$

其中的核定吨位:运输车辆按载重量计算;汽车吊、轮胎吊、装载机按自重计算。

$$保险费及年检费=\frac{年保险费及年检费}{年工作台班}$$

③ 计算实例。

【**实例 4-14**】 假设某工地 6 t 载重汽车每月应缴纳养路费 220 元/t,每年应缴纳车船使用税 80 元/t,每年工作台班 240 个,保险费及年检费共计 2400 元,试求台班养路和车船使用税。

解:台班养路费和车船使用税 $=\frac{6×(220×12+80)}{240}+\frac{2400}{240}=168$(元/台班)

第五章　建筑工程工程量清单计价

1.了解工程量计算的依据、原则、方法及顺序。

2.掌握工程量清单的编制方法。

3.了解工程量清单计价的概念及特点,掌握工程量清单计价的说明。

工程量计算概述

工程量是以规定的物理计量单位或自然计量单位所表示的各个具体分项工程或构配件的数量。物理计量单位是指法定计量单位,如长度单位 m、面积单位 m^2、体积单位 m^3、质量单位 kg 等。自然计量单位,一般是以物体的自然形态表示的计量单位,如套、组、台、件、个等。

一、工程量计算的依据与原则

1. 工程量计算的依据

(1) 经审定的施工设计图纸及设计说明

设计施工图是计算工程量的基础资料,因为施工图纸反映工程的构造和各部位尺寸,是计算工程量的基本依据。在取得施工图和设计说明等资料后,必须全面、细致地熟悉和核对有关图纸和资料,检查图纸是否齐全、正确。如果发现设计图纸有错漏或相互间有矛盾,应及时向设计人员提出修正意见,予以更正。经过审核、修正后的施工图才能作为计算工程量的依据。

(2) 建筑工程预算定额

建筑工程预算定额系指《全国统一建筑工程基础定额》(以下简称基础定额)、《全国统一建筑工程预算工程量计算规则》(以下简称工程量计算规则)以及省、市、自治区颁发的地区性工程定额。

(3) 经审定的施工组织设计或施工技术措施方案

计算工程量时,还必须参照施工组织设计或施工技术措施方案进行。例如计算土方工程量仅仅依据施工图是不够的,因为施工图上并未标明实际施工场地土壤的类别以及施工中是否采取放坡或是否用挡土板的方式进行。对这类问题就需要借助于施工组织设计或者施工技术措施予以解决。

计算工程量中有时还要结合施工现场的实际情况进行。例如平整场地和余土外运工程量,一般在施工图纸上是不反映的,应根据建设基地的具体情况予以计算确定。

2. 工程量计算的一般原则

(1) 工程量计算规则要一致

工程量计算必须与定额中规定的工程量计算规则(或计算方法)相一致,才符合定额的要求。

　　预算定额中对分项工程的工程量计算规则和计算方法都作了具体规定,计算时必须严格按规定执行。例如墙体工程量计算中,外墙长度按外墙中心线长度计算,内墙长度按内墙净长线计算,又如楼梯面层及台阶面层的工程量按水平投影面积计算。

　　按施工图纸计算工程量采用的计算规则,必须与本地区现行预算定额计算规则相一致。各省、自治区、直辖市预算定额的工程量计算规则,其主要内容基本相同,差异不大。在计算工程量时,应按工程所在地预算定额规定的工程量计算规则进行计算。

　　(2)计算口径要一致

　　计算工程量时,根据施工图纸列出的工程子目的口径(指工程子目所包括的工作内容),必须与土建基础定额中相应的工程子目的口径相一致。不能将定额子目中已包含了的工作内容拿出来另列子目计算。

　　(3)计算单位要一致

　　计算工程量时,所计算工程子目的工程量单位必须与土建基础定额中相应子目的单位相一致。在土建预算定额中,工程量的计算单位规定如下:

　　1)以体积计算的为立方米(m^3)。

　　2)以面积计算的为平方米(m^2)。

　　3)长度为米(m)。

　　4)质量为吨或千克(t 或 kg)。

　　5)以件(个或组)计算的为件(个或组)。

　　例如,预算定额中,钢筋混凝土现浇整体楼梯的计量单位为 m^2,而钢筋混凝土预制楼梯段的计量单位为 m^3,在计算工程量时,应注意分清,使所列项目的计量单位与之一致。

　　(4)计算尺寸的取定要准确

　　计算工程量时,首先要对施工图尺寸进行核对,并对各子目计算尺寸的取定要准确。

　　(5)计算的顺序要统一

　　计算工程量时要遵循一定的计算顺序,依次进行计算,这是为避免发生漏算或重算的重要措施。

　　(6)计算精确度要统一

　　工程量的数字计算要准确,一般应精确到小数点后三位,汇总时,其准确度取值要达到以下要求。

　　1)立方米(m^3)、平方米(m^2)及米(m)以下取两位小数。

　　2)吨(t)以下取三位小数。

　　3)千克(kg)、件等取整数。

　　4)建筑面积一般取整数。

二、工程量计算的方法与顺序

1. 工程量计算的方法

　　施工图预算的工程量计算,通常采用按施工先后顺序、按预算定额的分部、分项顺序和统筹法进行计算。

　　(1)按施工顺序计算

　　按施工顺序计算即按工程施工顺序的先后来计算工程量。计算时,先地下,后地上;先底层,后上层;先主要,后次要。大型和复杂工程应先划成区域,编成区号,分区计算。

（2）按定额项目的顺序计算

按定额项目的顺序计算即按《基础定额》所列分部分项工程的次序计算工程量。由前到后,逐项对照施工图设计内容,能对上号的就计算。采用这种方法计算工程量,要求熟悉施工图纸,具有较多的工程设计基础知识,并且要注意施工图中有的项目可能套不上定额项目,这时应单独列项,待编制补充定额时,切记不可因定额缺项而漏项。

（3）用统筹法计算工程量

统筹法计算工程量是根据各分项工程量计算之间的固有规律和相互之间的依赖关系,运用统筹原理和统筹图来合理安排工程量的计算程序,并按其顺序计算工程量。用统筹法计算工程量的基本要点是:统筹程序,合理安排;利用基数,连续计算;一次计算,多次使用;结合实际,灵活机动。

2. 工程量计算的顺序

（1）按轴线编号顺序计算

按轴线编号顺序计算,就是按横向轴线从①～⑩编号顺序计算横向构造工程量;按竖向轴线从Ⓐ～Ⓓ编号顺序计算纵向构造工程量,如图 5-1 所示。这种方法适用于计算内外墙的挖基槽、做基础、砌墙体、墙面装修等分项工程量。

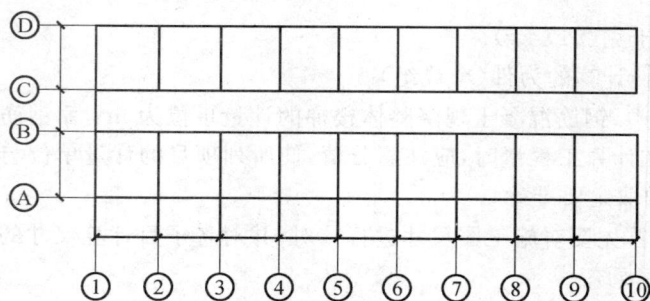

图 5-1　按轴线编号顺序计算

（2）按顺时针顺序计算

先从工程平面图左上角开始,按顺时针方向先横后竖、自左至右,自上而下逐步计算,环绕一周后再回到左上方为止。计算外墙,外墙基础、楼地面、顶棚等都可按此法进行。例如:计算外墙工程量,如图 5-2 所示由左上角开始,沿图中箭头所示方向逐段计算;楼地面、顶棚的工程量亦可按图中箭头或编号顺序进行。

（3）按编号顺序计算

按图纸上所注各种构件、配件的编号顺序进行计算。例如在施工图上,对钢和木门窗构件、钢筋混凝土构件(柱、梁、板等)、木结构构件、金属结构构件、屋架等都按序编号,计算它们的工程量时,可分别按所注编号逐一分别计算。

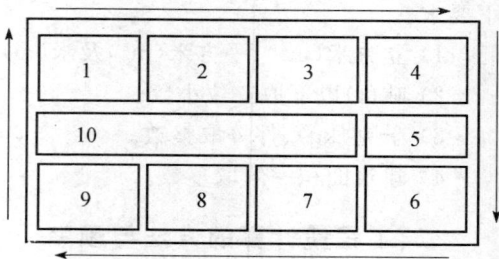

图 5-2　按顺时针计算

如图 5-3 所示,其构配件工程量计算顺序为:构造柱 Z_1、Z_2、Z_3、Z_4 → 主梁 L_1、L_2、L_3、L_4 → 过梁 GL_1、GL_2、GL_3、GL_4 → 楼板 B_1、B_2。

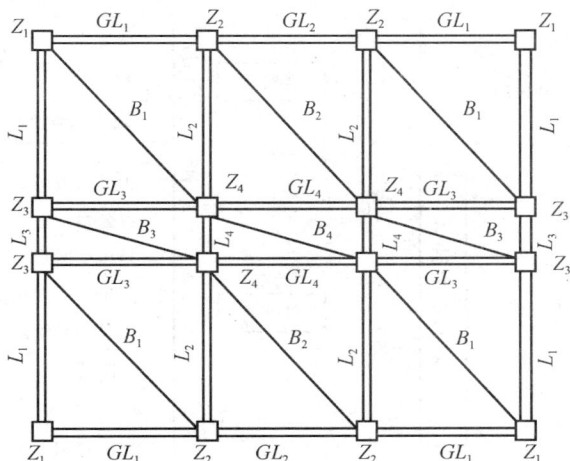

图 5-3　按构件的编号顺序计算

工程资料编制的质量要求

工程量计算是编制施工图预算的重要环节。施工图预算是否正确,主要取决于分项工程或构件、配件数量和预算定额基价,因为分项工程或构件、配件定额直接费就是这两项相乘的结果。因此,工程量计算是否正确,直接影响工程预算造价的准确,而且在编制施工图预算工作中,工程量计算所花的劳动量占整个预算工作量的 70% 左右。在编制施工图预算时,必须充分重视工程量计算这个重要环节。

学以致用

工程量清单计价说明

工程量清单计价的基本原理就是以招标人提供的工程量清单为平台,投标人根据自身的技术、财务、管理能力进行投标报价,招标人根据具体的评标细则进行优选,这种计价方式是市场定价体系的具体表现形式。

一、工程量清单计价的概念与特点

1. 工程量清单计价的概念

工程量清单计价,是指投标人完成由招标人提供的工程量清单所需的全部费用,包括分部分项工程费、措施项目费、其他项目费和规费、税金,如图 5-4 所示。

工程量清单计价方法是在建设工程招标中,招标人或委托具有资质的中介机构编制反映工程实体消耗和措施性消耗的工程量清单,并作为招标文件一部分提供给投标人,由投标人依据工程量清单自主报价的计价方式。在工程招标投标中采用工程量清单计价是国际上较为通行的做法。

```
                                                                  ┌─────────────────┐
                                                                  │ 人工费          │
                                              ┌──────────┐        │ 材料费          │
                                              │ 直接费   │────────│ 施工机械使用费  │
                                              └──────────┘        └─────────────────┘
                                                                  ┌─────────────────┐
                                                                  │ 管理人员工资    │
                                                                  │ 办公费          │
                            ┌──────┐                              │ 差旅交通费      │
                            │ 分   │          ┌──────────┐        │ 固定资产使用费  │
                            │ 部   │          │ 管理费   │────────│ 工具用具使用费  │
                            │ 分   │          └──────────┘        │ 保险费          │
                            │ 项   │                              │ 财务费用        │
                            │ 工   │                              │ 其他费用        │
                            │ 程   │                              └─────────────────┘
                            │ 费   │          ┌──────────┐
                            └──────┘          │ 利润     │
                                              └──────────┘
                                                                  ┌─────────────────┐
                                                                  │ 临时设施费      │
                 ┌──────┐                                         │ 短期工程措施费  │
                 │ 工   │           ┌──────┐                      │ 脚手架搭拆费    │
                 │ 程   │           │ 措   │                      │ 垂直运输及超高增加费 │
                 │ 项   │           │ 施   │──────────────────────│ 大型机械安拆及场外运输费 │
                 │ 目   │           │ 项   │                      │ 安全文明施工费  │
                 │ 总   │           │ 目   │                      │ 其他项目费用    │
                 │ 费   │           │ 费   │                      └─────────────────┘
                 │ 用   │           └──────┘
                 └──────┘                                         ┌─────────────────┐
                                    ┌──────┐                      │ 预留金          │
                                    │ 其   │                      │ 材料购置费      │
                                    │ 他   │                      │ 总承包服务费    │
                                    │ 项   │──────────────────────│ 零星工作项目    │
                                    │ 目   │                      │ 其他            │
                                    │ 费   │                      └─────────────────┘
                                    └──────┘
                                                                  ┌─────────────────┐
                                                                  │ 工程排污费      │
                                    ┌──────┐                      │ 工程定额测定费  │
                                    │ 规   │                      │ 劳动保险统筹基金 │
                                    │ 费   │──────────────────────│ 职工待业保险费  │
                                    └──────┘                      │ 职工医疗保险费  │
                                                                  │ 其他            │
                                    ┌──────┐                      └─────────────────┘
                                    │ 税金 │
                                    └──────┘
```

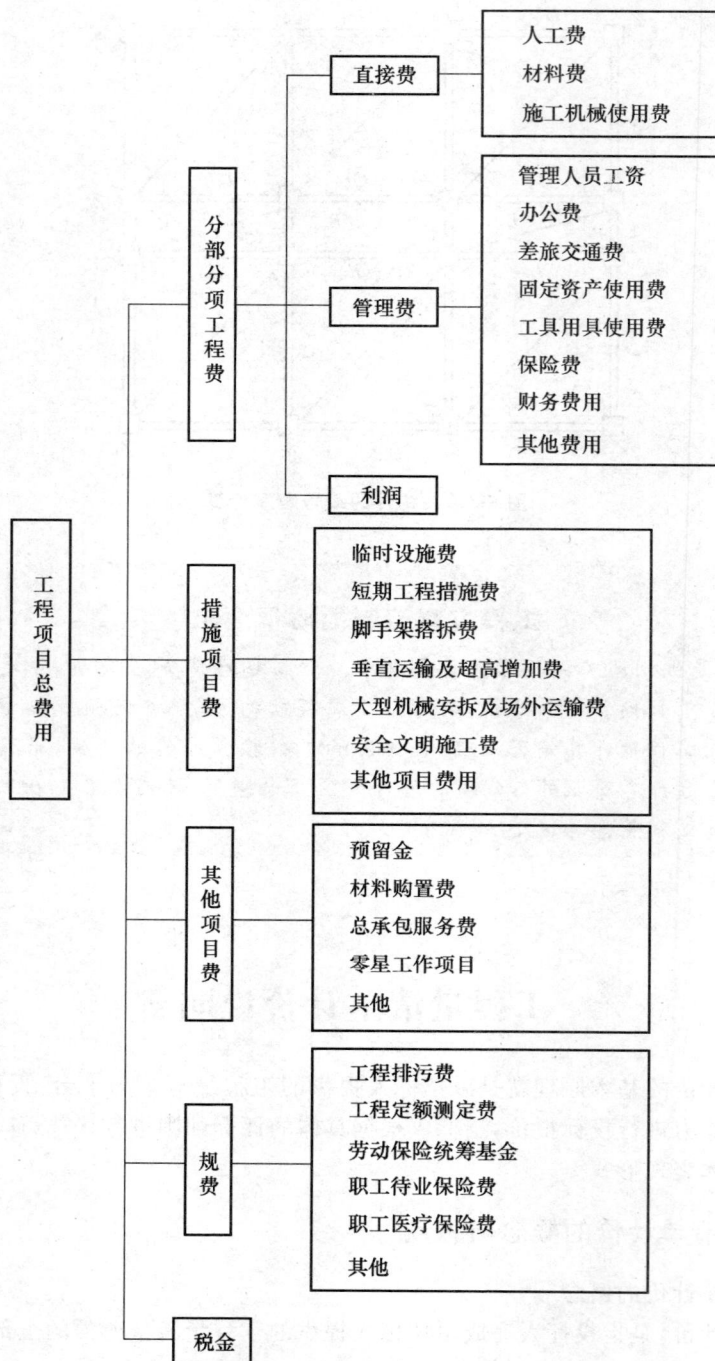

图 5-4　工程量清单费用构成

工程量清单计价办法的主旨就是在全国范围内,统一项目编码、统一项目名称、统一计量单位、统一工程量计算规则。在此前提下,由国家主管职能部门统一编制《建设工程工程量清单计价规范》,作为强制性标准,在全国统一实施。

2. 工程量清单计价的特点

在工程量清单计价方法的招标方式下,业主或招标单位根据统一的工程量清单项目设置规则和工程量清单计量规则编制工程量清单,鼓励企业自主报价,业主根据其报价,结合质量、工期等因素综合评定,选择最佳的投标企业中标。在这种模式下,标底不再成为评标的主要依据,甚至可以不编标底,从而在工程价格的形成过程中摆脱了长期以来的计划管理模式,而由市场的参与双方主体自主定价,符合价格形成的基本原理。

工程量清单计价真实反映了工程的实际情况,为把定价自主权交给市场参与方提供了可能。在工程招标投标过程中,投标企业在投标报价时必须考虑工程本身的内容、范围、技术特点要求以及招标文件的有关规定、工程现场情况等因素;同时还必须充分考虑到许多其他方面的因素,如投标单位自己制定的工程总进度计划、施工方案、分包计划、资源安排计划等。这些因素对投标报价有着直接而重大的影响,而且对每一项招标工程来讲都具有其特殊性的一面,所以应该允许投标单位针对这些方面灵活机动地调整报价,以使报价能够比较准确地与工程实际相吻合。而只有这样才能把投标定价自主权真正交给招标和投标单位,投标单位才会对自己的报价承担相应的风险与责任,从而建立起真正的风险制约和竞争机制,避免合同实施过程中推诿和扯皮现象的发生,为工程管理提供方便。工程量清单计价的特点具体体现如下。

（1）统一计价规则

通过制定统一的建设工程量清单计价办法、统一的工程量计量规则、统一的工程量清单项目设置规则,达到规范计价行为的目的。这些规则和办法是强制性的,建设各方面都应该遵守,这是工程造价管理部门首次在文件中明确政府应管什么,不应管什么。

实行工程量清单计价,工程量清单造价文件必须做到工程量清单的项目划分、计量规则、计量单位以及清单项目编码四统一,达到清单项目工程量统一的目的。

（2）有效控制消耗量

通过由政府发布统一的社会平均消耗量指导标准,为企业提供一个社会平均尺度,避免企业盲目或随意大幅度减少或扩大消耗量,从而起到保证工程质量的目的。

（3）彻底放开价格

将工程消耗量定额中的工、料、机价格和利润、管理费全面放开,由市场的供求关系自行确定价格。

（4）企业自主报价

投标企业根据自身的技术专长、材料采购渠道和管理水平等,制定企业自己的报价定额,自主报价。企业尚无报价定额的,可参考使用造价管理部门分布的《建设工程消耗量定额》。

（5）市场有序竞争形成价格

通过建立与国际惯例接轨的工程量清单计价模式,引入充分竞争形成价格的机制,制定衡量投标报价合理性的基础标准,在投标过程中,有效引入竞争机制,淡化标底的作用,在保证质量、工期的前提下,按国家《招标投标法》及有关条款规定,最终以"不低于成本"的合理低价者中标。

3. 实行工程量清单计价的意义

（1）我国工程造价管理深化改革与发展的需要

长期以来,我国发承包计价、定价以工程预算定额作为主要依据。1992年为了适应建设市场改革的要求,针对工程预算定额编制和使用中存在的问题,提出了"控制量、指导价、竞争费"的改革措施,工程造价管理由静态管理模式逐步转变为动态管理模式。当时对工程预算定额改革的主要做法是:将预算定额中的人工、材料、机械的消耗量与相应的单价分离,人工、材料、机械的消耗量是按照国家现行的标准、规范和社会平均消耗水平确定。"控制量"的目的是为保证工程质量,"指导价"是要逐步走向市场竞争形成价格,这项改革措施对在我国实行社会主义市场经济的初期起到了积极作用。随着建设市场化进程的发展,仍然难以改变工程预算定额中国家指令性的状况,特别是《招标投标法》2000 年颁布实施以来,难以满足招标投标和评标的要求。因为,"控制量"反映的是社会平均消耗水平,不能准确地反映各个企业的实际消耗量,不能准确地体现企业管理能力、技术装备水平和劳动生产率,不能充分体现市场公平竞争。"指导价"实际上仍然受政府定价因素影响较多。因此,有必要对现行工程造价计价依据、方法进行相应的改革。实行工程量清单计价,将改变以工程预算定额为计价依据的计价模式,适应工程招标投标和由市场竞争形成工程造价的需要,推进我国工程造价事业的发展。

(2) 整顿和规范建设市场秩序,适应社会主义市场经济发展的需要

① 整顿和规范建设市场秩序。工程造价是工程建设的核心内容,也是建设市场运行的核心内容。建设市场存在的许多不规范行为,影响工程造价计价。过去采用工程预算定额计价,在工程发包与承包工程计价中调节双方利益、反映市场价格及需求等方面严重滞后,特别是在公开、公平、公正竞争力方面,缺乏合理、完善的机制,甚至出现了一些漏洞,滋生工程建设领域的腐败。实现建设市场的良性发展,除加强法律、法规和行政监管外,发挥市场经济规律中"竞争"和"价格"的作用是治本之策。采用工程量清单计价,是由市场竞争形成工程造价的主要形式,工程量清单计价能反映工程的个别成本,有利于发挥企业自主报价的能力,实现政府定价到市场定价的转变;有利于规范业主在招标中的行为,有效纠正招标单位在招标中盲目压价的行为,避免工程招标中弄虚作假、暗箱操作等不规范行为,促进其提高管理水平,从而真正体现公开、公平、公正的原则,反映市场经济规律;有利于规范建设市场计价行为,从源头上遏制工程招投标中滋生的腐败,整顿建设市场的秩序,促进建设市场的有序竞争。

② 适应我国社会主义市场经济发展的需要。市场经济的主要特点是竞争,建设工程领域的竞争主要体现在价格和质量上,工程量清单计价的本质是价格市场化。投标人可以通过采用先进技术、先进设备和现代化管理方式,降低工程成本(工、料、机三项生产要素的消耗量标准),低于社会平均消耗水平,成本低廉、质优效高的企业,才能形成利润空间,被市场接受和承认,促进施工企业加快技术进步,改善经营管理,促进施工企业管理由粗放型经营向集约型经营方式转变。同时,采用工程量清单计价,有利于招标人科学合理的控制投资,提高资金的使用效益。实行工程量清单计价,对于在全国建立一个统一、开放、健康、有序的建筑市场具有重要的作用。

(3) 适应我国工程造价管理政府职能转变的需要

按照政府部门推行的"经济调节、市场监督、社会管理和公共服务"的要求,政府对工程造价管理模式要进行相应的改变,将推行政府宏观调控、企业自主报价、市场竞争形成价格的工程造价管理模式。实行工程量清单计价,有利于我国工程造价管理政府职能的转变:由过去制定政府控制的指令性定额转变为制定适应市场经济规律需要的工程量清单计价原则和方法,引导和指导全国实行工程量清单计价,以适应建设市场发展的需要;由过去行政直接干预转变为对工程造价依法监管,有效地强化政府对工程造价的宏观调控。

(4) 适应我国加入世界贸易组织(WTO),融入世界大市场的需要

随着我国改革开放的进一步加快,中国经济日益融入全球市场,特别是我国加入世界贸易组织(WTO)后,行业技术贸易壁垒下降,建设市场将进一步对外开放,外国建筑企业将进入我国,我国的建筑企业将更广泛地参与国际竞争。为了适应建设市场对外开放发展的需要,我国

的工程造价计价必须与国际通行的计价方法相适应,工程量清单计价是国际通行的计价方法,将为建设市场主体创造一个与国际惯例接轨的市场竞争环境。在我国实行工程量清单计价,有利于进一步对外开放交流,有利于提高国内建设各方主体参与国际竞争的能力,有利于提高我国工程建设的管理水平。

工程量清单计价是国际上工程建设招投标活动的通行做法,它反映的是工程的个别成本,而不是按定额的社会平均成本计价。工程量清单将实体消耗量费用和措施费分离,使施工企业在投标中技术水平的竞争能够分别表现出来,可以充分发挥施工企业自主定价的能力,从而改变现有定额中有关束缚企业自主报价的限制。

工程量清单计价本质上是单价合同的计价模式,首先,它反映"量价分离"的特点,在工程量没有很大变化的情况下,单位工程量的单价都不发生变化。其次,有利于实现工程风险的合理分组,建设工程一般都比较复杂,建设周期长,工程变更多,因而建设的风险比较大,采用工程量清单计价,投标人只对自己所报单价负责,而工程量变更的风险由业主承担,这种格局符合风险合理分担与责权利关系对等的一般原则。第三,有利于标底的管理与控制,采用工程量清单招标,工程量是公开的,是招标文件的一部分,标底只起到控制中标价不能突破工程概算,而在评标过程中并不像现行的招投标那样重要,甚至有时不编制标底,这就从根本上消除了标底的准确性和标底泄漏所带来的负面影响。

二、工程量清单计价说明

1. 招标控制价

(1)一般规定

1)国有资金投资的建设工程招标,招标人必须编制招标控制价。

2)招标控制价应由具有编制能力的招标人或受其委托具有相应资质的工程造价咨询人编制和复核。

3)工程造价咨询人接受招标人委托编制招标控制价,不得再就同一工程接受投标人委托编制投标报价。

4)招标控制价应按照《建设工程工程量清单计价规范》(GB 50500—2013)第5.2.1条的规定编制,不应上调或下浮。

5)当招标控制价超过批准的概算时,招标人应将其报原概算审批部门审批。

6)招标人应在发布招标文件时公布招标控制价,同时应将招标控制价及有关资料报送工程所在地或有该工程管辖权的行业管理部门工程造价管理机构备查。

(2)编制与复核

1)招标控制价应根据下列依据编制与复核:

①《建设工程工程量清单计价规范》(GB 50500—2013);

②国家或省级、行业建设主管部门颁发的计价定额和计价办法;

③建设工程设计文件及相关资料;

④拟定的招标文件及招标工程量清单;

⑤与建设项目相关的标准、规范、技术资料;

⑥施工现场情况、工程特点及常规施工方案;

⑦工程造价管理机构发布的工程造价信息,当工程造价信息没有发布时,参照市场价;

⑧其他的相关资料。

2)综合单价中应包括招标文件中划分的应由投标人承担的风险范围及其费用。招标文件中没有明确的,如是工程造价咨询人编制,应提请招标人明确;如是招标人编制,应予明确。

3 分部分项工程和措施项目中的单价项目,应根据拟定的招标文件和招标工程量清单项目中的特征描述及有关要求确定综合单价计算。

4)措施项目中的总价项目应根据拟定的招标文件和常规施工方案按本规范第3.1.4条和3.1.5条的规定计价。

5)其他项目应按下列规定计价:

①暂列金额应按招标工程量清单中列出的金额填写;

②暂估价中的材料、工程设备单价应按招标工程量清单中列出的单价计入综合单价;

③暂估价中的专业工程金额应按招标工程量清单中列出的金额填写;

④计日工应按招标工程量清单中列出的项目根据工程特点和有关计价依据确定综合单价计算;

⑤总承包服务费应根据招标工程量清单列出的内容和要求估算。

6)规费和税金应按《建设工程工程量清单计价规范》(GB 50500—2013)第3.1.6条的规定计算。

(3)投诉与处理

1)投标人经复核认为招标人公布的招标控制价未按照《建设工程工程量清单计价规范》(GB 50500—2013)的规定进行编制的,应在招标控制价公布后5天内向招投标监督机构和工程造价管理机构投诉。

2)投诉人投诉时,应当提交由单位盖章和法定代表人或其委托人签名或盖章的书面投诉书。投诉书应包括下列内容:

①投诉人与被投诉人的名称、地址及有效联系方式;

②投诉的招标工程名称、具体事项及理由;

③投诉依据及有关证明材料;

④相关的请求及主张。

3)投诉人不得进行虚假、恶意投诉,阻碍招投标活动的正常进行。

4)工程造价管理机构在接到投诉书后应在2个工作日内进行审查,对有下列情况之一的,不予受理:

①投诉人不是所投诉招标工程招标文件的收受人;

②投诉书提交的时间不符合《建设工程工程量清单计价规范》(GB 50500—2013)第5.3.1条规定的;

③投诉书不符合《建设工程工程量清单计价规范》(GB 50500—2013)第5.3.2条规定的;

④投诉事项已进入行政复议或行政诉讼程序的。

5)工程造价管理机构应在不迟于结束审查的次日将是否受理投诉的决定书面通知投诉人、被投诉人以及负责该工程招投标监督的招投标管理机构。

6)工程造价管理机构受理投诉后,应立即对招标控制价进行复查,组织投诉人、被投诉人或其委托的招标控制价编制人等单位人员对投诉问题逐一核对。有关当事人应当予以配合,并应保证所提供资料的真实性。

7)工程造价管理机构应当在受理投诉的10天内完成复查,特殊情况下可适当延长,并作出书面结论通知投诉人、被投诉人及负责该工程招投标监督的招投标管理机构。

8)当招标控制价复查结论与原公布的招标控制价误差大于±3%时,应当责成招标人改正。

9)招标人根据招标控制价复查结论需要重新公布招标控制价的,其最终公布的时间至招标文件要求提交投标文件截止时间不足 15 天的,应相应延长投标文件的截止时间。

2. 投标报价

(1)一般规定

1)投标价应由投标人或受其委托具有相应资质的工程造价咨询人编制。

2)投标人应依据《建设工程工程量清单计价规范》(GB 50500—2013)第 6.2.1 条的规定自主确定投标报价。

3)投标报价不得低于工程成本。

4)投标人必须按招标工程量清单填报价格。项目编码、项目名称、项目特征、计量单位、工程量必须与招标工程量清单一致。

5)投标人的投标报价高于招标控制价的应予废标。

(2)编制与复核

1)投标报价应根据下列依据编制和复核:

①《建设工程工程量清单计价规范》(GB 50500—2013);

②国家或省级、行业建设主管部门颁发的计价办法;

③企业定额,国家或省级、行业建设主管部门颁发的计价定额和计价办法;

④招标文件、招标工程量清单及其补充通知、答疑纪要;

⑤建设工程设计文件及相关资料;

⑥施工现场情况、工程特点及投标时拟定的施工组织设计或施工方案;

⑦与建设项目相关的标准、规范等技术资料;

⑧市场价格信息或工程造价管理机构发布的工程造价信息;

⑨其他的相关资料。

2)综合单价中应包括招标文件中划分的应由投标人承担的风险范围及其费用,招标文件中没有明确的,应提请招标人明确。

3)分部分项工程和措施项目中的单价项目,应根据招标文件和招标工程量清单项目中的特征描述确定综合单价计算。

4)措施项目中的总价项目金额应根据招标文件及投标时拟定的施工组织设计或施工方案,按《建设工程工程量清单计价规范》(GB 50500—2013)第 3.1.4 条的规定自主确定。其中安全文明施工费应按照《建设工程工程量清单计价规范》(GB 50500—2013)第 3.1.5 条的规定确定。

5)其他项目应按下列规定报价:

①暂列金额应按招标工程量清单中列出的金额填写;

②材料、工程设备暂估价应按招标工程量清单中列出的单价计入综合单价;

③专业工程暂估价应按招标工程量清单中列出的金额填写;

④计日工应按招标工程量清单中列出的项目和数量,自主确定综合单价并计算计日工金额;

⑤总承包服务费应根据招标工程量清单中列出的内容和提出的要求自主确定。

6)规费和税金应按《建设工程工程量清单计价规范》(GB 50500—2013)第 3.1.6 条的规定确定。

7)招标工程量清单与计价表中列明的所有需要填写单价和合价的项目,投标人均应填写且只允许有一个报价。未填写单价和合价的项目,可视为此项费用已包含在已标价工程量清单中其他项目的单价和合价之中。当竣工结算时,此项目不得重新组价予以调整。

8)投标总价应当与分部分项工程费、措施项目费、其他项目费和规费、税金的合计金额一致。

3. 合同价款约定

(1)一般规定

1)实行招标的工程合同价款应在中标通知书发出之日起 30 天内,由发承包双方依据招标文件和中标人的投标文件在书面合同中约定。

合同约定不得违背招标、投标文件中关于工期、造价、质量等方面的实质性内容。招标文件与中标人投标文件不一致的地方,应以投标文件为准。

2)不实行招标的工程合同价款,应在发承包双方认可的工程价款基础上,由发承包双方在合同中约定。

3)实行工程量清单计价的工程,应采用单价合同;建设规模较小,技术难度较低,工期较短,且施工图设计已审查批准的建设工程可采用总价合同;紧急抢险、救灾以及施工技术特别复杂的建设工程可采用成本加酬金合同。

(2)约定内容

1)发承包双方应在合同条款中对下列事项进行约定:

①预付工程款的数额、支付时间及抵扣方式;

②安全文明施工措施的支付计划,使用要求等;

③工程计量与支付工程进度款的方式、数额及时间;

④工程价款的调整因素、方法、程序、支付及时间;

⑤施工索赔与现场签证的程序、金额确认与支付时间;

⑥承担计价风险的内容、范围以及超出约定内容、范围的调整办法;

⑦工程竣工价款结算编制与核对、支付及时间;

⑧工程质量保证金的数额、预留方式及时间;

⑨违约责任以及发生合同价款争议的解决方法及时间;

⑩与履行合同、支付价款有关的其他事项等。

2)合同中没有按照《建设工程工程量清单计价规范》(GB 50500—2013)第 7.2.1 条的要求约定或约定不明的,若发承包双方在合同履行中发生争议由双方协商确定;当协商不能达成一致时,应按《建设工程工程量清单计价规范》(GB 50500—2013)的规定执行。

4. 工程计量

(1)一般规定

1)工程量必须按照相关工程现行国家计量规范规定的工程量计算规则计算。

2)工程计量可选择按月或按工程形象进度分段计量,具体计量周期应在合同中约定。

3)因承包人原因造成的超出合同工程范围施工或返工的工程量,发包人不予计量。

4)成本加酬金合同应按《建设工程工程量清单计价规范》(GB 50500—2013)第 8.2 节的规定计量。

(2)单价合同的计量

1)工程量必须以承包人完成合同工程应予计量的工程量确定。

2)施工中进行工程计量,当发现招标工程量清单中出现缺项、工程量偏差,或因工程变更引起工程量增减时,应按承包人在履行合同义务中完成的工程量计算。

3)承包人应当按照合同约定的计量周期和时间向发包人提交当期已完工程量报告。发包人应在收到报告后 7 天内核实,并将核实计量结果通知承包人。发包人未在约定时间内进行核实的,承包人提交的计量报告中所列的工程量应视为承包人实际完成的工程量。

4)发包人认为需要进行现场计量核实时,应在计量前 24 小时通知承包人,承包人应为计量提供便利条件并派人参加。当双方均同意核实结果时,双方应在上述记录上签字确认。承包人收到通知后不派人参加计量,视为认可发包人的计量核实结果。发包人不按照约定时间通知承包人,致使承包人未能派人参加计量,计量核实结果无效。

5)当承包人认为发包人核实后的计量结果有误时,应在收到计量结果通知后的 7 天内向发包人提出书面意见,并应附上其认为正确的计量结果和详细的计算资料。发包人收到书面意见后,应在 7 天内对承包人的计量结果进行复核后通知承包人。承包人对复核计量结果仍有异议的,按照合同约定的争议解决办法处理。

6)承包人完成已标价工程量清单中每个项目的工程量并经发包人核实无误后,发承包双方应对每个项目的历次计量报表进行汇总,以核实最终结算工程量,并应在汇总表上签字确认。

(3)总价合同的计量

1)采用工程量清单方式招标形成的总价合同,其工程量应按照《建设工程工程量清单计价规范》(GB 50500—2008)第 8.2 节的规定计算。

2)采用经审定批准的施工图纸及其预算方式发包形成的总价合同,除按照工程变更规定的工程量增减外,总价合同各项目的工程量应为承包人用于结算的最终工程量。

3)总价合同约定的项目计量应以合同工程经审定批准的施工图纸为依据,发承包双方应在合同中约定工程计量的形象目标或时间节点进行计量。

4)承包人应在合同约定的每个计量周期内对已完成的工程进行计量,并向发包人提交达到工程形象目标完成的工程量和有关计量资料的报告。

5)发包人应在收到报告后 7 天内对承包人提交的上述资料进行复核,以确定实际完成的工程量和工程形象目标。对其有异议的,应通知承包人进行共同复核。

5. 合同价款调整

(1)一般规定

1)下列事项(但不限于)发生,发承包双方应当按照合同约定调整合同价款:

①法律法规变化;

②工程变更;

③项目特征不符;

④工程量清单缺项;

⑤工程量偏差;

⑥计日工;

⑦物价变化;

⑧暂估价;

⑨不可抗力;

⑩提前竣工(赶工补偿);

⑪误期赔偿;

⑫索赔;

⑬现场签证;

⑭暂列金额;

⑮发承包双方约定的其他调整事项。

2)出现合同价款调增事项(不含工程量偏差、计日工、现场签证、索赔)后的14天内,承包人应向发包人提交合同价款调增报告并附上相关资料;承包人在14天内未提交合同价款调增报告的,应视为承包人对该事项不存在调整价款请求。

3)出现合同价款调减事项(不含工程量偏差、索赔)后的14天内,发包人应向承包人提交合同价款调减报告并附相关资料;发包人在14天内未提交合同价款调减报告的,应视为发包人对该事项不存在调整价款请求。

4)发(承)包人应在收到承(发)包人合同价款调增(减)报告及相关资料之日起14天内对其核实,予以确认的应书面通知承(发)包人。当有疑问时,应向承(发)包人提出协商意见。发(承)包人在收到合同价款调增(减)报告之日起14天内未确认也未提出协商意见的,应视为承(发)包人提交的合同价款调增(减)报告已被发(承)包人认可。发(承)包人提出协商意见的,承(发)包人应在收到协商意见后的14天内对其核实,予以确认的应书面通知发(承)包人。承(发)包人在收到发(承)包人的协商意见后14天内既不确认也未提出不同意见的,应视为发(承)包人提出的意见已被承(发)包人认可。

5)发包人与承包人对合同价款调整的不同意见不能达成一致的,只要对发承包双方履约不产生实质影响,双方应继续履行合同义务,直到其按照合同约定的争议解决方式得到处理。

6)经发承包双方确认调整的合同价款,作为追加(减)合同价款,应与工程进度款或结算款同期支付。

（2）法律法规变化

1)招标工程以投标截止日前28天、非招标工程以合同签订前28天为基准日,其后因国家的法律、法规、规章和政策发生变化引起工程造价增减变化的,发承包双方应按照省级或行业建设主管部门或其授权的工程造价管理机构据此发布的规定调整合同价款。

2)因承包人原因导致工期延误的,按《建设工程工程量清单计价规范》(GB 50500—2013)第9.2.1条规定的调整时间,在合同工程原定竣工时间之后,合同价款调增的不予调整,合同价款调减的予以调整。

（3）工程变更

1)因工程变更引起已标价工程量清单项目或其工程数量发生变化时,应按照下列规定调整:

①已标价工程量清单中有适用于变更工程项目的,应采用该项目的单价;但当工程变更导致该清单项目的工程数量发生变化,且工程量偏差超过15%时,该项目单价应按照《建设工程工程量清单计价规范》(GB 50500—2013)第9.6.2条的规定调整。

②已标价工程量清单中没有适用但有类似于变更工程项目的,可在合理范围内参照类似项目的单价。

③已标价工程量清单中没有适用也没有类似于变更工程项目的,应由承包人根据变更工程资料、计量规则和计价办法、工程造价管理机构发布的信息价格和承包人报价浮动率提出变更工程项目的单价,并应报发包人确认后调整。承包人报价浮动率可按下列公式计算。

招标工程:

$$承包人报价浮动率＝(1-中标价/招标控制价)×100\%$$

非招标工程:

$$承包人报价浮动率＝(1-报价值/施工图预算)×100\%$$

④已标价工程量清单中没有适用也没有类似于变更工程项目,且工程造价管理机构发布

的信息价格缺价的,应由承包人根据变更工程资料、计量规则、计价办法和通过市场调查等取得有合法依据的市场价格提出变更工程项目的单价,并应报发包人确认后调整。

2)工程变更引起施工方案改变并使措施项目发生变化时,承包人提出调整措施项目费的,应事先将拟实施的方案提交发包人确认,并应详细说明与原方案措施项目相比的变化情况。

拟实施的方案经发承包双方确认后执行,并应按照下列规定调整措施项目费:

①安全文明施工费应按照实际发生变化的措施项目依据《建设工程工程量清单计价规范》(GB 50500—2013)第3.1.5条的规定计算;

②采用单价计算的措施项目费,应按照实际发生变化的措施项目,按《建设工程工程量清单计价规范》(GB 50500—2013)第9.3.1条的规定确定单价;

③按总价(或系数)计算的措施项目费,按照实际发生变化的措施项目调整,但应考虑承包人报价浮动因素,即调整金额按照实际调整金额乘以《建设工程工程量清单计价规范》(GB 50500—2013)第9.3.1条规定的承包人报价浮动率计算。

如果承包人未事先将拟实施的方案提交给发包人确认,则应视为工程变更不引起措施项目费的调整或承包人放弃调整措施项目费的权利。

3)当发包人提出的工程变更因非承包人原因删减了合同中的某项原定工作或工程,致使承包人发生的费用或(和)得到的收益不能被包括在其他已支付或应支付的项目中,也未被包含在任何替代的工作或工程中时,承包人有权提出并应得到合理的费用及利润补偿。

(4)项目特征不符

1)发包人在招标工程量清单中对项目特征的描述,应被认为是准确的和全面的并且与实际施工要求相符合。承包人应按照发包人提供的招标工程量清单,根据项目特征描述的内容及有关要求实施合同工程,直到项目被改变为止。

2)承包人应按照发包人提供的设计图纸实施合同工程,若在合同履行期间出现设计图纸(含设计变更)与招标工程量清单任一项目的特征描述不符,且该变化引起该项目工程造价增减变化的,应按照实际施工的项目特征,按《建设工程工程量清单计价规范》(GB 50500—2013)第9.3节相关条款的规定重新确定相应工程量清单项目的综合单价,并调整合同价款。

(5)工程量清单缺项

1)合同履行期间,由于招标工程量清单中缺项,新增分部分项工程清单项目的,应按照《建设工程工程量清单计价规范》(GB 50500—2013)第9.3.1条的规定确定单价,并调整合同价款。

2)新增分部分项工程清单项目后,引起措施项目发生变化的,应按照《建设工程工程量清单计价规范》(GB 50500—2013)第9.3.2条的规定,在承包人提交的实施方案被发包人批准后调整合同价款。

3)由于招标工程量清单中措施项目缺项,承包人应将新增措施项目实施方案提交发包人批准后,按照《建设工程工程量清单计价规范》(GB 50500—2013)第9.3.1条、第9.3.2条的规定调整合同价款。

(6)工程量偏差

1)合同履行期间,当应予计算的实际工程量与招标工程量清单出现偏差,且符合《建设工程工程量清单计价规范》(GB 50500—2013)第9.6.2条、第9.6.3条规定时,发承包双方应调整合同价款。

2)对于任一招标工程量清单项目,当因本节规定的工程量偏差和第9.3节规定的工程变更等原因导致工程量偏差超过15%时,可进行调整。当工程量增加15%以上时,增加部分的工程量的综合单价应予调低;当工程量减少15％以上时,减少后剩余部分的工程量的综合单价应予调高。

3)当工程量出现《建设工程工程量清单计价规范》(GB 50500—2013)第9.6.2条的变化,且该变化引起相关措施项目相应发生变化时,按系数或单一总价方式计价的,工程量增加的措施项目费调增,工程量减少的措施项目费调减。

(7)计日工

1)发包人通知承包人以计日工方式实施的零星工作,承包人应予执行。

2)采用计日工计价的任何一项变更工作,在该项变更的实施过程中,承包人应按合同约定提交下列报表和有关凭证送发包人复核:

①工作名称、内容和数量;

②投入该工作所有人员的姓名、工种、级别和耗用工时;

③投入该工作的材料名称、类别和数量;

④投入该工作的施工设备型号、台数和耗用台时;

⑤发包人要求提交的其他资料和凭证。

3)任一计日工项目持续进行时,承包人应在该项工作实施结束后的24小时内向发包人提交有计日工记录汇总的现场签证报告一式三份。发包人在收到承包人提交现场签证报告后的2天内予以确认并将其中一份返还给承包人,作为计日工计价和支付的依据。发包人逾期未确认也未提出修改意见的,应视为承包人提交的现场签证报告已被发包人认可。

4)任一计日工项目实施结束后,承包人应按照确认的计日工现场签证报告核实该类项目的工程数量,并应根据核实的工程数量和承包人已标价工程量清单中的计日工单价计算,提出应付价款;已标价工程量清单中没有该类计日工单价的,由发承包双方按《建设工程工程量清单计价规范》(GB 50500—2013)第9.3节的规定商定计日工单价计算。

5)每个支付期末,承包人应按照《建设工程工程量清单计价规范》(GB 50500—2013)第10.3节的规定向发包人提交本期间所有计日工记录的签证汇总表,并应说明本期间自己认为有权得到的计日工金额,调整合同价款,列入进度款支付。

(8)物价变化

1)合同履行期间,因人工、材料、工程设备、机械台班价格波动影响合同价款时,应根据合同约定,按《建设工程工程量清单计价规范》(GB 50500—2013)附录A的方法调整合同价款。

2)承包人采购材料和工程设备的,应在合同中约定主要材料、工程设备价格变化的范围或幅度;当没有约定,且材料、工程设备单价变化超过5％时,超过部分的价格应按照《建设工程工程量清单计价规范》(GB 50500—2013)附录A的方法计算调整材料、工程设备费。

3)发生合同工程工期延误的,应按照下列规定确定合同履行期的价格调整:

①因非承包人原因导致工期延误的,计划进度日期后续工程的价格,应采用计划进度日期与实际进度日期两者的较高者;

②因承包人原因导致工期延误的,计划进度日期后续工程的价格,应采用计划进度日期与实际进度日期两者的较低者。

4)发包人供应材料和工程设备的,不适用《建设工程工程量清单计价规范》(GB 50500—2013)第9.8.1条、第9.8.2条规定,应由发包人按照实际变化调整,列入合同工程的工程造价内。

(9)暂估价

1)发包人在招标工程量清单中给定暂估价的材料、工程设备属于依法必须招标的,应由发承包双方以招标的方式选择供应商,确定价格,并应以此为依据取代暂估价,调整合同价款。

2)发包人在招标工程量清单中给定暂估价的材料、工程设备不属于依法必须招标的,应由承包人按照合同约定采购,经发包人确认单价后取代暂估价,调整合同价款。

3)发包人在工程量清单中给定暂估价的专业工程不属于依法必须招标的,应按照《建设工程工程量清单计价规范》(GB 50500—2013)第9.3节相应条款的规定确定专业工程价款,并应以此为依据取代专业工程暂估价,调整合同价款。

4)发包人在招标工程量清单中给定暂估价的专业工程,依法必须招标的,应当由发承包双方依法组织招标选择专业分包人,接受有管辖权的建设工程招标投标管理机构的监督,还应符合下列要求:

①除合同另有约定外,承包人不参加投标的专业工程发包招标,应由承包人作为招标人,但拟定的招标文件、评标工作、评标结果应报送发包人批准。与组织招标工作有关的费用应当被认为已经包括在承包人的签约合同价(投标总报价)中。

②承包人参加投标的专业工程发包招标,应由发包人作为招标人,与组织招标工作有关的费用由发包人承担。同等条件下,应优先选择承包人中标。

③应以专业工程发包中标价为依据取代专业工程暂估价,调整合同价款。

(10)不可抗力

1)因不可抗力事件导致的人员伤亡、财产损失及其费用增加,发承包双方应按下列原则分别承担并调整合同价款和工期:

①合同工程本身的损害、因工程损害导致第三方人员伤亡和财产损失以及运至施工场地用于施工的材料和待安装的设备的损害,应由发包人承担。

②发包人、承包人人员伤亡应由其所在单位负责,并应承担相应费用;

③承包人的施工机械设备损坏及停工损失,应由承包人承担;

④停工期间,承包人应发包人要求留在施工场地的必要的管理人员及保卫人员的费用应由发包人承担;

⑤工程所需清理、修复费用,应由发包人承担。

2)不可抗力解除后复工的,若不能按期竣工,应合理延长工期。发包人要求赶工的,赶工费用应由发包人承担。

3)因不可抗力解除合同的,应按《建设工程工程量清单计价规范》(GB 50500—2013)第12.0.2条的规定办理。

(11)提前竣工(赶工补偿)

1)招标人应依据相关工程的工期定额合理计算工期,压缩的工期天数不得超过定额工期的20%,超过者,应在招标文件中明示增加赶工费用。

2)发包人要求合同工程提前竣工的,应征得承包人同意后与承包人商定采取加快工程进度的措施,并应修订合同工程进度计划。发包人应承担承包人由此增加的提前竣工(赶工补偿)费用。

3)发承包双方应在合同中约定提前竣工每日历天应补偿额度,此项费用应作为增加合同价款列入竣工结算文件中,应与结算款一并支付。

(12)误期赔偿

1)承包人未按照合同约定施工,导致实际进度迟于计划进度的,承包人应加快进度,实现合同工期。

合同工程发生误期,承包人应赔偿发包人由此造成的损失,并应按照合同约定向发包人支付误期赔偿费。即使承包人支付误期赔偿费,也不能免除承包人按照合同约定应承担的任何责任和应履行的任何义务。

2)发承包双方应在合同中约定误期赔偿费,并应明确每日历天应赔额度。误期赔偿费应列入竣工结算文件中,并应在结算款中扣除。

3)在工程竣工之前,合同工程内的某单项(位)工程已通过了竣工验收,且该单项(位)工程接收证书中表明的竣工日期并未延误,而是合同工程的其他部分产生了工期延误时,误期赔偿费应按照已颁发工程接收证书的单项(位)工程造价占合同价款的比例幅度予以扣减。

(13)索赔

1)当合同一方向另一方提出索赔时,应有正当的索赔理由和有效证据,并应符合合同的相关约定。

2)根据合同约定,承包人认为非承包人原因发生的事件造成了承包人的损失,应按下列程序向发包人提出索赔:

①承包人应在知道或应当知道索赔事件发生后 28 天内,向发包人提交索赔意向通知书,说明发生索赔事件的事由。承包人逾期未发出索赔意向通知书的,丧失索赔的权利。

②承包人应在发出索赔意向通知书后 28 天内,向发包人正式提交索赔通知书。索赔通知书应详细说明索赔理由和要求,并应附必要的记录和证明材料。

③索赔事件具有连续影响的,承包人应继续提交延续索赔通知,说明连续影响的实际情况和记录。

④在索赔事件影响结束后的 28 天内,承包人应向发包人提交最终索赔通知书,说明最终索赔要求,并应附必要的记录和证明材料。

3)承包人索赔应按下列程序处理:

①发包人收到承包人的索赔通知书后,应及时查验承包人的记录和证明材料。

②发包人应在收到索赔通知书或有关索赔的进一步证明材料后的 28 天内,将索赔处理结果答复承包人,如果发包人逾期未作出答复,视为承包人索赔要求已被发包人认可。

③承包人接受索赔处理结果的,索赔款项应作为增加合同价款,在当期进度款中进行支付;承包人不接受索赔处理结果的,应按合同约定的争议解决方式办理。

4)承包人要求赔偿时,可以选择下列一项或几项方式获得赔偿:

①延长工期;

②要求发包人支付实际发生的额外费用;

③要求发包人支付合理的预期利润;

④要求发包人按合同的约定支付违约金。

5)当承包人的费用索赔与工期索赔要求相关联时,发包人在作出费用索赔的批准决定时,应结合工程延期,综合作出费用赔偿和工程延期的决定。

6)发承包双方在按合同约定办理了竣工结算后,应被认为承包人已无权再提出竣工结算前所发生的任何索赔。承包人在提交的最终结清申请中,只限于提出竣工结算后的索赔,提出索赔的期限应自发承包双方最终结清时终止。

7)根据合同约定,发包人认为由于承包人的原因造成发包人的损失,宜按承包人索赔的程序进行索赔。

8)发包人要求赔偿时,可以选择下列一项或几项方式获得赔偿:

①延长质量缺陷修复期限;

②要求承包人支付实际发生的额外费用;

③要求承包人按合同的约定支付违约金。

9)承包人应付给发包人的索赔金额可从拟支付给承包人的合同价款中扣除,或由承包人以其他方式支付给发包人。

（14）现场签证

1)承包人应发包人要求完成合同以外的零星项目、非承包人责任事件等工作的,发包人应及时以书面形式向承包人发出指令,并应提供所需的相关资料;承包人在收到指令后,及时向发包人提出现场签证要求。

2)承包人应在收到发包人指令后的7天内向发包人提交现场签证报告,发包人应在收到现场签证报告后的48小时内对报告内容进行核实,予以确认或提出修改意见。发包人在收到承包人现场签证报告后的48小时内未确认也未提出修改意见的,应视为承包人提交的现场签证报告已被发包人认可。

3)现场签证的工作如已有相应的计日工单价,现场签证中应列明完成该类项目所需的人工、材料、工程设备和施工机械台班的数量。

如现场签证的工作没有相应的计日工单价,应在现场签证报告中列明完成该签证工作所需的人工、材料设备和工机械台班的数量及单价。

4)合同工程发生现场签证事项,未经发包人签证确认,承包人便擅自施工的,除非征得发包人书面同意,否则发生的费用应由承包人承担。

5)现场签证工作完成后的7天内,承包人应按照现场签证内容计算价款,报送发包人确认后,作为增加合同价款,与进度款同期支付。

6)在施工过程中,当发现合同工程内容因场地条件、地质水文、发包人要求等不一致时,承包人应提供所需的相关资料,并提交发包人签证认可,作为合同价款调整的依据。

（15）暂列金额

1)已签约合同价中的暂列金额应由发包人掌握使用。

2)发包人按照《建设工程工程量清单计价规范》(GB 50500—2013)第9.1节至第9.14节的规定支付后,暂列金额余额归发包人所有。

6.合同价款期中支付

（1）预付款

1)承包人应将预付款专用于合同工程。

2)包工包料工程的预付款的支付比例不得低于签约合同价(扣除暂列金额)的10%,不宜高于签约合同价(扣除暂列金额)的30%。

3)承包人应在签订合同或向发包人提供与预付款等额的预付款保函后向发包人提交预付款支付申请。

4)发包人应在收到支付申请的7天内进行核实,向承包人发出预付款支付证书,并在签发支付证书后的7天内向承包人支付预付款。

5)发包人没有按合同约定按时支付预付款的,承包人可催告发包人支付;发包人在预付款期满后的7天内仍未支付的,承包人可在付款期满后的第8天起暂停施工。发包人应承担由此增加的费用和延误的工期,并应向承包人支付合理利润。

6)预付款应从每一个支付期应支付给承包人的工程进度款中扣回,直到扣回的金额达到合同约定的预付款金额为止。

7)承包人的预付款保函的担保金额根据预付款扣回的数额相应递减,但在预付款全部扣回之前一直保持有效。发包人应在预付款扣完后的14天内将预付款保函退还给承包人。

（2）安全文明施工费

1）安全文明施工费包括的内容和使用范围，应符合国家现行有关文件和计量规范的规定。

2）发包人应在工程开工后的 28 天内预付不低于当年施工进度计划的安全文明施工费总额的 60%，其余部分应按照提前安排的原则进行分解，并应与进度款同期支付。

3）发包人没有按时支付安全文明施工费的，承包人可催告发包人支付；发包人在付款期满后的 7 天内仍未支付的，若发生安全事故，发包人应承担相应责任。

4）承包人对安全文明施工费应专款专用，在财务账目中应单独列项备查，不得挪作他用，否则发包人有权要求其限期改正；逾期未改正的，造成的损失和延误的工期应由承包人承担。

（3）进度款

1）发承包双方应按照合同约定的时间、程序和方法，根据工程计量结果，办理期中价款结算，支付进度款。

2）进度款支付周期应与合同约定的工程计量周期一致。

3）已标价工程量清单中的单价项目，承包人应按工程计量确认的工程量与综合单价计算；综合单价发生调整的，以发承包双方确认调整的综合单价计算进度款。

4）已标价工程量清单中的总价项目和按照《建设工程工程量清单计价规范》（GB 50500—2013）第 8.3.2 条规定形成的总价合同，承包人应按合同中约定的进度款支付分解，分别列入进度款支付申请中的安全文明施工费和本周期应支付的总价项目的金额中。

5）发包人提供的甲供材料金额，应按照发包人签约提供的单价和数量从进度款支付中扣除，列入本周期应扣减的金额中。

6）承包人现场签证和得到发包人确认的索赔金额应列入本周期应增加的金额中。

7）进度款的支付比例按照合同约定，按期中结算价款总额计，不低于 60%，不高于 90%。

8）承包人应在每个计量周期到期后的 7 天内向发包人提交已完工程进度款支付申请一式四份，详细说明此周期认为有权得到的款额，包括分包人已完工程的价款。支付申请应包括下列内容：

①累计已完成的合同价款；

②累计已实际支付的合同价款；

③本周期合计完成的合同价款；

a. 本周期已完成单价项目的金额，

b. 本周期应支付的总价项目的金额，

c. 本周期已完成的计日工价款，

d. 本周期应支付的安全文明施工费，

e. 本周期应增加的金额。

④本周期合计应扣减的金额：

a. 本周期应扣回的预付款，

b. 本周期应扣减的金额。

⑤本周期实际应支付的合同价款。

9）发包人应在收到承包人进度款支付申请后的 14 天内，根据计量结果和合同约定对申请内容予以核实，确认后向承包人出具进度款支付证书。若发承包双方对部分清单项目的计量结果出现争议，发包人应对无争议部分的工程计量结果向承包人出具进度款支付证书。

10）发包人应在签发进度款支付证书后的 14 天内，按照支付证书列明的金额向承包人支付进度款。

11）若发包人逾期未签发进度款支付证书，则视为承包人提交的进度款支付申请已被发包人认可，承包人可向发包人发出催告付款的通知。发包人应在收到通知后的 14 天内，按照承包人支付申请的金额向承包人支付进度款。

12）发包人未按照《建设工程工程量清单计价规范》（GB 50500—2013）第 10.3.9～10.3.11 条的规定支付进度款的，承包人可催告发包人支付，并有权获得延迟支付的利息；发包人在付款期满后的 7 天内仍未支付的，承包人可在付款期满后的第 8 天起暂停施工。发包人应承担由此增加的费用和延误的工期，向承包人支付合理利润，并应承担违约责任

13）发现已签发的任何支付证书有错、漏或重复的数额，发包人有权予以修正，承包人也有权提出修正申请。经发承包双方复核同意修正的，应在本次到期的进度款中支付或扣除。

7. 竣工结算与支付

（1）一般规定

1）工程完工后，发承包双方必须在合同约定时间内办理工程竣工结算。

2）工程竣工结算应由承包人或受其委托具有相应资质的工程造价咨询人编制，并应由发包人或受其委托具有相应资质的工程造价咨询人核对。

3）当发承包双方或一方对工程造价咨询人出具的竣工结算文件有异议时，可向工程造价管理机构投诉，申请对其进行执业质量鉴定。

4）工程造价管理机构对投诉的竣工结算文件进行质量鉴定，宜按《建设工程工程量清单计价规范》（GB 50500—2013）第 14 章相关规定进行。

5）竣工结算办理完毕，发包人应将竣工结算文件报送工程所在地或有该工程管辖权的行业管理部门的工程造价管理机构备案，竣工结算文件应作为工程竣工验收备案、交付使用的必备文件。

（2）编制与复核

1）工程竣工结算应根据下列依据编制和复核：

①《建设工程工程量清单计价规范》（GB 50500—2013）；

②工程合同；

③发承包双方实施过程中已确认的工程量及其结算的合同价款；

④发承包双方实施过程中已确认调整后追加（减）的合同价款；

⑤建设工程设计文件及相关资料；

⑥投标文件；

⑦其他依据。

2）分部分项工程和措施项目中的单价项目应依据发承包双方确认的工程量与已标价工程量清单的综合单价计算；发生调整的，应以发承包双方确认调整的综合单价计算。

3）措施项目中的总价项目应依据已标价工程量清单的项目和金额计算；发生调整的，应以发承包双方确认调整的金额计算，其中安全文明施工费应按《建设工程工程量清单计价规范》（GB 50500—2013）第 3.1.5 条的规定计算。

4）其他项目应按下列规定计价：

①计日工应按发包人实际签证确认的事项计算；

②暂估价应按《建设工程工程量清单计价规范》（GB 50500—2013）第 9.10 节的规定计算；

③总承包服务费应依据已标价工程量清单的金额计算；发生调整的，应以发承包双方确认调整的金额计算；

④索赔费用应依据发承包双方确认的索赔事项和金额计算;

⑤现场签证费用应依据发承包双方签证资料确认的金额计算;

⑥暂列金额应减去合同价款调整(包括索赔、现场签证)金额计算,如有余额归发包人。

5)规费和税金应按《建设工程工程量清单计价规范》(GB 50500—2013)第 3.1.6 条的规定计算。规费中的工程排污费应按工程所在地环境保护部门规定的标准缴纳后按实列入。

6)发承包双方在合同工程实施过程中已经确认的工程计量结果和合同价款,在竣工结算办理中应直接进入结算。

(3)竣工结算

1)合同工程完工后,承包人应在经发承包双方确认的合同工程期中价款结算的基础上汇总编制完成竣工结算文件,并应在提交竣工验收申请的同时向发包人提交竣工结算文件。

承包人未在合同约定的时间内提交竣工结算文件,经发包人催告后 14 天内仍未提交或没有明确答复的,发包人有权根据已有资料编制竣工结算文件,作为办理竣工结算和支付结算款的依据,承包人应予以认可。

2)发包人应在收到承包人提交的竣工结算文件后的 28 天内核对。发包人经核对,认为承包人还应进一步补充资料和修改结算文件,应在上述时限向承包人提出核实意见,承包人在收到核实意见后的 28 天内应按照发包人提出的合理要求补充资料,修改竣工结算文件,并应再次提交给发包人复核后批准。

3)发包人应在收到承包人再次提交的竣工结算文件后的 28 天内予以复核,将复核结果通知承包人,并应遵守下列规定:

①发包人、承包人对复核结果无异议的,应在 7 天内在竣工结算文件上签字确认,竣工结算办理完毕;

②发包人或承包人对复核结果认为有误的,无异议部分按照本条第 1 款规定办理不完全竣工结算;有异议部分由发承包双方协商解决;协商不成的,应按照合同约定的争议解决方式处理。

4)发包人在收到承包人竣工结算文件后的 28 天内,不核对竣工结算或未提出核对意见的,应视为承包人提交的竣工结算文件已被发包人认可,竣工结算办理完毕。

5)承包人在收到发包人提出的核实意见后的 28 天内,不确认也未提出异议的,应视为发包人提出的核实意见已被承包人认可,竣工结算办理完毕。

6)发包人委托工程造价咨询人核对竣工结算的,工程造价咨询人应在 28 天内核对完毕,核对结论与承包人竣工结算文件不一致的,应提交给承包人复核;承包人应在 14 天内将同意核对结论或不同意见的说明提交工程造价咨询人。工程造价咨询人收到承包人提出的异议后,应再次复核,复核无异议的,应按《建设工程工程量清单计价规范》(GB 50500—2013)第 11.3.3 条第 1 款的规定办理,复核后仍有异议的,应按《建设工程工程量清单计价规范》(GB 50500—2013)第 11.3.3 条第 2 款规定办理。

承包人逾期未提出书面异议的,应视为工程造价咨询人核对的竣工结算文件已经承包人认可。

7)对发包人或发包人委托的工程造价咨询人指派的专业人员与承包人指派的专业人员经核对后无异议并签名确认的竣工结算文件,除非发承包人能提出具体、详细的不同意见,发承包人都应在竣工结算文件上签名确认,如其中一方拒不签认的,按下列规定办理:

①若发包人拒不签认的,承包人可不提供竣工验收备案资料,并有权拒绝与发包人或其上级部门委托的工程造价咨询人重新核对竣工结算文件;

②若承包人拒不签认的,发包人要求办理竣工验收备案的,承包人不得拒绝提供竣工验收

资料,否则,由此造成的损失,承包人承担相应责任。

8)合同工程竣工结算核对完成,发承包双方签字确认后,发包人不得要求承包人与另一个或多个工程造价咨询人重复核对竣工结算。

9)发包人对工程质量有异议,拒绝办理工程竣工结算的,已竣工验收或已竣工未验收但实际投入使用的工程,其质量争议应按该工程保修合同执行,竣工结算应按合同约定办理;已竣工未验收且未实际投入使用的工程以及停工、停建工程的质量争议,双方应就有争议的部分委托有资质的检测鉴定机构进行检测,并应根据检测结果确定解决方案,或按工程质量监督机构的处理决定执行后办理竣工结算,无争议部分的竣工结算应按合同约定办理。

(4)结算款支付

1)承包人应根据办理的竣工结算文件向发包人提交竣工结算款支付申请。申请应包括下列内容:

①竣工结算合同价款总额;

②累计已实际支付的合同价款;

③应预留的质量保证金;

④实际应支付的竣工结算款金额。

2)发包人应在收到承包人提交竣工结算款支付申请后7天内予以核实,向承包人签发竣工结算支付证书。

3)发包人签发竣工结算支付证书后的14天内,应按照竣工结算支付证书列明的金额向承包人支付结算款。

4)发包人在收到承包人提交的竣工结算款支付申请后7天内不予核实,不向承包人签发竣工结算支付证书的,应视为承包人的竣工结算款支付申请已被发包人认可;发包人应在收到承包人提交的竣工结算款支付申请7天后的14天内,按照承包人提交的竣工结算款支付申请列明的金额向承包人支付结算款。

5)发包人未按照《建设工程工程量清单计价规范》(GB 50500—2013)第11.4.3条、第11.4.4条规定支付竣工结算款的,承包人可催告发包人支付,并有权获得延迟支付的利息。发包人在竣工结算支付证书签发后或者在收到承包人提交的竣工结算款支付申请7天后的56天内仍未支付的,除法律另有规定外,承包人可与发包人协商将该工程折价,也可直接向人民法院申请将该工程依法拍卖。承包人应就该工程折价或拍卖的价款优先受偿。

(5)质量保证金

1)发包人应按照合同约定的质量保证金比例从结算款中预留质量保证金。

2)承包人未按照合同约定履行属于自身责任的工程缺陷修复义务的,发包人有权从质量保证金中扣除用于缺陷修复的各项支出。经查验,工程缺陷属于发包人原因造成的,应由发包人承担查验和缺陷修复的费用。

3)在合同约定的缺陷责任期终止后,发包人应按照《建设工程工程量清单计价规范》(GB 50500—2013)第11.6节的规定,将剩余的质量保证金返还给承包人。

(6)最终结算

1)缺陷责任期终止后,承包人应按照合同约定向发包人提交最终结清支付申请。发包人对最终结清支付申请有异议的,有权要求承包人进行修正和提供补充资料。承包人修正后,应再次向发包人提交修正后的最终结清支付申请。

2)发包人应在收到最终结清支付申请后的14天内予以核实,并应向承包人签发最终结清支付证书。

3)发包人应在签发最终结清支付证书后的 14 天内,按照最终结清支付证书列明的金额向承包人支付最终结清款。

4)发包人未在约定的时间内核实,又未提出具体意见的,应视为承包人提交的最终结清支付申请已被发包人认可。

5)发包人未按期最终结清支付的,承包人可催告发包人支付,并有权获得延迟支付的利息。

6)最终结清时,承包人被预留的质量保证金不足以抵减发包人工程缺陷修复费用的,承包人应承担不足部分的补偿责任。

7)承包人对发包人支付的最终结清款有异议的,应按照合同约定的争议解决方式处理。

8. 合同解除的价款结算与支付

1)发承包双方协商一致解除合同的,应按照达成的协议办理结算和支付合同价款。

2)由于不可抗力致使合同无法履行解除合同的,发包人应向承包人支付合同解除之日前已完成工程但尚未支付的合同价款,此外,还应支付下列金额:

①《建设工程工程量清单计价规范》(GB 50500—2013)第 9. 11.1 条规定的应由发包人承担的费用;

②已实施或部分实施的措施项目应付价款;

③承包人为合同工程合理订购且已交付的材料和工程设备货款;

④承包人撤离现场所需的合理费用,包括员工遣送费和临时工程拆除、施工设备运离现场的费用;

⑤承包人为完成合同工程而预期开支的任何合理费用,且该项费用未包括在本款其他各项支付之内。

发承包双方办理结算合同价款时,应扣除合同解除之日前发包人应向承包人收回的价款。当发包人应扣除的金额超过了应支付的金额,承包人应在合同解除后的 56 天内将其差额退还给发包人。

3)因承包人违约解除合同的,发包人应暂停向承包人支付任何价款。发包人应在合同解除后 28 天内核实合同解除时承包人已完成的全部合同价款以及按施工进度计划已运至现场的材料和工程设备货款,按合同约定核算承包人应支付的违约金以及造成损失的索赔金额,并将结果通知承包人。发承包双方应在 28 天内予以确认或提出意见,并办理结算合同价款。如果发包人应扣除的金额超过了应支付的金额,承包人应在合同解除后的 56 天内将其差额退还给发包人。发承包双方不能就解除合同后的结算达成一致的,按照合同约定的争议解决方式处理。

4)因发包人违约解除合同的,发包人除应按照《建设工程工程量清单计价规范》(GB 50500—2013)第 12.0.2 条的规定向承包人支付各项价款外,应按合同约定核算发包人应支付的违约金以及给承包人造成损失或损害的索赔金额费用。该笔费用应由承包人提出,发包人核实后应与承包人协商确定后的 7 天内向承包人签发支付证书。协商不能达成一致的,应按照合同约定的争议解决方式处理。

9. 合同价款争议的解决

(1)监理或造价工程师暂定

1)若发包人和承包人之间就工程质量、进度、价款支付与扣除、工期延期、索赔、价款调整等发生任何法律上、经济上或技术上的争议,首先应根据已签约合同的规定,提交合同约定职责范围内的总监理工程师或造价工程师解决,并应抄送另一方。总监理工程师或造价工程师在收到此提交件后 14 天内应将暂定结果通知发包人和承包人。发承包双方对暂定结果认可的,应以书面形式予以确认,暂定结果成为最终决定。

2) 发承包双方在收到总监理工程师或造价工程师的暂定结果通知之后的 14 天内未对暂定结果予以确认也未提出不同意见的,应视为发承包双方已认可该暂定结果。

3) 发承包双方或一方不同意暂定结果的,应以书面形式向总监理工程师或造价工程师提出,说明自己认为正确的结果,同时抄送另一方,此时该暂定结果成为争议。在暂定结果对发承包双方当事人履约不产生实质影响的前提下,发承包双方应实施该结果,直到按照发承包双方认可的争议解决办法被改变为止。

(2) 管理机构的解释或认定

1) 合同价款争议发生后,发承包双方可就工程计价依据的争议以书面形式提请工程造价管理机构对争议以书面文件进行解释或认定。

2) 工程造价管理机构应在收到申请的 10 个工作日内就发承包双方提请的争议问题进行解释或认定。

3) 发承包双方或一方在收到工程造价管理机构书面解释或认定后仍可按照合同约定的争议解决方式提请仲裁或诉讼。除工程造价管理机构的上级管理部门作出了不同的解释或认定,或在仲裁裁决或法院判决中不予采信的外,工程造价管理机构作出的书面解释或认定应为最终结果,并应对发承包双方均有约束力。

(3) 协商和解

1) 合同价款争议发生后,发承包双方任何时候都可以进行协商。协商达成一致的,双方应签订书面和解协议,和解协议对发承包双方均有约束力。

2) 如果协商不能达成一致协议,发包人或承包人都可以按合同约定的其他方式解决争议。

(4) 调节

1) 发承包双方应在合同中约定或在合同签订后共同约定争议调解人,负责双方在合同履行过程中发生争议的调解。

2) 合同履行期间,发承包双方可协议调换或终止任何调解人,但发包人或承包人都不能单独采取行动。除非双方另有协议,在最终结清支付证书生效后,调解人的任期应即终止。

3) 如果发承包双方发生了争议,任何一方可将该争议以书面形式提交调解人,并将副本抄送另一方,委托调解人调解。

4) 发承包双方应按照调解人提出的要求,给调解人提供所需要的资料、现场进入权及相应设施。调解人应被视为不是在进行仲裁人的工作。

5) 调解人应在收到调解委托后 28 天内或由调解人建议并经发承包双方认可的其他期限内提出调解书,发承包双方接受调解书的,经双方签字后作为合同的补充文件,对发承包双方均具有约束力,双方都应立即遵照执行。

6) 当发承包双方中任一方对调解人的调解书有异议时,应在收到调解书后 28 天内向另一方发出异议通知,并应说明争议的事项和理由。但除非并直到调解书在协商和解或仲裁裁决、诉讼判决中作出修改,或合同已经解除,承包人应继续按照合同实施工程。

7) 当调解人已就争议事项向发承包双方提交了调解书,而任一方在收到调解书后 28 天内均未发出表示异议的通知时,调解书对发承包双方应均具有约束力。

(5) 仲裁、诉讼

1) 发承包双方的协商和解或调解均未达成一致意见,其中的一方已就此争议事项根据合同约定的仲裁协议申请仲裁,应同时通知另一方。

2) 仲裁可在竣工之前或之后进行,但发包人、承包人、调解人各自的义务不得因在工程实施期间进行仲裁而有所改变。当仲裁是在仲裁机构要求停止施工的情况下进行时,承包人应对合同工程采取保护措施,由此增加的费用应由败诉方承担。

3)在《建设工程工程量清单计价规范》(GB 50500—2013)第13.1节至第13.4节规定的期限之内,暂定或和解协议或调解书已经有约束力的情况下,当发承包中一方未能遵守暂定或和解协议或调解书时,另一方可在不损害他可能具有的任何其他权利的情况下,将未能遵守暂定或不执行和解协议或调解书达成的事项提交仲裁。

4)发包人、承包人在履行合同时发生争议,双方不愿和解、调解或者和解、调解不成,又没有达成仲裁协议的,可依法向人民法院提起诉讼。

10. 工程造价鉴定

(1)一般规定

1)在工程合同价款纠纷案件处理中,需作工程造价司法鉴定的,应委托具有相应资质的工程造价咨询人进行。

2)工程造价咨询人接受委托提供工程造价司法鉴定服务,应按仲裁、诉讼程序和要求进行,并应符合国家关于司法鉴定的规定。

3)工程造价咨询人进行工程造价司法鉴定时,应指派专业对口、经验丰富的注册造价工程师承担鉴定工作。

4)工程造价咨询人应在收到工程造价司法鉴定资料后10天内,根据自身专业能力和证据资料判断能否胜任该项委托,如不能,应辞去该项委托。工程造价咨询人不得在鉴定期满后以上述理由不作出鉴定结论,影响案件处理。

5)接受工程造价司法鉴定委托的工程造价咨询人或造价工程师如是鉴定项目一方当事人的近亲属或代理人、咨询人以及其他关系可能影响鉴定公正的,应当自行回避;未自行回避,鉴定项目委托人以该理由要求其回避的,必须回避。

6)工程造价咨询人应当依法出庭接受鉴定项目当事人对工程造价司法鉴定意见书的质询。如确因特殊原因无法出庭的,经审理该鉴定项目的仲裁机关或人民法院准许,可以书面形式答复当事人的质询。

(2)取证

1)工程造价咨询人进行工程造价鉴定工作时,应自行收集以下(但不限于)鉴定资料:

①适用于鉴定项目的法律、法规、规章、规范性文件以及规范、标准、定额;

②鉴定项目同时期同类型工程的技术经济指标及其各类要素价格等。

2)工程造价咨询人收集鉴定项目的鉴定依据时,应向鉴定项目委托人提出具体书面要求,其内容包括:

①与鉴定项目相关的合同、协议及其附件;

②相应的施工图纸等技术经济文件;

③施工过程中的施工组织、质量、工期和造价等工程资料;

④存在争议的事实及各方当事人的理由;

⑤其他有关资料。

3)工程造价咨询人在鉴定过程中要求鉴定项目当事人对缺陷资料进行补充的,应征得鉴定项目委托人同意,或者协调鉴定项目各方当事人共同签认。

4)根据鉴定工作需要现场勘验的,工程造价咨询人应提请鉴定项目委托人组织各方当事人对被鉴定项目所涉及的实物标的进行现场勘验。

5)勘验现场应制作勘验记录、笔录或勘验图表,记录勘验的时间、地点、勘验人、在场人、勘验经过、结果,由勘验人、在场人签名或者盖章确认。绘制的现场图应注明绘制的时间、测绘人姓名等内容。必要时应采取拍照或摄像取证,留下影像资料。

6)鉴定项目当事人未对现场勘验图表或勘验笔录等签字确认的,工程造价咨询人应提请鉴定项目委托人决定处理意见,并在鉴定意见书中作出表述。

(3)鉴定

1)工程造价咨询人在鉴定项目合同有效的情况下应根据合同约定进行鉴定,不得任意改变双方合法的合意。

2)工程造价咨询人在鉴定项目合同无效或合同条款约定不明确的情况下应根据法律法规、相关国家标准和《建设工程工程量清单计价规范》(GB 50500—2013)的规定,选择相应专业工程的计价依据和方法进行鉴定。

3)工程造价咨询人出具正式鉴定意见书之前,可报请鉴定项目委托人向鉴定项目各方当事人发出鉴定意见书征求意见稿,并指明应书面答复的期限及其不答复的相应法律责任。

4)工程造价咨询人收到鉴定项目各方当事人对鉴定意见书征求意见稿的书面复函后,应对不同意见认真复核,修改完善后再出具正式鉴定意见书。

5)工程造价咨询人出具的工程造价鉴定书应包括下列内容:

①鉴定项目委托人名称、委托鉴定的内容;

②委托鉴定的证据材料;

③鉴定的依据及使用的专业技术手段;

④对鉴定过程的说明;

⑤明确的鉴定结论;

⑥其他需说明的事宜;

⑦工程造价咨询人盖章及注册造价工程师签名盖执业专用章。

6)工程造价咨询人应在委托鉴定项目的鉴定期限内完成鉴定工作,如确因特殊原因不能在原定期限内完成鉴定工作时,应按照相应法规提前向鉴定项目委托人申请延长鉴定期限,并应在此期限内完成鉴定工作。

经鉴定项目委托人同意等待鉴定项目当事人提交、补充证据的,质证所用的时间不应计入鉴定期限。

7)对于已经出具的正式鉴定意见书中有部分缺陷的鉴定结论,工程造价咨询人应通过补充鉴定作出补充结论。

11. 工程计价资料与档案

(1)计价资料

1)发承包双方应当在合同中约定各自在合同工程中现场管理人员的职责范围,双方现场管理人员在职责范围内签字确认的书面文件是工程计价的有效凭证,但如有其他有效证据或经实证证明其是虚假的除外。

2)发承包双方不论在何种场合对与工程计价有关的事项所给予的批准、证明、同意、指令、商定、确定、确认、通知和请求,或表示同意、否定、提出要求和意见等,均应采用书面形式,口头指令不得作为计价凭证。

3)任何书面文件送达时,应由对方签收,通过邮寄应采用挂号、特快专递传送,或以发承包双方商定的电子传输方式发送,交付、传送或传输至指定的接收入的地址。如接收入通知了另外地址时,随后通信信息应按新地址发送。

4)发承包双方分别向对方发出的任何书面文件,均应将其抄送现场管理人员,如系复印件应加盖合同工程管理机构印章,证明与原件相同。双方现场管理人员向对方所发任何书面文件,也应将其复印件发送给发承包双方,复印件应加盖合同工程管理机构印章,证明与原件相同。

5)发承包双方均应当及时签收另一方送达其指定接收地点的来往信函,拒不签收的,送达信函的一方可以采用特快专递或者公证方式送达,所造成的费用增加(包括被迫采用特殊送达方式所发生的费用)和延误的工期由拒绝签收一方承担。

6)书面文件和通知不得扣压,一方能够提供证据证明另一方拒绝签收或已送达的,应视为对方已签收并应承担相应责任。

(2)计价档案

1)发承包双方以及工程造价咨询人对具有保存价值的各种载体的计价文件,均应收集齐全,整理立卷后归档。

2)发承包双方和工程造价咨询人应建立完善的工程计价档案管理制度,并应符合国家和有关部门发布的档案管理相关规定。

3)工程造价咨询人归档的计价文件,保存期不宜少于五年。

4)归档的工程计价成果文件应包括纸质原件和电子文件,其他归档文件及依据可为纸质原件、复印件或电子文件。

5)归档文件应经过分类整理,并应组成符合要求的案卷。

6)归档可以分阶段进行,也可以在项目竣工结算完成后进行。

7)向接受单位移交档案时,应编制移交清单,双方应签字、盖章后方可交接。

工程量清单编制

工程量清单是招标文件的组成部分,是招标人发出的一套注有拟建工程各实物工程名称、性质、特征、单位、数量及开办税费等相关表格组成的文件。

一、工程量清单的概念与编制

1. 工程量清单的概念

工程量清单是表现拟建工程的分部分项工程项目、措施项目、其他项目名称和相应数量的明细清单。是按照招标要求和施工设计图纸要求规定拟建工程的全部项目和内容,依据统一的计算规则、统一的工程量清单项目编制规则要求,计算拟建工程分部分项工程数量的表格。

在理解工程量清单的概念时,首先注意到,工程量清单是一份招标人提供的文件,编制人是招标人或委托具有资质的中介机构。其次,在性质上说,工程量清单是招标文件的组成部分,一经中标且签定合同,即成为合同的组成部分。因此,无论招标人还是投标人都要慎重对待。再次,工程量清单的描述对象是拟建工程,其内容涉及清单项目的性质、数量等,并以表格为主要表现形式。

2. 工程量清单的内容

工程量清单是招标文件的重要组成部分,一个最基本的功能是作为信息的载体,以便投标人能对工程有全面充分的了解。从这个意义上讲,工程量清单的内容应全面、准确。以建设部颁发的《房屋建筑和市政基础设施工程招标文件范本》为例,工程量清单主要包括工程量清单说明和工程量清单表两部分。

(1) 工程量清单说明

工程量清单说明主要是招标人解释拟招标工程的工程量清单的编制依据,明确清单中的工程量是招标人估算得出的,仅仅作为投标报价的基础,结算时的工程量应以招标人或由其授权委托的监理工程师核准的实际完成量为依据,提示投标申请人重视清单,以及如何使用清单。

(2)工程量清单表

工程量清单表作为清单项目和工程数量的载体,是工程量清单的重要组成部分。工程量清单表格式见表5-1。

表5-1 工程量清单

工程名称: 　　　　　　　　　　　　　　　　　　　　　第 页 共 页

序号	项目编码	项目名称	计量单位	工程数量
一		分部工程名称		
1		分项工程名称		
2				
...				
二		分部工程名称		
1		分项工程名称		
2				
...				

合理的清单项目设置和准确的工程数量,是清单计价的前提和基础。对于招标人而言,工程量清单是进行投资控制的前提和基础,工程量清单表编制的质量直接关系和影响到工程建设的最终结果。

3.工程量清单的标准格式

(1)工程计价表宜采用统一格式。各省、自治区、直辖市建设行政主管部门和行业建设主管部门可根据本地区、本行业的实际情况,在《建设工程工程量清单计价规范》(GB 50500—2013)附录B至附录L计价表格的基础上补充完善(表5-2～表5-41)。

(2)工程计价表格的设置应满足工程计价的需要,方便使用。

(3)工程量清单的编制应符合下列规定:

1)工程量清单编制使用表格包括:表5-2、表5-7、表5-12、表5-19、表5-22、表5-23、表5-24、表5-25、表5-26、表5-27、表5-28、表5-32、表5-39、表5-40、表5-41。

2)扉页应按规定的内容填写、签字、盖章,由造价员编制的工程量清单应有负责审核的造价工程师签字、盖章。受委托编制的工程量清单,应有造价工程师签字、盖章以及工程造价咨询人盖章。

3)总说明应按下列内容填写。

①工程概况:建设规模、工程特征、计划工期、施工现场实际情况、自然地理条件、环境保护要求等。

②工程招标和专业工程发包范围。

③工程量清单编制依据。

④工程质量、材料、施工等的特殊要求。

⑤其他需要说明的问题。

(4)招标控制价、投标报价、竣工结算的编制应符合下列规定。

1)使用表格：

①招标控制价使用表格包括：表 5-3、表 5-8、表 5-12、表 5-13、表 5-14、表 5-15、表 5-19、表 5-20、表 5-22、表 5-23、表 5-24、表 5-25、表 5-26、表 5-27、表 5-28、表 5-32、表 5-39、表 5-40、表 5-41。

②投标报价使用的表格包括：表 5-4、表 5-9、表 5-12、表 5-13、表 5-14、表 5-15、表 5-19、表 5-20、表 5-22、表 5-23、表 5-24、表 5-25、表 5-26、表 5-27、表 5-28、表 5-32、表 5-35、招标文件提供的表 5-39、表 5-40、表 5-41。

③竣工结算使用的表格包括：表 5-5、表 5-10、表 5-12、表 5-16、表 5-17、表 5-18、表 5-19、表 5-20、表 5-21、表 5-22、表 5-23、表 5-24、表 5-25、表 5-26、表 5-27、表 5-28、表 5-29、表 5-30、表 5-31、表 5-32、表 5-33、表 5-34、表 5-35、表 5-36、表 5-37、表 5-38、表 5-39、表 5-40、表 5-41。

2)扉页应按规定的内容填写、签字、盖章，除承包人自行编制的投标报价和竣工结算外，受委托编制的招标控制价、投标报价、竣工结算，由造价员编制的应有负责审核的造价工程师签字、盖章以及工程造价咨询人盖章。

3)总说明应按下列内容填写。

①工程概况：建设规模、工程特征、计划工期、合同工期、实际工期、施工现场及变化情况、施工组织设计的特点、自然地理条件、环境保护要求等。

②编制依据等。

(5)工程造价鉴定应符合下列规定。

1)工程造价鉴定使用表格包括：表 5-6、表 5-11、表 5-12、表 5-16～表 5-39、表 5-40 或表 5-41。

2)扉页应按规定内容填写、签字、盖章，应有承担鉴定和负责审核的注册造价工程师签字、盖执业专用章。

3)说明应按《建设工程工程量清单计价规范》(GB 50500—2013)第 14.3.5 条第 1 至 6 款的规定填写。

(6) 投标人应按招标文件的要求，附工程量清单综合单价分析表。

4. 工程量清单编制一般规定

1)招标工程量清单应由具有编制能力的招标人或受其委托、具有相应资质的工程造价咨询人编制。

2)招标工程量清单必须作为招标文件的组成部分，其准确性和完整性应由招标人负责。

3)招标工程量清单是工程量清单计价的基础，应作为编制招标控制价、投标报价、计算或调整工程量、索赔等的依据之一。

4)招标工程量清单应以单位(项)工程为单位编制，应由分部分项工程项目清单、措施项目清单、其他项目清单、规费和税金项目清单组成。

5. 工程量清单编制的依据

1)《建设工程工程量清单计价规范》(GB 50500—2013)和相关工程的国家计量规范；

2)国家或省级、行业建设主管部门颁发的计价定额和办法；

3)建设工程设计文件及相关资料；

4)与建设工程有关的标准、规范、技术资料；

5)拟定的招标文件；

6)施工现场情况、地勘水文资料、工程特点及常规施工方案；

7)其他相关资料。

工程计价文件封面

表 5-2 招标工程量清单封面

_____工程

招标工程量清单

招　标　人：_____
（单位盖章）

造价咨询人：_____
（单位盖章）

年　月　日

表 5-3　招标控制价封面

_____工程

招标控制价

招　标　人：_____

（单位盖章）

造价咨询人：_____

（单位盖章）

年　月　日

表 5-4 投标总价封面

_____工程

投标总价

投 标 人:_____

（单位盖章）

年 月 日

表 5-5 竣工结算书封面

　　　　　　　　　　　工程

竣工结算书

发 包 人：＿＿＿＿＿＿＿＿＿

（单位盖章）

承 包 人：＿＿＿＿＿＿＿＿＿

（单位盖章）

造价咨询人：＿＿＿＿＿＿＿＿＿

（单位盖章）

年　月　日

表 5-6　工程造价鉴定意见书封面

_____工程

编号：×××[2×××]××号

工程造价鉴定意见书

造价咨询人：_____

（单位盖章）

年　月　日

工程计价文件扉页

表 5-7　招标工程量清单扉页

_____工程

招标工程量清单

招　标　人：_____
　　　　　　（单位盖章）

造价咨询人：_____
　　　　　　　（单位资质专用章）

法定代表人
或其授权人：_____
　　　　　　（签字或盖章）

法定代表人
或其授权人：_____
　　　　　　　（签字或盖章）

编　制　人：_____
　　　　（造价人员签字盖专用章）

复　核　人：_____
　　　　　（造价工程师签字盖专用章）

编制时间：　　年　　月　　日

复核时间：　　年　　月　　日

表 5-8　招标控制价扉页

_____工程

招标控制价

招标控制价(小写):_____

（大写）:_____

招　标　人:_____　　　　　造价咨询人:_____

（单位盖章）　　　　　　　　　　　　（单位资质专用章）

法定代表人　　　　　　　　　　　　　　法定代表人
或其授权人:_____　　　　或其授权人:_____

（签字或盖章）　　　　　　　　　　　（签字或盖章）

编　制　人:_____　　　　复　核　人:_____

（造价人员签字盖专用章）　　　　　　　（造价工程师签字盖专用章）

编制时间:　　年　　月　　日　　　　　　复核时间:　　年　　月　　日

表 5-9 投标总价扉页

投标总价

招　标　人：＿＿＿＿＿＿＿＿＿＿＿＿＿＿＿＿＿＿＿＿＿

工 程 名 称：＿＿＿＿＿＿＿＿＿＿＿＿＿＿＿＿＿＿＿＿＿

投标总价(小写)：＿＿＿＿＿＿＿＿＿＿＿＿＿＿＿＿＿＿＿

　　　　(大写)：＿＿＿＿＿＿＿＿＿＿＿＿＿＿＿＿＿＿＿

投　标　人：＿＿＿＿＿＿＿＿＿＿＿＿＿＿＿＿＿＿＿＿＿

　　　　　　(单位盖章)

法定代表人

或其授权人：＿＿＿＿＿＿＿＿＿＿＿＿＿＿＿＿＿＿＿＿＿

　　　　　　(签字或盖章)

编　制　人：＿＿＿＿＿＿＿＿＿＿＿＿＿＿＿＿＿＿＿＿＿

　　　　　　(造价人员签字盖专用章)

时　　　间：　　年　月　日

表 5-10　竣工结算总价扉页

_____工程

竣工结算总价

签约合同价(小写)：_____　　　(大写)：_____

竣工结算价(小写)：_____　　　(大写)：_____

发 包 人：_____　　　承 包 人：_____　　　造价咨询人：_____

　　(单位盖章)　　　　　　　　(单位盖章)　　　　　　　(单位资质专用章)

法定代表人　　　　　　　法定代表人　　　　　　　法定代表人

或其授权人：_____　　或其授权人：_____　　或其授权人：_____

　　(签字或盖章)　　　　　　　(签字或盖章)　　　　　　　(签字或盖章)

编 制 人：_____　　　　核 对 人：_____

　　(造价人员签字盖专用章)　　　　　　　(造价工程师签字盖专用章)

编制时间：　　年　月　日　　　　　　　核对时间：　　年　月　日

表 5-11　工程造价鉴定意见书扉页

_____工程

工程造价鉴定意见书

鉴 定 结 论：

造价咨询人：_____

（盖单位章及资质专用章）

法定代表人：_____

（签字或盖章）

造价工程师：_____

（签字盖专用章）

年　　月　　日

表 5-12 工程计价总说明

总 说 明

工程名称：   第 页 共 页

工程计价总汇表

表 5-13　建设项目招标控制价/投标报价汇总表

工程名称：　　　　　　　　　　　　　　　　　　　　　　　　　第　页　共　页

序号	单项工程名称	金额(元)	其中:(元)		
			暂估价	安全文明施工费	规费
	合　计				

注:本表适用于建设项目招标控制价或投标报价的汇总。

表 5-14 单项工程招标控制价/投标报价汇总表

工程名称：　　　　　　　　　　　　　　　　　　　　　　　　　　　第　页　共　页

序号	单项工程名称	金额(元)	其中:(元)		
			暂估价	安全文明施工费	规费
	合　计				

注:本表适用于单项工程招标控制价或投标报价的汇总。暂估价包括分部分项工程中的暂估价和专业工程暂估价。

表 5-15 单位工程招标控制价/投标报价汇总表

工程名称： 标段： 第 页 共 页

序号	汇总内容	金额(元)	其中:暂估价(元)
1	分部分项工程		
1.1			
1.2			
1.3			
1.4			
1.5			
2	措施项目		
2.1	其中:安全文明施工费		
3	其他项目		
3.1	其中:暂列金额		
3.2	其中:专业工程暂估价		
3.3	其中:计日工		
3.4	其中:总承包服务费		
4	规费		
5	税金		
招标控制价合计＝1＋2＋3＋4＋5			

注:本表适用于单位工程招标控制价或投标报价的汇总,如无单位工程划分,单项工程也使用本表汇总。

表 5-16 建设项目竣工结算汇总表

工程名称：　　　　　　　　　　　　　　　　　　　　　　　第　页　共　页

序号	单项工程名称	金额(元)	其中：(元)	
			安全文明施工费	规费
	合　计			

表 5-17 单项工程竣工结算汇总表

工程名称：　　　　　　　　　　　　　　　　　　　　　　　　第 页 共 页

序号	单项工程名称	金额(元)	其中:(元)	
			安全文明施工费	规费
	合 计			

表 5-18 单位工程竣工结算汇总表

工程名称： 标段： 第 页 共 页

序号	汇 总 内 容	金额/元
1	分部分项工程	
1.1		
1.2		
1.3		
1.4		
1.5		
2	措施项目	
2.1	其中:安全文明施工费	
3	其他项目	
3.1	其中:专业工程暂估价	
3.2	其中:计日工	
3.3	其中:总承包服务费	
3.4	其中:索赔与现场签证	
4	规费	
5	税金	
招标控制价合计＝1＋2＋3＋4＋5		

注:如无单位工程划分,单项工程也使用本表汇总。

分部分项工程和措施项目计价表

表 5-19 分部分项工程和措施项目清单与计价表

工程名称：　　　　　　　　　　　　　标段：　　　　　　　　　第 页 共 页

序号	项目编码	项目名称	项目特征描述	计量单位	工程量	金额（元）		
						综合单价	合价	其中
								暂估价
本页小计								
合　计								

注：为计取规费等的使用，可在表中增设其中："定额人工费"。

表 5-20　综合单价分析表

工程名称：　　　　　　　　　　标段：　　　　　　　　　第　页　共　页

项目编码		项目名称		计量单位		工程量	
清单综合单价组成明细							
定额编号	定额项目名称	定额单位	数量	单　价				合　价			
				人工费	材料费	机械费	管理费和利润	人工费	材料费	机械费	管理费和利润
人工单价			小　计								
元/工日			未计价材料费								
清单项目综合单价											
材料费明细	主要材料名称、规格、型号			单位	数量	单价（元）	合价（元）	暂估单价(元)	暂估合价（元）
	其他材料费					—		—	
	材料费小计					—		—	

注：1. 如不使用省级或行业建设主管部门发布的计价依据，可不填定额编号、名称等。

　　2. 招标文件提供了暂估单价的材料，按暂估的单价填入表内"暂估单价"栏及"暂估合价"栏。

表 5-21　综合单价调整表

工程名称：　　　　　　　　　　　　　标段：　　　　　　　　　　第 页 共 页

序号	项目编号	项目名称	已标价清单综合单价(元)					调整后综合单价(元)				
			综合单价	其中				综合单价	其中			
				人工费	材料费	机械费	管理费和利润		人工费	材料费	机械费	管理费和利润

造价工程师(签章)：　　　发包人代表(签章)：　　　　造价人员(签章)：　　　承包人代表(签章)：

　　　　　　　　　　日期：　　　　　　　　　　　　　　　　　　　日期：

注：综合单价调整应附调整依据。

表 5-22　总价措施项目清单与计价表

工程名称：　　　　　　　　　　标段：　　　　　　　　　　第　页　共　页

序号	项目编码	项目名称	计算基础	费率（%）	金额（元）	调整费率（%）	调整后金额（元）	备注
		安全文明施工费						
		夜间施工增加费						
		二次搬运费						
		冬雨季施工增加费						
		已完工程及设备保护费						
合　计								

编制人（造价人员）：　　　　　　　　　　　　复核人（造价工程师）：

注：1."计算基础"中安全文明施工费可为"定额基价"、"定额人工费"或"定额人工费＋定额机械费"，其他项目可为"定额人工费"或"定额人工费＋定额机械费"。

　　2.按施工方案计算的措施费，若无"计算基础"和"费率"的数值，也只可填"金额"数值，但应在备注栏说明施工方案出处或计算方法。

其他项目计价表

表 5-23 其他项目清单与计价汇总表

工程名称：　　　　　　　　　标段：　　　　　　　第 页 共 页

序号	项目名称	金额(元)	结算金额(元)	备注
1	暂列金额			明细详见表 5-24
2	暂估价			
2.1	材料(工程设备)暂估价/结算价	—		明细详见表 5-25
2.2	专业工程暂估价/结算价			明细详见表 5-26
3	计日工			明细详见表 5-27
4	总承包服务费			明细详见表 5-28
5	索赔与现场签证	—		明细详见表 5-29
合　计				—

注：材料(工程设备)暂估单价进入清单项目综合单价，此处不汇总。

表 5-24　暂列金额明细表

工程名称：　　　　　　　　标段：　　　　　　　　第　页　共　页

序号	项目名称	计量单位	暂定金额（元）	备注
1				
2				
3				
4				
5				
6				
7				
8				
9				
10				
11				
合计				—

注：此表由招标人填写，如不能详列，也可只列暂定金额总额，投标人应将上述暂列金额计入投标总价中。

表 5-25 材料(工程设备)暂估单价及调整表

工程名称：   标段：   第 页 共 页

序号	材料(工程设备)名称、规格、型号	计量单位	数量		暂估(元)		确认(元)		差额±(元)		备注
			暂估	确认	单价	合价	单价	合价	单价	合价	
合计											

注：此表由招标人填写"暂估单价"，并在备注栏说明暂估价的材料、工程设备拟用在哪些清单项目上，投标人应将上述
材料、工程设备暂估单价计入工程量清单综合单价报价中。

表 5-26 专业工程暂估价及计算价表

工程名称： 标段： 第 页 共 页

序号	工程名称	工程内容	暂估金额（元）	结算金额（元）	差额±（元）	备注

注：此表"暂估金额"由招标人填写，投标人应将"暂估金额"计入投标总价中。结算时按合同约定结算金额填写。

表 5-27 计日工表

工程名称：　　　　　　　　　　　　　　标段：　　　　　　　　　　　第 页 共 页

编号	项目名称	单位	暂定数量	实际数量	综合价（元）	合价（元）	
						暂定	实际
一	人工						
1							
2							
3							
4							
人工小计							
二	材料						
1							
2							
3							
4							
5							
6							
材料小计							
三	施工机械						
1							
2							
3							
4							
施工机械小计							
四、企业管理费和利润							
总　计							

注：此表项目名称、暂定数量由招标人填写，编制招标控制价时，单价由招标人按有关计价规定确定；投标时，单价由投标人自主报价，按暂定数量计算合价计入投标总价中。结算时，按发承包双方确认的实际数量计算合价。

表 5-28 总承包服务费计价表

工程名称： 标段： 第 页共 页

序号	项目名称	项目价值（元）	服务内容	计算基础	费率(%)	金额（元）
1	发包人发包专业工程					
2	发包人提供材料					
	合　计	—	—		—	

注：此表项目名称、服务内容由招标人填写，编制招标控制价时，费率及金额由招标人按有关计价规定确
　　定；投标时，费率及金额由投标人自主报价，计入投标总价中。

表 5-29 索赔与现场签证计价汇总表

工程名称：   标段：   第 页共 页

序号	签证及索赔项目名称	计量单位	数量	单价(元)	合价(元)	索赔及签证依据
—	本页小计	—	—		—	
	合　计	—	—		—	

注：签证及索赔依据是指经双方认可的签证单和索赔依据的编号。

表 5-30　费用索赔申请(核准表)

工程名称：　　　　　　　　　　　标段：　　　　　　　　　　　编号：

致：_____（发包人全称）

　　根据施工合同条款第_____条的约定，由于_____原因，我方要求索赔金额（大写）_____（小写_____），请予核准。

附：1.费用索赔的详细理由和依据：

　　2.索赔金额的计算：

　　3.证明材料：

承包人（章）

造价人员_____　　　承包人代表_____　　　日　　期_____

复核意见：	复核意见：
根据施工合同条款第_____条的约定，你方提出的费用索赔申请经复核： 　　□ 不同意此项索赔，具体意见见附件。 　　□ 同意此项索赔，索赔金额的计算，由造价工程师复核。	根据施工合同条款_____条的约定，你方提出的费用索赔申请经复核，索赔金额为（大写）_____（小写_____）。
监理工程师_____ 日　　期_____	造价工程师_____ 日　　期_____

审核意见：

　　□ 不同意此项索赔。

　　□ 同意此项索赔，与本期进度款同期支付。

发包人（章）
发包人代表_____
日　　期_____

注：1.在选择栏中的"□"内做标志"√"。

　　2.本表一式四份，由承包人填报，发包人、监理人、造价咨询人、承包人各存一份。

表 5-31 现场签证表

工程名称：　　　　　　　　　　　　　标段：　　　　　　　　　　　编号：

施工部位		日 期	

致：＿＿＿＿＿＿＿＿＿＿＿＿＿＿＿＿＿＿＿＿＿＿＿＿＿＿＿＿＿＿（发包人全称）

　　根据＿＿＿＿＿＿＿＿（指令人姓名）　年　月　日的口头指令或你方＿＿＿＿＿＿＿＿（或监理人）年　月　日的书面通知，我方要求完成此项工作应支付价款金额为（大写）＿＿＿＿＿＿（小写＿＿＿＿＿＿＿＿），请予核准。

附：1.签证事由及原因：

　　2.附图及计算式：

承包人（章）

造价人员＿＿＿＿＿＿＿＿　　承包人代表＿＿＿＿＿＿＿＿　　日　　期＿＿＿＿＿＿＿

复核意见：	复核意见：
你方提出的此项签证申请经复核： 　　□ 不同意此项签证，具体意见见附件。 　　□ 同意此项签证，签证金额的计算，由造价工程复核。	□ 此项签证按承包人中标的计日工单价计算，金额为（大写）＿＿＿＿＿元，（小写＿＿＿＿＿元）。 　　□ 此项签证因无计日工单价，金额为（大写）＿＿＿＿＿元，（小写＿＿＿＿＿元）。
监理工程师＿＿＿＿＿＿＿ 日　　期＿＿＿＿＿＿＿	造价工程师＿＿＿＿＿＿＿ 日　　期＿＿＿＿＿＿＿

审核意义：

　　□ 不同意此项签证。

　　□ 同意此项签证，价款与本期进度款同期支付。

发包人（章）

发包人代表＿＿＿＿＿＿＿

日　　期＿＿＿＿＿＿＿

注：1.在选择栏中的"□"内做标志"√"。

　　2.本表一式四份，由承包人收到发包人（监理人）的口头或书面通知后填写，发包人、监理人、造价咨询人、承包人各存一份。

表 5-32　规费、税金项目计价表

工程名称：　　　　　　　　　　标段：　　　　　　　　　　第　页共　页

序号	项目名称	计算基础	计算基数	计算费率（%）	金额（元）
1	规费	定额人工费			
1.1	社会保险费	定额人工费			
(1)	养老保险费	定额人工费			
(2)	失业保险费	定额人工费			
(3)	医疗保险费	定额人工费			
(4)	工伤保险费	定额人工费			
(5)	生育保险费	定额人工费			
1.2	住房公积金	定额人工费			
1.3	工程排污费	按工程所在地环境保护部门收取标准,按实计入			
2	税金	分部分项工程费＋措施项目费＋其他项目费＋规费－按规定不计税的工程设备金额			
合　计					

编制人(造价人员)：　　　　　　　　　　　　　　复核人(造价工程师)：

表 5-33　工程计量申请(核准)表

工程名称：　　　　　　　　　　　标段：　　　　　　　　　　　　第　页共　页

序号	项目编码	项目名称	计量单位	承包人申报数量	发包人核实数量	发承包人确认数量	备注

承包人代表：　　　　监理工程师：　　　　造价工程师：　　　　发包人代表：

日期：　　　　　　　日期：　　　　　　　日期：　　　　　　　日期：

合同价款支付申请(核准)表

表 5-34 预付款支付申请(核准)表

工程名称: 标段: 编 号:

致: _____(发包人全称)

我方根据施工合同的约定,现申请支付工程预付款额为(大写)_____(小写_____),请予核准。

序号	名 称	申请金额(元)	复核金额(元)	备注
1	已签约合同价款金额			
2	其中:安全文明施工费			
3	应支付的预付款			
4	应支付的安全文明施工费			
5	合计应支付的预付款			

承包人(章)

造价人员_____ 承包人代表_____ 日 期_____

复核意见:
□ 与合同约定不相符,修改意见见附件。
□ 与合同约定相符,具体金额由造价工程师复核。

监理工程师_____
日 期_____

复核意见:
你方提出的支付申请经复核,应支付预付款金额为(大写)_____(小写_____)。

造价工程师_____
日 期_____

审核意见:
□ 不同意。
□ 同意,支付时间为本表签发后的 15 天内。

发包人(章)
发包人代表_____
日 期_____

注:1. 在选择栏中的"□"内做标志"√"。
  2. 本表一式四份,由承包人填报,发包人、监理人、造价咨询人、承包人各存一份。

表 5-35 总价项目进度款支付分解表

工程名称：　　　　　　　　　　　标段：　　　　　　　　　　　第　页共　页

序号	项目名称	总价金额	首次支付	二次支付	三次支付	四次支付	五次支付	
	安全文明施工费							
	夜间施工增加费							
	二次搬运费							
	社会保险费							
	住房公积金							
	合　计							

编制人(造价人员)：　　　　　　　　　　　　　　　　　　　复核人(造价工程师)：

注：1. 本表应由承包人在投标报价时根据发包人在招标文件中明确的进度款支付周期与报价填写，签订合同时，发承包双方可就支付分解协商调整后作为合同附件。

2. 单价合同使用本表，"支付"栏时间应与单价项目进度款支付周期相同。

3. 总价合同使用本表，"支付"栏时间应与约定的工程计量周期相同。

表 5-36　进度款支付申请(核准)表

工程名称：　　　　　　　　标段：　　　　　　　　编　号：

致：_____(发包人全称)

　　我方于_____至_____期间已完成了_____工作,根据施工合同的约定,现申请支付本周期的合同款额为(大写)_____(小写_____),请予核准。

序号	名　称	实际金额 (元)	申请金额 (元)	复核金额 (元)	备注
1	累计已完成的合同价款		—		
2	累计已实际支付的合同价款		—		
3	本周期合计完成的合同价款				
3.2	本周期已完成单价项目的金额				
3.2	本周期应支付的总价项目的金额				
3.3	本周期已完成的计日工价款				
3.4	本周期应支付的安全文明施工费				
3.5	本周期应增加的合同价款				
4	本周期合计应扣减的金额				
4.1	本周期应抵扣的预付款				
4.2	本周期应扣减的金额				
5	本周期应支付的合同价款				

附:上述 3、4 详见附件清单。

承包人(章)

　造价人员_____　　　承包人代表_____　　　日　期_____

复核意见: □ 与实际施工情况不相符,修改意见见附件。 □ 与实际施工情况相符,具体金额由造价工程师复核。 <div align="center">监理工程师_____ 日　期_____</div>	复核意见: 　你方提出的支付申请经复核,本周期已完成合同款额为(大写)_____(小写_____),本周期应支付金额为(大写)_____(小写_____)。 <div align="center">造价工程师_____ 日　期_____</div>

审核意见:
　□ 不同意。
　□ 同意,支付时间为本表签发后的 15 天内。

发包人(章)
发包人代表_____
日　期_____

注:1. 在选择栏中的"□"内做标志"√"。
　2. 本表一式四份,由承包人填报,发包人、监理人、造价咨询人、承包人各存一份。

表 5-37　竣工结算款支付申请(核准)表

工程名称：　　　　　　　　　　　标段：　　　　　　　　　　　编　号：

致：　　　　　　　　　　　　　　　　　　　　　　　　　　　　　　　（发包人全称）

我方于_____至_____期间已完成合同约定的工作,工程已经完工,根据施工合同的约定,现申请支付竣工结算合同款额为(大写)_____(小写_____),请予核准。

序号	名　　称	申请金额(元)	复核金额(元)	备注
1	竣工结算合同价款总额			
2	累计已实际支付的合同价款			
3	应预留的质量保证金			
4	应支付的竣工结算款金额			

承包人(章)

造价人员_____　　　承包人代表_____　　　日　　期_____

复核意见： □ 与实际施工情况不相符,修改意见见附件。 □ 与实际施工情况相符,具体金额由造价工程师复核。 监理工程师_____ 日　　期_____	复核意见： 　你方提出的竣工结算款支付申请经复核,竣工结算款总额为(大写)_____(小写_____),扣除前期支付以及质量保证金后应支付金额为(大写)_____(小写_____)。 造价工程师_____ 日　　期_____

审核意见：
□ 不同意。
□ 同意,支付时间为本表签发后的 15 天内。

发包人(章)
发包人代表_____
日　　期_____

注:1.在选择栏中的"□"内做标志"√"。

2.本表一式四份,由承包人填报,发包人、监理人、造价咨询人、承包人各存一份。

表 5-38　最终结清支付申请(核准)表

工程名称：　　　　　　　　　　标段：　　　　　　　　　　编　号：

致：＿＿＿＿＿＿＿＿＿＿＿＿＿＿＿＿＿＿＿＿＿＿＿＿＿＿＿（发包人全称）

　　我方于＿＿＿＿＿＿至＿＿＿＿＿＿期间已完成了缺陷修复工作,根据施工合同的约定,现申请支付最终结清合同款额为(大写)＿＿＿＿＿＿(小写＿＿＿＿＿＿),请予核准。

序号	名　称	申请金额(元)	复核金额(元)	备注
1	已预留的质量保证金			
2	应增加因发包人原因造成缺陷的修复金额			
3	应扣减承包人不修复缺陷、发包人组织修复的金额			
4	最终应支付的合同价款			

上述 3、4 详见附件清单。

承包人(章)

造价人员＿＿＿＿＿＿　　承包人代表＿＿＿＿＿＿　　日　期＿＿＿＿＿＿

复核意见： 　□ 与实际施工情况不相符,修改意见见附件。 　□ 与实际施工情况相符,具体金额由造价工程师复核。 监理工程师＿＿＿＿＿＿ 日　期＿＿＿＿＿＿	复核意见： 　你方提出的支付申请经复核,最终应支付金额为(大写)＿＿＿＿＿＿(小写＿＿＿＿＿＿)。 造价工程师＿＿＿＿＿＿ 日　期＿＿＿＿＿＿

审核意见：
　□ 不同意。
　□ 同意,支付时间为本表签发后的 15 天内。

发包人(章)
发包人代表＿＿＿＿＿＿
日　期＿＿＿＿＿＿

注:1.在选择栏中的"□"内做标志"√"。如监理人已退场,监理工程师栏可空缺。
　　2.本表一式四份,由承包人填报,发包人、监理人、造价咨询人、承包人各存一份。

主要材料、工程设备一览表

表 5-39　发包人提供材料和工程设备一览表

工程名称：　　　　　　　　　　标段：　　　　　　　　第　页共　页

序号	材料(工程设备)名称、规格、型号	单位	数量	单价(元)	交货方式	送达地点	备注

注：此表由招标人填写，供投标人在投标报价、确定总承包服务费时参考。

表 5-40 承包人提供主要材料和工程设备一览表

（适用于造价信息差额调整法）

工程名称：　　　　　　　　　　标段：　　　　　　　　第　页共　页

序号	名称、规格、型号	单位	数量	风险系数（%）	基准单价（元）	投标单价（元）	发承包人确认单价（元）	备注

注：1. 此表由招标人填写除"投标单价"栏的内容，投标人在投标时自主确定投标单价。

2. 招标人应优先采用工程造价管理机构发布的单价作为基准单价，未发布的，通过市场调查确定基准单价。

表 5-41 承包人提供主要材料和工程设备一览表

(适用于价格指数差额调整法)

工程名称：　　　　　　　　　　　标段：　　　　　　　　　　　第　页共　页

序号	名称、规格、型号	变值权重 B	基本价格指数 F_0	现行价格指数 F_t	备注
定值权重 A			—	—	
合　计		1	—	—	

注:1. "名称、规格、型号、基本价格指数"栏由招标人填定,基本价格指数应首先采用工程造价管理机构发布的价格指数,没有时,可采用发布的价格代替。如人工、机械费也采用本法调整,由招标人在"名称"栏填写。

2. "变值权重"栏由投标人根据该项人工、机械费和材料、工程设备价值在投标总报价中所占的比例填写,1减去其比例为定值权重。

3. "现行价格指数"按约定的付款证书相关周期最后一天的前42天的各项价格指数填写,该指数应首先采用工程造价管理机构发布的价格指数,没有时,可采用发布的价格代替。

二、分部分项工程量清单编制

1)分部分项工程项目清单必须载明项目编码、项目名称、项目特征、计量单位和工程量。

2)分部分项工程项目清单必须根据相关工程现行国家计量规范规定的项目编码、项目名称、项目特征、计量单位和工程量计算规则进行编制。

三、措施项目清单编制

1)措施项目清单必须根据相关工程现行国家计量规范的规定编制。

2)措施项目清单应根据拟建工程的实际情况列项。

四、其他项目清单编制

1)其他项目清单应按照下列内容列项:

①暂列金额;

②暂估价,包括材料暂估单价、工程设备暂估单价、专业工程暂估价;

③计日工;

④总承包服务费。

2)暂列金额应根据工程特点按有关计价规定估算。

3)暂估价中的材料、工程设备暂估单价应根据工程造价信息或参照市场价格估算,列出明细表;专业工程暂估价应分不同专业,按有关计价规定估算,列出明细表。

4)计日工应列出项目名称、计量单位和暂估数量。

5)总承包服务费应列出服务项目及其内容等。

6)出现"1)"中未列的项目,应根据工程实际情况补充。

五、规费项目清单编制

1)规费项目清单应按照下列内容列项。

①社会保险费:包括养老保险费、失业保险费、医疗保险费、工伤保险费、生育保险费。

②住房公积金。

③工程排污费。

2)出现"1)"中未列的项目,应根据省级政府或省级有关部门的规定列项。

六、税金项目清单编制

1)税金项目清单应包括下列内容:

①营业税;

②城市维护建设税;

③教育费附加;

④地方教育附加。

2)出现"1)"中未列的项目,应根据税务部门的规定列项。

第六章　建筑面积计算规则

1. 了解建筑面积的相关术语。
2. 熟悉建筑面积的计算规则。
3. 掌握建筑面积计算的应用,并参照实例灵活运用。

知识课堂

建筑面积的基本理论

建筑面积反映了建筑规模的大小,它是国家编制基本建设计划、控制投资规模的一项重要技术指标。

建筑面积是检查控制施工进度、竣工任务的重要指标,如开工面积、已完工面积、竣工面积、在建面积、优良工程率、建筑装饰规模等都是以建筑面积为指标表示的。

建筑面积是初步设计阶段选择概算指标的重要依据之一。建筑面积是计算面积利用系数、土地利用系数及单位建筑面积经济指标的依据。

建筑词典

建筑面积亦称建筑展开面积,它是指住宅建筑外墙外围线测定的各层平面面积之和。它是表示一个建筑物建筑规模大小的经济指标。它包括三项,即使用面积、辅助面积和结构面积,如图 6-1 所示。

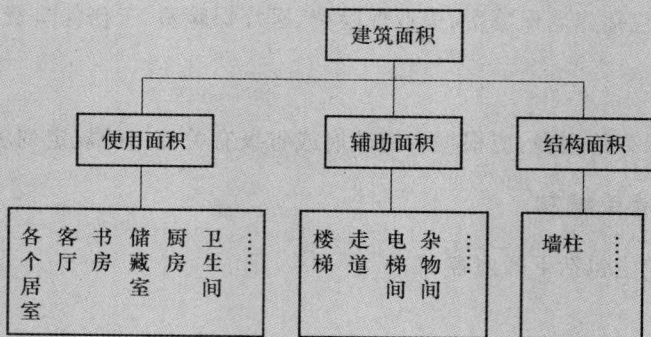

图 6-1　建筑面积的构成

使用面积指建筑物各层平面中直接为生产或生活使用的净面积之和。例如,住宅建筑中的居室、客厅、书房、储藏室、厨房、卫生间等。

辅助面积指建筑物各层平面中为辅助生产或辅助生活所占净面积之和。例如,建筑物中的楼梯、走道、电梯间、杂物间等。使用面积与辅助面积之和称有效面积。

结构面积是指建筑各层平面中的墙、柱等结构所占面积之和。

温馨提示

建筑面积是表示建筑物平面特征的几何参数,是指建筑物外墙勒脚以上各层水平投影面积之和。建筑面积是确定建设规模的重要指标。建筑面积是以平方米为计量单位反映房屋建筑规模的实物量指标,它广泛应用于基本建设计划、统计、设计、施工和工程概预算等各个方面,在建筑工程造价管理方面起着非常重要的作用,是房屋建筑计价的主要指标之一。

（1）不应计算面积的项目

1）建筑物通道(骑楼、过街楼的底层)。

2）建筑物内的设备管道夹层。

3）建筑物内分隔的单层房间,舞台及后台悬挂幕布、布景的天桥、挑台等。

4）屋顶水箱、花架、凉棚、露台、露天游泳池。

5）建筑物内的操作平台、上料平台、安装箱和罐体的平台。

6）勒脚、附墙柱、垛、台阶、墙面抹灰、装饰面、镶贴块料面层、装饰性幕墙、空调室外机搁板(箱)、飘窗、构件、配件、宽度在 2.10 m 及以内的雨篷以及与建筑物内不相连通的装饰性阳台、挑廊。

7）无永久性顶盖的架空走廊、室外楼梯和用于检修、消防等的室外钢楼梯、爬梯。

8）自动扶梯、自动人行道。

9）独立烟囱、烟道、地沟、油(水)罐、气柜、水塔、贮油(水)池、贮仓、栈桥、地下人防通道、地铁隧道。

（2）建筑面积各经济指标的计算公式

1）每平方米工程造价 $= \dfrac{工程造价}{建筑面积}$（元$/\mathrm{m}^2$）

2）每平方米人工消耗 $= \dfrac{单位工程用工量}{建筑面积}$（工日$/\mathrm{m}^2$）

3）每平方米材料消耗 $= \dfrac{单位工程某材料用量}{建筑面积}$（$\mathrm{kg/m}^2$、$\mathrm{m}^3/\mathrm{m}^2$ 等）

4）每平方米机械台班消耗 $= \dfrac{单位工程某机械台班用量}{建筑面积}$（台班$/\mathrm{m}^2$ 等）

5）每平方米工程量 $= \dfrac{单位工程某工程量}{建筑面积}$（$\mathrm{m}^2/\mathrm{m}^2$、$\mathrm{m/m}^2$ 等）

学以致用

建筑面积计算范围的确定

由于建筑面积是计算各种技术指标的重要依据,这些指标又起着衡量和评价建设规模、投资效益、工程成本等方面重要尺度的作用。因此,中华人民共和国建设部颁发了《建筑工程建筑面积计算规范》(GB/T 5035—2005),规定了建筑面积的计算方法。

1. 单层建筑物面积计算规则

1) 单层建筑物的建筑面积,应按其外墙勒脚以上结构外围水平面积计算,勒脚是墙根部很矮的一部分墙体加厚,不能代表整个外墙结构,因此,要扣除勒脚墙体加厚的部分,并应符合下列规定:

① 单层建筑物高度在 2.20 m 及以上者,应计算全面积;高度不足 2.20 m 者,应计算1/2面积。

② 利用坡屋顶内空间时,顶板下表面至楼面的净高超过 2.10 m 的部位,应计算全面积;净高在 1.20 m 至 2.10 m 的部位,应计算 1/2 面积;净高不足 1.20 m 的部位,不应计算面积。单层建筑物可以是民用建筑、公共建筑,也可以是工业厂房。建筑面积只包括外墙的结构面积,不包括外墙抹灰厚度、装饰材料厚度所占的面积。

2) 单层建筑物内设有局部楼层者,局部楼层的二层及以上楼层,有围护结构的应按其围护结构外围水平面积计算,无围护结构的应按其结构底板水平面积计算。层高在 2.20 m 及以上者,应计算全面积;层高不足 2.20 m 者,应计算 1/2 面积。

2. 多层建筑物建筑面积计算规则

1) 多层建筑物首层应按其外墙勒脚以上结构外围水平面积计算;二层及以上楼层应按其外墙结构外围水平面积计算。层高在 2.20 m 及以上者,应计算全面积;层高不足 2.20 m 者,应计算 1/2 面积。

2) 多层建筑坡屋顶内和场馆看台下,当设计加以利用时,净高超过 2.10 m 的部位,应计算全面积;净高在 1.20 m 至 2.10 m 的部位,应计算 1/2 面积;当设计不利用或室内净高不足1.20 m 时,不应计算面积。

外墙上的抹灰厚度或装饰材料厚度不能计入建筑面积。"二层及以上楼层",是指有可能各层的平面布置不同,面积也不同,因此,要分层计算。多层建筑物的建筑面积应按不同的层高分别计算。层高是指上下两层楼面结构标高之间的垂直距离。建筑物最底层的层高指,当有基础底板时,按基础底板上表面结构标高至上层楼面的结构标高之间的垂直距离确定;当没有基础底板时,按地面标高至上层楼面结构标高之间的垂直距离确定。最上一层的层高是指楼面结构标高至屋面板板面结构标高之间的垂直距离;若遇到以屋面板找坡的屋面,屋高指楼面结构标高至屋面板最低处板面结构标高之间的垂直距离。多层建筑坡屋顶内和场馆看台下的空间应视为坡屋顶内的空间,设计加以利用时,应按其净高确定其面积的计算;设计不利用的空间,不应计算建筑面积。

3. 地下室、半地下室建筑面积计算规则

计算面积包括相应的有永久性顶盖的出入口,应按其外墙上口(不包括采光井、外墙防潮层及其保护墙)外边线所围水平面积计算。层高在 2.20 m 及以上者,应计算全面积;层高不足2.20 m 者,应计算 1/2 面积。

地下室、半地下室应以其外墙上口外边线所围水平面积计算。原计算规则规定,按地下室、半地下室上口外墙外围水平面积计算,文字上不甚严密,"上口外墙"容易理解为地下室、半地下室的上一层建筑的外墙。由于上一层建筑外墙与地下室墙的中心线不一定完全重叠,多数情况是凸出或凹进地下室外墙中心线。

4. 坡地建筑物面积计算规则

坡地的建筑物吊脚架空层、深基础架空层,设计加以利用并有围护结构的,层高在 2.20 m 及以上的部位,应计算全面积;层高不足 2.20 m 的部位,应计算 1/2 面积。设计加以利用、无围护结构的建筑吊脚架空层,应按其利用部位水平面积的 1/2 计算;设计不利用的深基础架空层、坡地吊脚架空层、多层建筑坡屋顶内、场馆看台下的空间不应计算面积。

层高在 2.20 m 的及以上的吊脚架空层可以设计用来作为一个房间使用。深基础架空层 2.20 m 以上层高时,可以设计用来作为安装设备或做储藏间使用。

5. 门厅、大厅建筑面积计算规则

建筑物的门厅、大厅按一层计算建筑面积。门厅、大厅内设有回廊时,应按其结构底板水平面积计算。回廊层高在 2.20 m 及以上者,应计算全面积;层高不足 2.20 m 者,应计算 1/2 面积。

"门厅、大厅内设有回廊",是指建筑物大厅、门厅的上部(一般该大厅、门厅占两个或两个以上建筑物层高)四周向大厅、门厅、中间挑出的走廊称为回廊。宾馆、大会堂、教学楼等大楼内的门厅或大厅,往往要占建筑物的两层或两层以上的层高,这时也只能计算一层面积。"层高不足 2.20 m 者,应计算 1/2 面积"应该指回廊层高可能出现的情况。

6. 架空走廊建筑面积计算规则

建筑物间有围护结构的架空走廊,应按其围护结构外围水平面积计算,层高在 2.20 m 及以上者,应计算全面积;层高不足 2.20 m 者,应计算 1/2 面积。有永久性顶盖无围护结构的应按其结构底板水平面积的 1/2 计算。架空走廊是指建筑物与建筑物之间,在二层或二层以上专门为水平交通设置的走廊。

> **温馨提示**
>
> 立体书库、立体仓库、立体车库的建筑面积计算规则如下:
>
> 1) 立体书库、立体仓库、立体车库,无结构层的应按一层计算,有结构层的应按其结构层面积分别计算。层高在 2.20 m 及以上者,应计算全面积;层高不足 2.20 m 者,应计算 1/2 面积。
>
> 2) 立体车库、立体仓库、立体书库没有规定是否有围护结构的,均按是否有结构层,应区分不同的层高确定建筑面积计算的范围。

7. 舞台灯光控制室建筑面积计算规则

有围护结构的舞台灯光控制室,应按其围护结构外围水平面积计算。层高在 2.20 m 及以上者,应计算全面积;层高不足 2.20 m 者,应计算 1/2 面积。

如果舞台灯光控制室有围护结构且只有一层,则就不能另外计算面积。因为整个舞台的面积计算已经包含了该灯光控制室的面积。

温馨提示

其他建筑面积计算规则如下。

1. 场馆看台的建筑面积计算规则

1) 有永久性顶盖无围护结构的场馆看台应按其顶盖水平投影面积的1/2计算。

2) 这里所称的"场馆"实际上指"场"（如：网球场、足球场等）看台上有永久性顶盖部分。"馆"应是有永久性顶盖和围护结构的，应按单层或多层建筑相关规定计算面积，如图6-2所示。

2. 楼梯间、水箱间、电梯机房建筑面积计算规则

1) 建筑物顶部有围护结构的楼梯间、水箱间、电梯机房等，层高在2.20 m及以上者，应计算全面积；层高不足2.20 m者，应计算1/2面积。

图 6-2　场馆看台剖面示意图

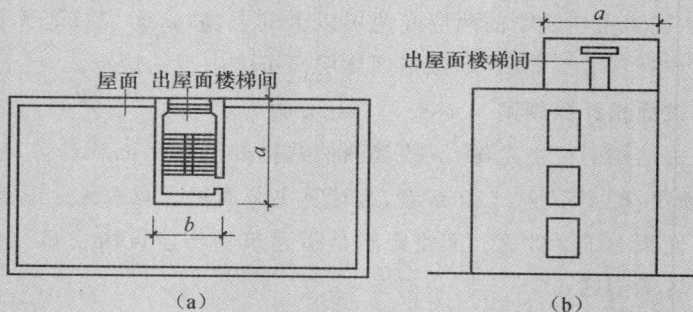

2) 如遇建筑物屋顶的楼梯间是坡屋顶时，应按坡屋顶的相关规定计算面积。单独放在建筑物屋顶上的混凝土水箱或钢板水箱，不计算面积。建筑物顶部楼梯间示意图如图6-3所示。

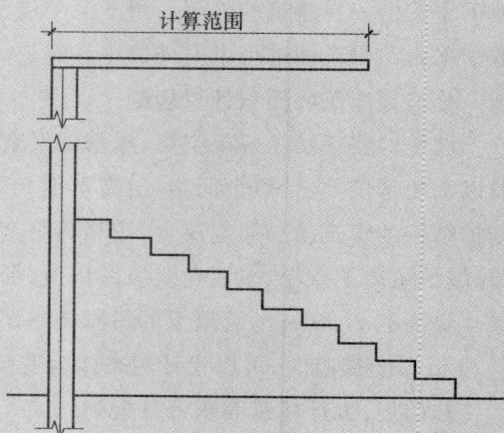

图 6-3　建筑物顶部楼梯间

(a) 平面图；(b) 立面示意图

3. 有围护结构不垂直于水平面而超出底板外沿建筑物的建筑面积计算规则

1) 设有围护结构不垂直于水平面而超出底板外沿的建筑物，应按其底板面的外围水平面积计算。层高在2.20 m及以上者，应计算全面积；层高不足2.20 m者，应计算1/2面积。

2) 设有围护结构不垂直于水平面而超出地板外沿的建筑物，是指向建筑物外倾斜的墙体。若遇有向建筑内倾斜的墙体，应视为坡屋面，应按坡屋顶的有关规定计算面积，如图6-4所示。

4. 室内楼梯间、电梯井、垃圾道等计算规则

1) 建筑物内的室内楼梯间、电梯井、观光电梯井、提物井、管道井、通风排气竖井、垃圾道、附墙烟囱应按建筑物的自然层计算。

2) 室内楼梯间的面积计算，应按楼梯依附的建筑物的自然层数进行计算，合并在建筑物面积内。若遇跃层建筑，其共用室内楼梯应按自然层计算面积；上下两层错层户室共用的室内楼梯,应选上一层的自然层计算面积,如图 6-5 所示,电梯井是指安装电梯用的垂直通道。

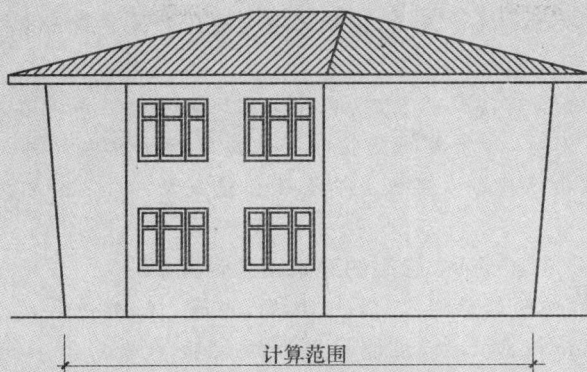

图 6-4　外墙内倾斜建筑物立面示意图

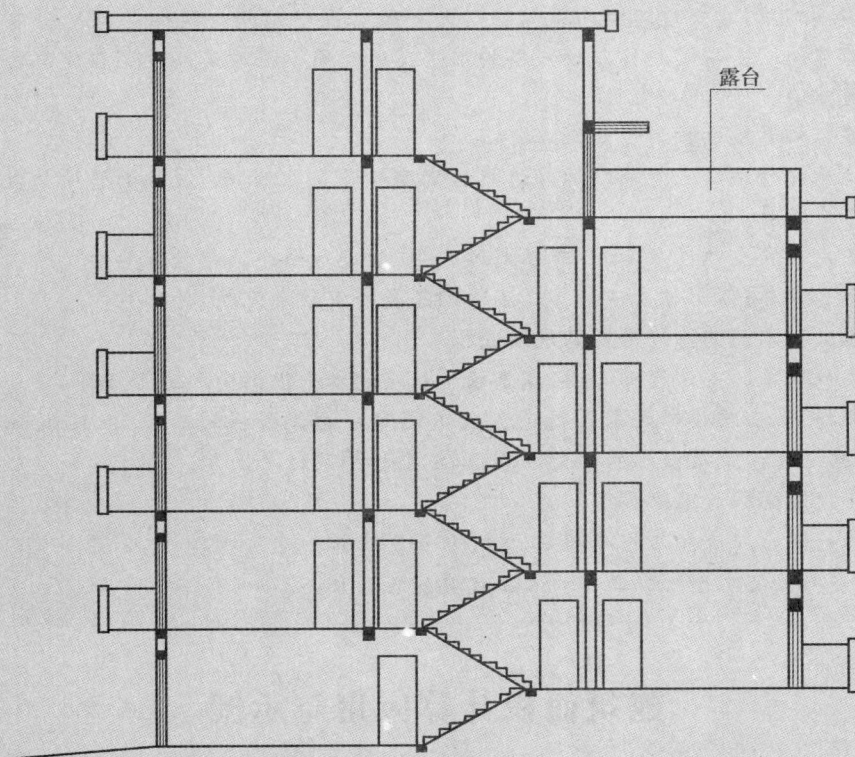

图 6-5　户室错层剖面示意图

5. 其他建筑面积计算规则

1) 有永久性顶盖无围护结构的车棚、货棚、站台、加油站、收费站等,应按其顶盖水平投影面积的 1/2 计算。

在车棚、货棚、站台、加油站、收费站内有带围护结构的管理房间、休息室等,应另按有关规定计算面积。

2）高低联跨的建筑物，应以高跨结构外边线为界分别计算建筑面积；其高低跨内部连通时，其变形缝应计算在低跨面积内。

3）以幕墙作为围护结构的建筑物，应按幕墙外边线计算建筑面积。围护性幕墙是指直接作为外墙起围护作用的幕墙。

4）建筑物外墙外侧有保温隔热层的，应按保温隔热层外边线计算建筑面积。

5）建筑物内的变形缝，应按其自然层合并在建筑物面积内计算。此处所指建筑物内的变形缝是与建筑物相连通的变形缝，即暴露在建筑物内，在建筑物内可以看得见的变形缝。

6.落地橱窗、门斗、挑廊、走廊、檐廊的建筑面积计算规则

建筑物外有围护结构的落地橱窗、门斗、挑廊、走廊、檐廊，应按其围护结构外围水平面积计算。层高在 2.20 m 及以上者，应计算全面积；层高不足 2.20 m 者，应计算 1/2 面积。有永久性顶盖无围护结构的，应按其结构底板水平面积的 1/2 计算。

落地橱窗是指突出外墙面，根基落地的橱窗。门斗是指在建筑物出入口设置的起分隔、挡风、御寒等作用的建筑过渡空间。保温门斗一般有围护结构。挑廊是指挑出建筑物外墙的水平交通空间。走廊是指建筑物底层的水平交通空间。檐廊是指设置在建筑物底层檐下的水平交通空间。

7.雨篷结构建筑面积计算规则

雨篷结构的外边线至外墙结构外边线的宽度超过 2.10 m 者，应按雨篷结构板的水平投影面积的 1/2 计算。

雨篷均以其宽度超过 2.10 m 或不超过 2.10 m 进行划分。超过者按雨篷结构板水平投影面积的 1/2 计算；不超过者不计算。不管雨篷是否有柱或无柱，计算应一致。

8.有永久性顶盖的室外楼梯的建筑面积

有永久性顶盖的室外楼梯，应按建筑物自然层的水平投影面积的 1/2 计算。

室外楼梯，最上层楼梯无永久性顶盖或不能完全遮盖楼梯的雨篷，上层楼梯不计算面积；上层楼梯可视为下层楼梯的永久性顶盖，下层楼梯应计算面积。

9.阳台建筑面积计算规则

建筑物的阳台均应按其水平投影面积的 1/2 计算。建筑物阳台，不论是凹阳台、挑阳台、封闭阳台均按其水平投影面积的 1/2 计算建筑面积。

建筑面积计算应用与示例

1.单层建筑物面积计算实例

【实例 6-1】 试计算图 6-6 所示某单层房屋的建筑面积。

解：建筑面积＝外墙勒脚以上结构外围水平面积

$$＝(12＋0.24)×(5＋0.24)$$

$$＝64.14(m^2)$$

【实例 6-2】 如图 6-7 所示，计算该单层房屋建筑面积。

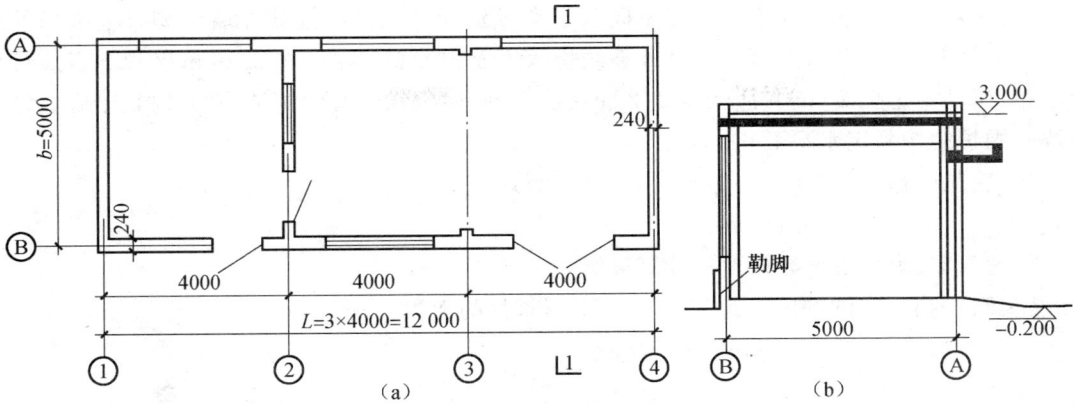

图 6-6 某单层房屋建筑

(a) 平面图;(b) 1—1 剖面图

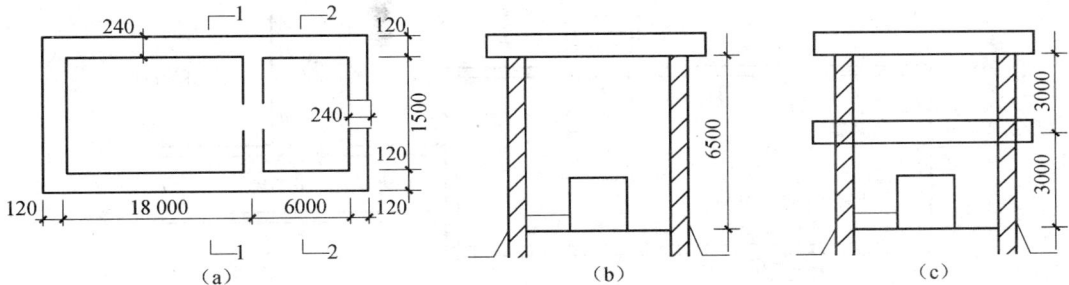

图 6-7 某单层建筑示意图

(a) 平面图;(b) 1—1 剖面图;(c) 2—2 剖面图

解:单层建筑物的建筑面积按其外墙勒脚以上结构外围水平面积计算。单层建筑物内设有局部楼层者,局部楼层的二层及以上楼层,有围护结构的按围护结构外围水平面积计算,层高在 2.20 m 及以上者应计算全面积。

故:建筑面积 $= (18+6+0.24) \times (15+0.24) + (6+0.24) \times (15+0.24)$

$$= 464.52(\text{m}^2)$$

2. 多层建筑物面积计算实例

【实例 6-3】 求图 6-8 所示某大厦的建筑面积。

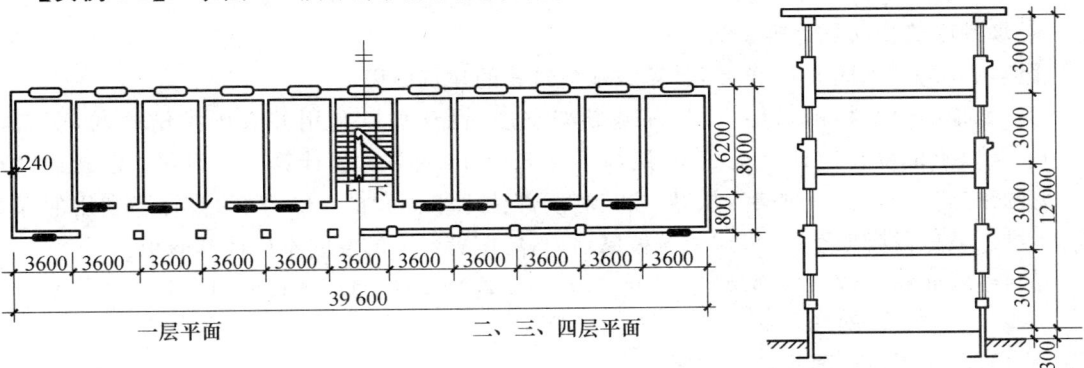

一层平面   二、三、四层平面

图 6-8 某大厦示意图

解:多层建筑物的建筑面积应按不同的层高分别计算。首层按其外墙勒脚以上结构外围水平面积计算;二层及以上楼层按其外墙结构水平面积计算。层高在2.20 m及以上者应计算全面积;层高不足2.20 m者应计算1/2面积。另外,建筑物外有围护结构的挑檐、走廊、檐廊,应按其围护结构外围水平面积计算。

故:建筑面积=(39.6+0.24)×(8.0+0.24)×4

=1313.13(m²)

3. 地下室、半地下室建筑面积计算实例

【实例 6-4】 如图 6-9 所示,计算该地下建筑物的面积。

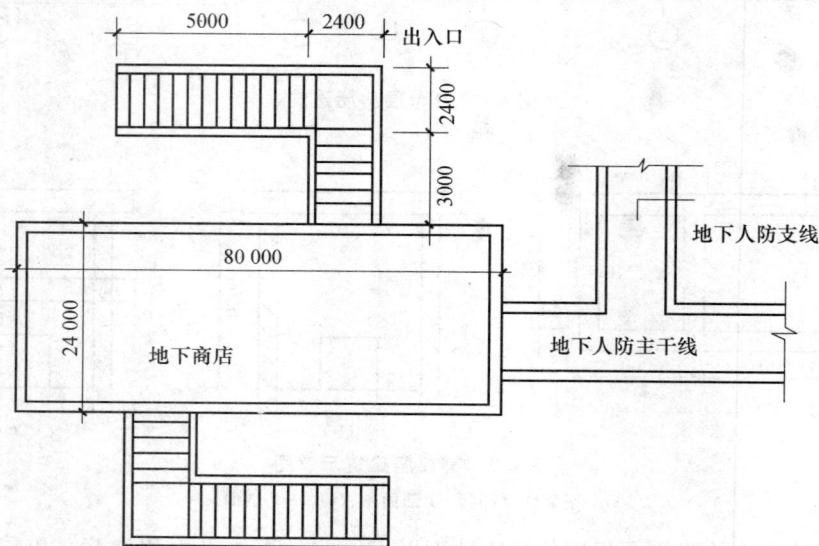

图 6-9 地下建筑物示意图

解:地下室、半地下室,包括相应的有永久性顶盖的出入口,应按其外墙上口(不包括采光井、外墙防潮层及其保护层)外边线所围水平面积计算。层高在2.20 m及以上者应计算全面积;层高不足2.20 m者应计算1/2面积。

故:建筑面积=80×24+(5×2.4+2.4×2.4)×2

=1955.52(m²)

4. 坡地建筑物面积计算实例

【实例 6-5】 如图 6-10 所示,计算坡地建筑物的建筑面积。

解:坡地的建筑物吊脚架空层、深基础架空层,设计加以利用并有围护结构的,层高在2.20 m及以上的部位应计算全面积;层高不足2.20 m的部位应计算1/2面积。设计加以利用、无围护结构的建筑吊脚架空层,应按其利用部位水平面积的1/2计算;设计不利用的深基础架空层、坡地吊脚架空层、多层建筑坡屋顶内、场馆看台下的空间不应计算面积。

故:建筑面积=(7.44×4.74)×2+(2.0+0.24)×4.74+1/2×1.6×4.74

=84.94(m²)

5. 门厅、大厅建筑面积计算实例

【实例 6-6】 试计算图 6-11 所示某学校 6 层带回廊实验楼的大厅和回廊的建筑面积。

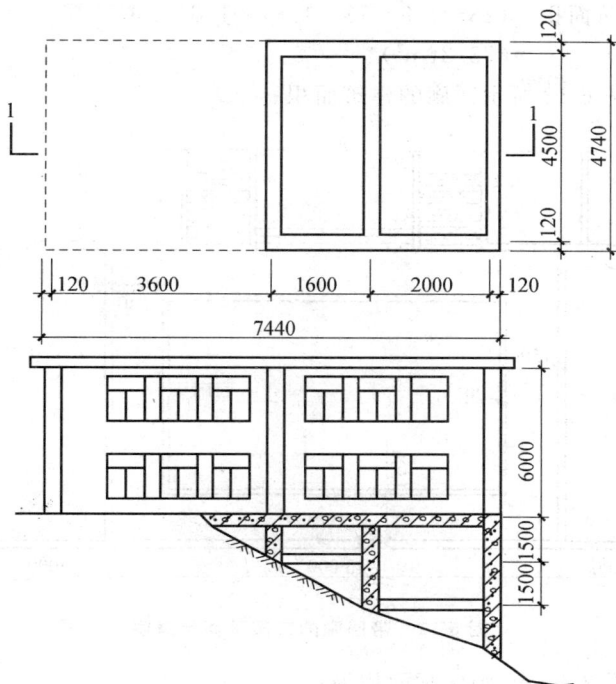

图 6-10 坡地建筑物示意图

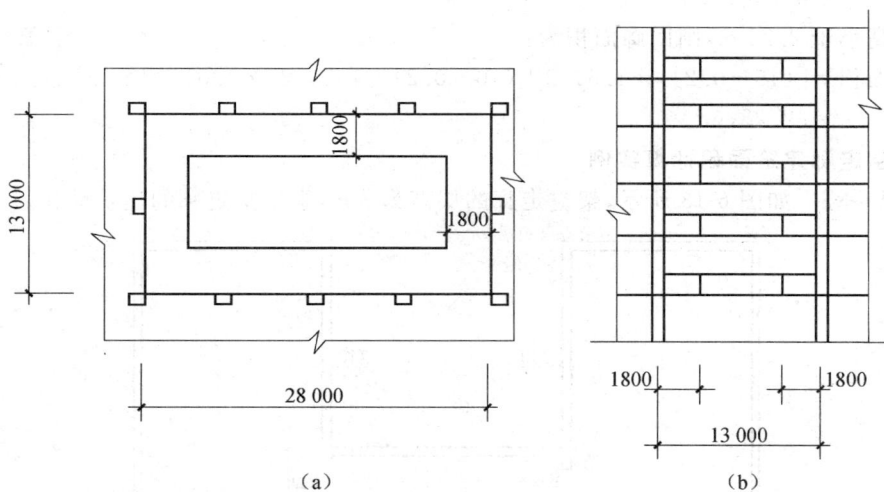

（a）　　　　　　　　　　　　　（b）

图 6-11 某学校实验室单层建筑示意图

（a）平面图；（b）剖面图

解：建筑物的门厅、大厅按一层计算建筑面积。门厅、大厅内设有回廊时，应按其结构底板水平面积计算。回廊层高在 2.20 m 及以上者应计算全面积；层高不足 2.20 m 者应计算 1/2 面积。

故：

（1）大厅部分建筑面积＝13×28＝364（m²）

（2）回廊部分建筑面积＝(28－1.8＋13－1.8)×1.8×2×5

$$=673.2(m^2)$$

【实例 6-7】 求图 6-12 所示回廊的建筑面积。

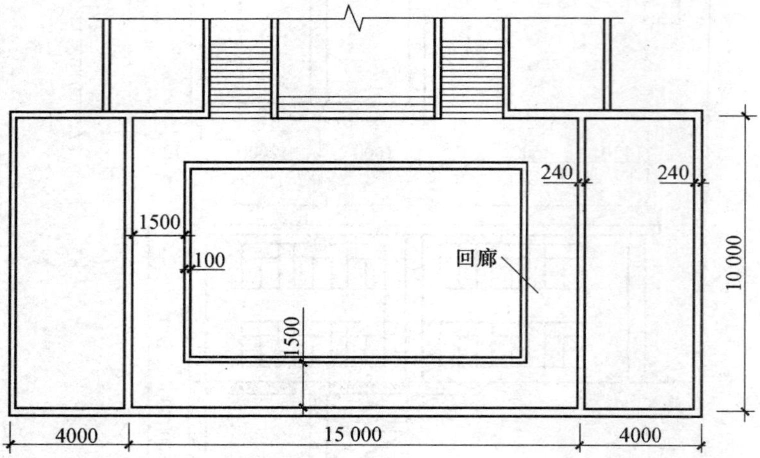

图 6-12　带回廊的二层平面示意图

解：若层高不小于 2.20 m，则回廊面积为：

建筑面积＝(15－0.24)×1.5×2＋(10－0.24－1.5×2)×1.5×2

$$=64.56(m^2)$$

若层高小于 2.20 m，则回廊面积为：

建筑面积＝[(15－0.24)×1.5×2＋(10－0.24－1.5×2)×1.5×2]×0.5

$$=32.28(m^2)$$

6.架空走廊建筑面积计算实例

【实例 6-8】 如图 6-13 所示，架空走廊的层高为 3 m，求架空走廊的建筑面积。

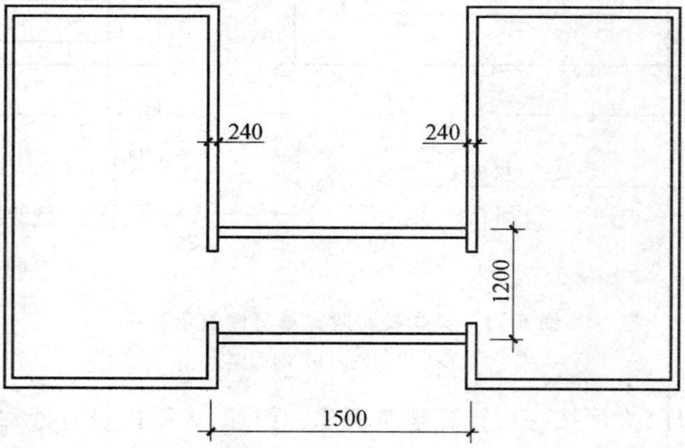

图 6-13　架空走廊建筑平面示意图

解：建筑面积＝(1.5－0.24)×(1.2＋0.24)＝1.8144(m²)

7. 舞台灯光控制室建筑面积计算实例

【**实例 6-9**】　试计算图 6-14 所示某电视台搭建的舞台灯光控制室建筑面积。

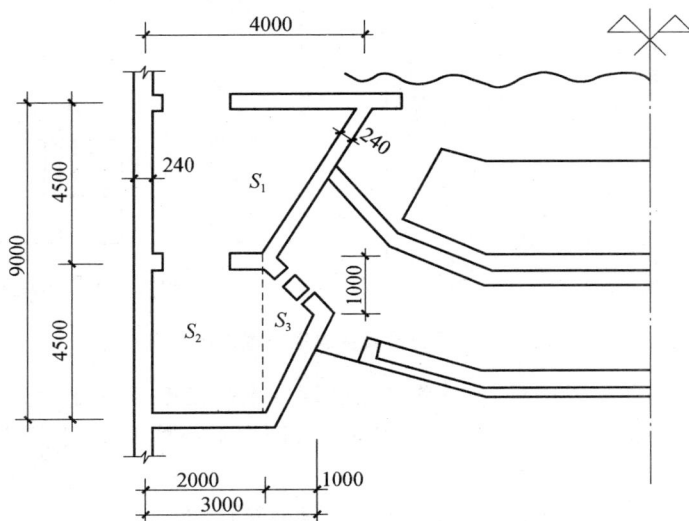

图 6-14　有围护结构的舞台灯光控制室示意图

计算方法：

$$S_1 = (4 + 0.24 + 2 + 0.24)/2 \times (4.50 + 0.12) = 14.97 (\text{m}^2)$$

$$S_2 = (2 + 0.24) \times (4.5 + 0.12) = 10.35 (\text{m}^2)$$

$$S_3 = (4.5 + 0.12) \times 1/2 = 2.31 (\text{m}^2)$$

$$S = S_1 + S_2 + S_3 = 14.97 + 10.35 + 2.31 = 27.63 (\text{m}^2)$$

8. 雨篷结构建筑面积计算实例

【**实例 6-10**】　试计算图 6-15 所示有柱雨篷建筑面积。

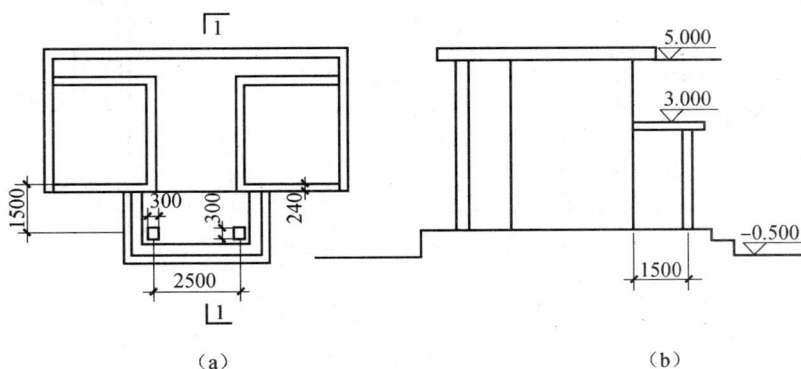

图 6-15　雨篷示意图

(a) 平面图；(b) 1—1 剖面图

解：雨篷结构的外边线至外墙结构外边线的宽度超过 2.10 m 者，应按雨篷结构板的水平投影面积的 1/2 计算。本例中，雨篷结构外边线至外墙结构外边线的宽度没有超过 2.10 m，则此雨篷不计算建筑面积。

9. 室外楼梯建筑面积计算实例

【**实例 6-11**】 试计算图 6-16 所示室外楼梯的建筑面积。

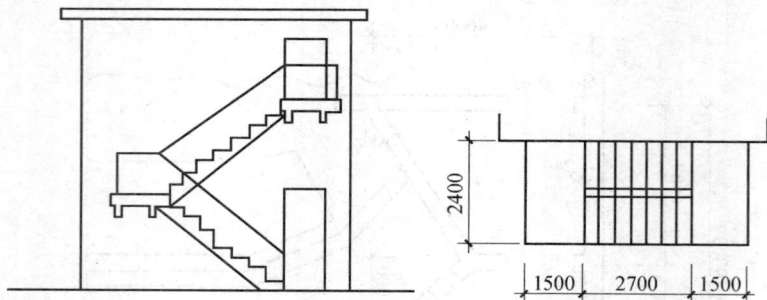

图 6-16 无围护结构的室外楼梯示意图

解：有永久性顶盖的室外楼梯，按建筑物自然层的水平投影面积的 1/2 计算。对最上层楼梯无永久性楼盖，或不能完全遮盖楼梯的雨篷，上层楼梯不计算面积；上层楼梯可应为下层楼梯的永久性顶盖，下层楼梯应计算面积。

本例中，因室外楼梯无永久性顶盖，则应不计算建筑面积。

10. 阳台建筑面积计算实例

【**实例 6-12**】 试计算图 6-17 所示封闭式阳台的建筑面积。

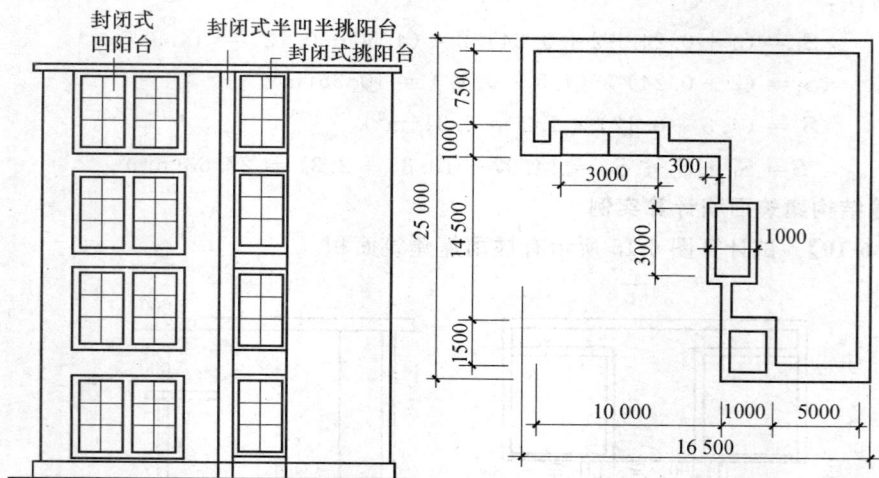

图 6-17 封闭阳台示意图

解：建筑物的阳台，无论是凹阳台、排檐台、封闭阳台、不封闭阳台均按其水平投影面积的 1/2 计算。故：建筑面积 = $(3 \times 1 + 3 \times 1 + 15 \times 1) \times 4/2 = 42(\text{m}^2)$

第七章 土石方工程工程量计算

学习目标

1.了解土石方工程定额内容及有关的规定。
2.熟悉土石方工程定额工程量计算规则。
3.掌握土石方工程定额工程量的计算实际应用。

知识课堂

　　土石方工程主要包括平整场地、人工(机械)挖地槽、挖地坑、挖土方、原土打夯、各种材料和类型的基础及垫层、回填土及运土等工程项目。

土石方工程定额内容及有关规定

一、定额工作内容

1.人工土石方

1)人工挖土方、淤泥、流砂工作内容包括:

① 挖土、装土、修理边底。

② 挖淤泥、流砂,装淤泥、流砂,修理边底。

2)人工挖沟槽基坑工作内容包括:人工挖沟槽、基坑土方,将土置于槽、坑边 1 m 以外自然堆放,沟槽、基坑底夯实。

3)人工挖孔桩工作内容包括:挖土方,凿枕石,积岩地基处理,修整边、底、壁,运土、石100 m 以内以及孔内照明、安全架子搭拆等。

4)人工挖冻土工作内容包括:挖、抛冻土,修整底边,弃土于槽、坑两侧 1 m 以外。

5)人工爆破挖冻土工作内容包括:打眼,装药,填充填塞物,爆破,清理,弃土于槽、坑边1 m以外。

6)回填土、打夯、平整场地工作内容包括:

① 回填土 5 m 以内取土。

② 原土打夯包括碎土、平土、找平、洒水。

③ 平整场地,标高在 30 cm 以内的挖土找平。

7)土方运输工作内容包括:人工运土方、淤泥,包括装、运、卸土和淤泥及平整。

8)支挡土板工作内容包括:制作、运输、安装及拆除。

9)人工凿石的工作内容包括以下几项。

① 平基:开凿石方、打碎、修边检底。

② 沟槽凿石:包括打单面槽子、碎石,槽壁打直,底检平,将石方运出槽边 1 m 以外。

③ 基坑凿石:包括打两面槽子、碎石,坑壁打直,底检平,将石方运出坑边 1 m 以外。

④ 摊座:在石方爆破的基底上进行摊座,清除石渣。

10) 人工打眼爆破石方工作内容包括:布孔、打眼、准备炸药及装药、准备及添充填塞物、安爆破线、封锁爆破区、爆破前后的检查、爆破、清理岩石、撬开及破碎不规则的大石块、修理工具。

11) 机械打眼爆破石方工作内容包括:布孔、打眼、准备炸药及装药、准备及添充填塞物、安爆破线、封锁爆破区、爆破前后的检查、爆破、清理岩石、撬开及破碎不规则的大石块、修理工具。

12) 石方运输工作内容包括:装、运、卸石方。

2. 机械土石方

(1) 推土机推土方工作内容

1) 推土机推土、弃土、平整。

2) 修理边坡。

3) 工作面内排水。

(2) 铲运机铲运土方工作内容

1) 铲土、运土、卸土及平整。

2) 修理边坡。

3) 工作面内排水。

(3) 挖掘机挖土方工作内容

1) 挖土、将土堆放到一边。

2) 清理机下余土。

3) 工作面内的排水。

4) 修理边坡。

(4) 挖掘机挖土自卸汽车运土方工作内容

1) 挖土、装车、运土、卸土、平整。

2) 修理边坡、清理机下余土。

3) 工作面内的排水及场内汽车行驶道路的养护。

(5) 装载机装运土方工作内容

1) 装土、运土、卸土。

2) 修整边坡。

3) 清理机下余土。

(6) 自卸汽车运土方工作内容

1) 运土、卸土、平整。

2) 场内汽车行驶道路的养护。

(7) 地基强夯工作内容

1) 机具准备。

2) 按设计要求布置锤位线。

3) 夯击。

4) 夯锤位移。

5) 施工道路平整。

6) 资料记载。

(8) 场地平整、碾压工作内容

1) 推平、碾压。

2）工作面内排水。

（9）推土机推渣工作内容

1）推渣、弃渣、平整。

2）集渣、平渣。

3）工作面内的道路养护及排水。

（10）挖掘机挖渣自卸汽车运渣工作内容

1）挖渣、集渣。

2）挖渣、集渣、卸渣。

3）工作面内的排水及场内汽车行驶道路的养护。

（11）井点排水工作内容

1）打拔井点管。

2）设备安装拆除。

3）场内搬运。

4）临时堆放。

5）降水。

6）填井点坑等。

（12）抽水机降水工作内容

1）设备安装拆除。

2）场内搬运。

3）降排水。

4）排水井点维护等。

（13）井点降水

1）井点降水工作内容包括：

① 安装，包括井点装配成型、地面试管铺总管、装水泵和水箱、冲水沉管、灌砂、孔口封土、连接试抽。

② 拆除，包括拆管、清洗、整理、堆放。

③ 使用，包括抽水、值班、井管堵漏。

2）电渗井点阳极工作内容包括：

① 制作，包括圆钢划线、切断、车制、堆放。

② 安装，包括阳极圆钢埋设，弧焊、整流器就位安装，阴阳极电路连接。

③ 拆除，包括拆除井点、整理、堆放。

④ 使用，包括值班及检查用电安全。

3）水平井点工作内容包括：

① 安装，包括托架、顶进设备及井管等就位，井点顶进，排管连接。

② 拆除，包括托架、顶进设备及总管等拆除，井点拔除、清理、堆放。

③ 使用，包括抽水值班、井管堵漏。

二、定额一般规定

1. 人工土石方

1）土壤分类：详见"土壤及岩石（普氏）分类表"（表 7-1）。表列Ⅰ、Ⅱ类为定额中一、二类土壤(普通土);Ⅲ类为定额中三类土壤(坚土);Ⅳ类为定额中四类土壤(砂砾坚土)。人工挖地槽、地坑定额深度最深为 6 m,超过 6 m 时,可另作补充定额。

表 7-1　土壤及岩石(普氏)分类表

土石分类	普氏分类	土壤及岩石名称	天然湿度下平均容重/ /(kg/m³)	极限压碎强度 /(kg/cm²)	用轻钻孔机钻进 1 m 耗时 /min	开挖方法及工具	紧固系数 f
一、二类土壤	Ⅰ	砂	1500	—	—	用尖锹开挖	0.5~0.6
		砂壤土	1600				
		腐殖土	1200				
		泥炭	600				
	Ⅱ	轻壤土和黄土类土	1600	—	—	用锹开挖并少数用镐开挖	0.6~0.8
		潮湿而松散的黄土,软的盐渍土和碱土	1600				
		平均粒径 15 mm 以内的松散而软的砾石	1700				
		含有草根的密实腐殖土	1400				
		含有直径在 30 mm 以内根类的泥炭和腐殖土	1100	—	—	用尖锹开挖并少数用镐开挖	
		掺有卵石、碎石和石屑的砂和腐殖土	1650				
		含有卵石或碎石杂质的胶结成块的填土	1750				
		含有卵石、碎石和建筑料杂质的砂壤土	1900				
三类土壤	Ⅲ	肥黏土。其中包括石炭纪、侏罗纪的黏土和冰黏土	1800	—	—	用尖锹并同时用镐和撬棍开挖(30%)	0.81~1.0
		重壤土、粗砾石、粒径为 15~40 mm 的碎石或卵石	1750				
		干黄土和掺有碎石或卵石的自然含水量黄土	1790				
		含有直径大于 30 mm 根类的腐殖土或泥炭	1400				

续表

土石分类	普氏分类	土壤及岩石名称	天然湿度下平均容重/(kg/m³)	极限压碎强度/(kg/cm²)	用轻钻孔机钻进1m耗时/min	开挖方法及工具	紧固系数 f
三类土壤	Ⅲ	掺有碎石、卵石和建筑碎料的土壤	1900				
四类土	Ⅳ	含有碎石的重黏土,其中包括石炭纪、侏罗纪的硬黏土	1950	—	—	用尖锹并同时用镐和撬棍开挖(30%)	1.0~2.0
		含有碎石、卵石、建筑碎料和重达25 kg的顽石(总体积10%以内)等杂质的肥黏土和重壤土	1950				
		冰碛黏土,含有质量在50 kg以内的巨砾,其含量为总体积的10%以内	2000				
		泥板岩	2000				
		不含或含有质量达10 kg的顽石	1950				
松石	Ⅴ	含有质量在50 kg以内的巨砾(占体积10%以上)的冰碛石	2100	<210	<3.5	部分用于凿工业,部分用爆破开挖	1.5~2.0
		矽藻岩和软白垩岩	1800				
		胶结力弱的砾岩	1900				
		各种不坚实的板岩	2600				
		石膏	2200				
次坚石	Ⅵ	凝灰岩和浮石	1100	200~400	3.5	用镐和爆破法开挖	2~4
		灰岩多孔和裂隙严重的石灰岩和介质石灰岩	1200				
		中等硬变的片岩	2700				
		中等硬变的泥灰岩	2300				
	Ⅶ	石灰石胶结的带有卵石和沉积岩的砾石	2200	400~600	6.0	用爆破方法开挖	4~6
		风化的和有大裂缝的黏土质砂岩	2000				

土石分类	普氏分类	土壤及岩石名称	天然湿度下平均容重/（kg/m³）	极限压碎强度/（kg/cm²）	用轻钻孔机钻进1 m 耗时/min	开挖方法及工具	紧固系数 f
次坚石	Ⅶ	坚实的泥板岩	2800				
		坚实的泥灰岩	2500				
	Ⅷ	砾质花岗岩	2300	600～800	8.5	用爆破方法开挖	6～8
		泥灰质石灰岩	2300				
		黏土质砂岩	2200				
		砂质云片岩	2300				
		硬石膏	2900				
普坚石	Ⅸ	严重风化的软弱的花岗岩、片麻岩和正长岩	2500	800～100	11.5	用爆破方法开挖	8～10
		滑石化的蛇纹岩	2400				
		致密的石灰岩	2500				
		含有卵石、沉积岩的渣质胶结的砾岩	2500				
		砂岩	2500				
		砂质石灰灰质片岩	2500				
		菱镁矿	3000				
	Ⅹ	白云石	2700	1000～1200	15.0	用爆破方法开挖	10～12
		坚固的石灰岩	2700				
		大理岩	2700				
		石灰岩质胶结的致密砾石	2600				
		坚固的砂质片岩	2600				
特坚石	Ⅺ	粗花岗岩	2800	1200～1400	18.0	用爆破方法开挖	12～14
		非常坚硬的白云岩	2900				
		蛇纹岩	2600				
		石灰质胶结的含有火成岩之卵石的砾石	2800				
		石英胶结的坚固砂岩	2700				
		粗粒正长岩	2700				
	Ⅻ	具有风化痕迹的安山岩和玄武岩	2700	1400～1600	22.0	用爆破方法开挖	14～16

续表

土石分类	普氏分类	土壤及岩石名称	天然湿度下平均容重/（kg/m³）	极限压碎强度/（kg/cm²）	用轻钻孔机钻进1 m耗时/min	开挖方法及工具	紧固系数 f
特坚石	Ⅶ	片麻岩	2600	1400～1600	22.0	用爆破方法开挖	14～16
		非常坚固的石灰岩	2900				
		硅质胶结的含有火成岩之卵石的砾岩	2900				
		粗石岩	2600				
	ⅩⅢ	中粒花岗岩	3100	1600～1800	27.5	用爆破方法开挖	16～18
		坚固耐用的片麻岩	2800				
		辉绿岩	2700				
		玢岩	2500				
		坚固的粗面岩	2800				
		中粒正长岩	2800				
	ⅩⅣ	非常坚硬的细粒花岗岩	3300	1800～2000	32.5	用尖锹并同时用镐和撬棍开开挖	18～20
		花岗岩麻岩	2900				
		闪长岩	2900				
		高硬度的石灰岩	3100				
		坚固的玢岩	2700				
	ⅩⅤ	安山岩、玄武岩、坚固的角页岩	3100	2200～2500	46.0	用爆破方法开挖	20～25
		高硬度的辉绿岩和闪长岩	2900				
		坚固的辉长岩和石英岩	2800				
	ⅩⅥ	拉长玄武岩和橄榄玄武岩	3300	＞2500	＞60	用爆破方法开挖	＞25
		特别坚固的辉长辉绿岩、石英石玢岩	300				

2）人工土方定额是按干土编制的，如挖湿土时，人工乘以系数1.18。干湿的划分，应根据地质勘测资料以地下常水位为准划分，地下常水位以上为干土，以下为湿土。

3) 人工挖孔桩定额,适用于在有安全防护措施的条件下施工。

4) 本定额未包括地下水位以下施工的排水费用,发生时另行计算。挖土方时如有地表水需要排除时,亦应另行计算。

5) 支挡土板定额项目分为密撑和疏撑,密撑是指满支挡土板;疏撑是指间隔支挡土板,实际间距不同时,定额不作调整。

6) 在有挡土板支撑下挖土方时,按实挖体积,人工乘系数1.43,

7) 挖桩间土方时,按实挖体积(扣除桩体占用体积),人工乘以系数1.5。

8) 人工挖孔桩,桩内垂直运输方式按人工考虑。如深度超过12 m时,16 m以内按12 m,项目人工用量乘以系数1.3;20 m以内乘以系数1.5计算。同一孔内土壤类别不同时,按定额加权计算,如遇有流砂、淤泥时,另行处理。

9) 场地竖向布置挖填土方时,不再计算平整场地的工程量。

10) 石方爆破定额是按炮眼法松动爆破编制的,不分明炮、闷炮,但闷炮的覆盖材料应另行计算。

11) 石方爆破定额是按电雷管导电起爆编制的,如采用火雷管爆破时,雷管应换算,数量不变。扣除定额中的胶质导线,换为导火索,导火索的长度按每个雷管2.12 m计算。

2. 机械土石方

1) 岩石分类,详见"土壤及岩石(普氏)分类表"(表7-1)。表列Ⅴ类为定额中松石,Ⅵ～Ⅷ类为定额中次坚石;Ⅸ、Ⅹ类为定额中普坚石;Ⅺ～ⅩⅥ类为特坚石。

2) 推土机推土或石渣、铲运机铲运土重车上坡时,如果坡度大于5%时,其运距按坡度区段斜长乘坡度系数(见表7-2)计算。

表 7-2 坡度系数表

坡度/(%)	5～10	15 以内	20 以内	25 以内
系数	1.75	2.0	2.25	2.50

3) 汽车、人力车,重车上坡降效因素,已综合在相应的运输定额项目中,不再另行计算。

4) 机械挖土方工程量,按机械挖土方90%,人工挖土方10%计算,人工挖土部分按相应定额项目,人工乘以系数2。

5) 土壤含水率定额是按天然含水率为准制定:含水率大于25%时,定额人工、机械乘以系数1.15,若含水率大于40%时另行计算。

6) 推土机推土或铲运机铲土,土层平均厚度小于300 mm时,推土机台班用量乘以系数1.25;铲运机台班用量乘以系数1.17。

7) 挖掘机在垫板上进行作业时,人工、机械乘以系数1.25,定额内不包括垫板铺设所需的工料和机械消耗。

8) 推土机和铲运机,推、铲未经压实的积土时,按定额项目乘以系数0.73。

9) 机械土方定额是按三类土编制的,如实际土壤类别不同时,定额中机械台班量乘以表7-3中所示系数。

表 7-3 机械台班系数

项目	一、二类土壤	四类土壤
推土机推土方	0.84	1.18
铲运机铲运土方	0.84	1.26
自行铲运机铲运土方	0.86	1.09
挖掘机挖土方	0.84	1.14

10）定额中的爆破材料是按炮孔中无地下渗水、积水编制的,炮孔中若出现地下渗水、积水时,处理渗水或积水发生的费用另行计算。定额内未计爆破时所需覆盖的安全网、草袋、架设安全屏障等设施,发生时另行计算。

11）机械上下行驶坡道土方,合并在土方工程量内计算。

12）汽车运土运输道路是按一、二、三类道路综合确定的,已考虑了运输过程中,道路清理的人工,如需铺筑材料,另行计算。

学以致用

土石方工程定额工程量的计算规则

1. 一般规定

1）土方体积,均以挖掘前的天然密实体积为准计算。如遇有必须以天然密实体积折算时,可按表 7-4 所列数值换算。

表 7-4 土石方体积折算系数表　　　　　　　　　　单位:m³

虚方体积	天然密实体积	夯实后体积	松填体积
1.00	0.77	0.67	0.83
1.30	1.00	0.87	1.08
1.5	1.15	1.00	1.25
1.20	0.92	0.80	1.00

2）挖土一律以设计室外地坪标高为准计算。

3）挖土方平均厚度应按自然地面测量标高至设计地坪标高间的平均厚度确定。基础土方、石方开挖深度应按基础垫层底表面标高至交付施工场地标高确定,无交付施工场地标高时,应按自然地面标高确定。

4）建筑物场地厚度在±30 cm 以内的挖、填、运、找平,应按平整场地项目编码列项。±30 cm 以外的竖向布置挖土或山坡切土,应按挖土方项目编码列项。

5）挖基础土方包括带形基础、独立基础、满堂基础（包括地下室基础）及设备基础、人工挖孔桩等的挖方。带形基础应按不同底宽和深度;独立基础和满堂基础应按不同底面积和深度分别编码列项。

6）管沟土（石）方工程量应按设计图示尺寸以长度计算。有管沟设计时,平均深度以沟垫层底表面标高至交付施工场地标高计算;无管沟设计时,直埋管深度应按管底外表面标高至交付施工场地标高的平均高度计算。

7)设计要求采用减震孔方式减弱爆破震动波时,应按预裂爆破项目编码列项。

8)湿土的划分应按地质资料提供的地下常水位为界,地下常水位以下为湿土。

9)挖方出现流砂、淤泥时,可根据实际情况由发包人与承包人双方认证。

2.平整场地及碾压工程量计算规则

(1)平整场地

1)人工平整场地是指建筑场地挖、填土方厚度在±30 cm 以内及找平。挖、填土方厚度超过±30 cm 时,按场地土方平衡竖向布置图另行计算。

2)平整场地工程量按建筑物外墙外边线每边各加 2 m、以"m²"计算。

(2)填土碾压

建筑场地原土碾压以"m²"计算,填土碾压按图示填土厚度以"m³"计算。

3.挖掘沟槽、基坑土方工程量计算规则

(1)沟槽、基坑划分

1)凡图示沟槽底宽在 3 m 以内(不包括工程作业在内),且沟槽长大于槽宽 3 倍以上的,为沟槽。

2)凡图示基坑底面积在 20 m² 以内(不包括工程作业在内)的为基坑。

3)凡图示沟槽底宽 3 m 以外,坑底面积 20 m² 以外,平整场地挖土方厚度在 30 cm 以外,均按挖土方进行计算。

(2)计算规则

1)计算挖沟槽、基坑土方工程量需放坡时,放坡系数按表 7-5 的规定计算。

表 7-5　放坡系数表

土壤类别	放坡起点(m)	人工挖土	机械挖土		
			坑内作业	坑外作业	顺沟槽在坑上作业
一、二类土	1.20	0.50	0.33	0.75	0.50
三类土	1.50	0.33	0.25	0.67	0.33
四类土	2.00	0.25	0.10	0.33	0.25

注:1.沟槽、基坑中土的类别不同时,分别按其放坡起点、放坡系数,依不同土的厚度加权平均计算。

　2.计算放坡时,在交接处的重复工程量不予扣除,原槽、坑作基础垫层时,放坡自垫层上表面开始计算。

2)挖沟槽、基坑需支挡土板时,其宽度按图示沟槽、基坑底宽,单面加 10 cm,双面加 20 cm 计算。挡土板面积,按槽、坑垂直支撑面积计算,支挡土板后,不得再计算放坡。

3)基础施工所需工作面,按表 7-6 的规定计算。

表 7-6　基础施工所需工作面宽度计算表

基础材料	每边各增加工作面宽度/ mm	基础材料	每边各增加工作面宽度/ mm
砖基础	200	混凝土基础支模板	300
浆砌毛石、条石基础	150	基础垂直面做防水层	1 000(防水层面)
混凝土基础垫层支模板	300		

注:本表按《全国统一建筑工程预算工程量计算规则》(GJDG2—101—95)整理。

4）挖沟槽长度，外墙按图示中心线长度计算；内墙按图示基础底面之间净长线长度计算；内外突出部分（垛、附墙烟囱等）体积并入沟槽土方工程量内计算。

5）人工挖土方深度超过 1.5 m 时，按表 7-7 增加工日。

表 7-7　人工挖土方超深增加工日表　　　　　　　　单位：100m³

深 2 m 以内	深 4 m 以内	深 6 m 以内
5.55 工日	17.60 工日	26.16 工日

6）挖管道沟槽按图示中心线长度计算，沟底宽度设计有规定的，按设计规定尺寸计算，设计无规定的，可按表 7-8 规定宽度进行计算。

表 7-8　管道地沟沟底宽度计算表　　　　　　　　单位：m

管径/mm	铸铁管、钢管、石棉水泥管	混凝土、钢筋混凝土、预应力混凝土管	陶土管
50～70	0.6	0.80	0.70
100～200	0.7	0.90	0.80
250～300	0.8	1.00	0.90
400～450	1.00	1.30	1.10
500～600	1.30	1.50	1.40
700～800	1.60	1.80	
900～1000	1.80	2.00	
1100～1200	2.00	2.30	
1300～1400	2.20	2.60	

7）沟槽、基坑深度，按图示槽、坑底面至室外地坪深度计算；管道地沟按图示沟底至室外地坪深度计算。

4. 人工挖孔桩土方工程量计算规则

按图示桩断面积乘以设计桩孔中心线深度计算。

5. 井点降水工程量计算规则

井点降水分为轻型井点、喷射井点、大口径井点、电渗井点、水平井点。按不同井管深度的井管安装、拆除，以根为单位计算，使用按套、天计算。井点套组成具体如下。

①轻型井点：50 根为 1 套。

②喷射井点：30 根为 1 套。

③大口径井点：45 根为 1 套。

④电渗井点阳极：30 根为 1 套。

⑤水平井点：10 根为 1 套。

井管间距应根据地质条件和施工降水要求，依施工组织设计确定，施工组织设计没有规定时，可按轻型井点管距 0.8～1.6 m，喷射井点管距 2～3 m 确定。

使用天应以每昼夜 24 h 为一天，使用天数应按施工组织设计规定的使用天数计算。

6. 石方工程工程量计算规则

岩石开凿及爆破工程量, 区别石质按下列规定计算:

1) 人工凿岩石, 按图示尺寸以"m³"计算。

2) 爆破岩石按图示尺寸以"m³"计算, 其沟槽、基坑深度、宽允许超挖量: 次坚石为 200 mm, 特坚石为 150 mm, 超挖部分岩石并入岩石挖方量之内计算。

7. 土石方回填工程量计算规则及土方运距计算

（1）土石方回填工程量计算规则

沟槽、基坑回填土, 回填体积以挖方体积减去设计室外地坪以下埋设砌筑物（包括: 基础垫层、基础等）体积计算。

（2）土方运距计算规则

土方运输距离不同, 所选用的定额项目就不同。运距应根据施工组织设计的规定执行, 如无规定, 可按下列规定计算。

1) 推土机推距: 按挖方区重心至回填区重心之间的直线距离计算。

2) 铲运机运距: 按挖方区重心至卸土区重心加转向距离 45 m 计算。

3) 自卸汽车运距: 按挖方区重心至填土区（或堆放地点）重心的最短距离计算。

8. 管道沟槽回填土规则

管道沟槽回填, 以挖方体积减去管道基础垫层、基础及管道所占体积计算。管径在 500 mm 以下时不扣除管道所占体积, 管径超过 500 mm 时可按表 7-9 扣除管道所占体积计算。

表 7-9　管道扣除土方体积表　　　　　　　　　　　　　单位: m³/m

管道名称	管道直径/mm					
	501~600	601~800	801~1000	1001~1200	1201~1400	1401~1600
钢管	0.21	0.44	0.71	按实际计算	按实际计算	按实际计算
铸铁管	0.24	0.49	0.77	按实际计算	按实际计算	按实际计算
混凝土管	0.33	0.60	0.92	1.15	1.35	1.55

注: 直埋式预制保温管管径, 应按成品管的管径计算。

土石方工程工程量清单计价

1. 土方工程（编码: 010101）

土方工程工程量清单项目设置、项目特征描述、计量单位及工程量计算规则, 见表 7-10。

表 7-10　土方工程（编码: 010101）

项目编码	项目名称	项目特征	计量单位	工程量计算规则	工程内容
010101001	平整场地	1. 土壤类别 2. 弃土运距 3. 取土运距	m²	按设计图示尺寸以建筑物首层建筑面积计算	1. 土方挖填 2. 场地找平 3. 运输

项目编码	项目名称	项目特征	计量单位	工程量计算规则	工程内容
010101002	挖一般土方	1.土壤类别 2.挖土深度 3.弃土运距	m³	按设计图示尺寸以体积计算	1.排地表水 2.土方开挖 3.围护(挡土板)及拆除 4.基底钎探 5.运输
010101003	挖沟槽土方			按设计图示尺寸以基础垫层底面积乘以挖土深度计算	
010101004	挖基坑土方				
010101005	冻土开挖	1.冻土厚度 2.弃土运距		按设计图示尺寸开挖面积乘厚度以体积计算	1.爆破 2.开挖 3.清理 4.运输
010101006	挖淤泥、流砂	1.挖掘深度 2.弃淤泥、流砂距离		按设计图示位置、界限以体积计算	1.开挖 2.运输
010101007	管沟土方	1.土壤类别 2.管外径 3.挖沟深度 4.回填要求	1. m 2. m³	1.以米计量,按设计图示以管道中心线长度计算 2.以立方米计量,按设计图示管底垫层面积乘以挖土深度计算;无管底垫层按管外径的水平投影面积乘以挖土深度计算。不扣除各类井的长度,井的土方并入	1.排地表水 2.土方开挖 3.围护(挡土板)、支撑 4.运输 5.回填

2. 石方工程(编码:010102)

石方工程工程量清单项目设置、项目特征描述、计量单位及工程量计算规则,见表 7-11。

表 7-11 石方工程(编码:010102)

项目编码	项目名称	项目特征	计量单位	工程量计算规则	工程内容
010102001	挖一般石方	1.岩石类别 2.开凿深度 3.弃渣运距	m³	按设计图示尺寸以体积计算	按设计图示尺寸沟槽底面积乘以挖石深度以体积计算
010102002	挖沟槽石方				按设计图示尺寸基坑底面积乘以挖石深度以体积计算

续表

项目编码	项目名称	项目特征	计量单位	工程量计算规则	工程内容
010102003	挖基坑石方	1. 岩石类别 2. 开凿深度 3. 弃渣运距	m³	按设计图示尺寸以体积计算	1. 排地表水 2. 凿石 3. 运输
010102004	挖管沟石方	1. 岩石类别 2. 管外径 3. 挖沟深度	1. m 2. m³	1. 以米计量,按设计图示以管道中心线长度计算 2. 以立方米计量,按设计图示截面积乘以长度计算	1. 排地表水 2. 凿石 3. 回填 4. 运输

3. 土石方运输与回填工程(编码:010103)

土石方运输与回填工程量清单项目设置、项目特征描述、计量单位及工程量计算规则,见表7-12。

表 7-12　土石方回填工程(编码:010103)

项目编码	项目名称	项目特征	计量单位	工程量计算规则	工程内容
010103001	回填方	1. 密实度要求 2. 填方材料品种 3. 填方粒径要求 4. 填方来源、运距	m³	按设计图示尺寸以体积计算 1. 场地回填:回填面积乘平均回填厚度 2. 室内回填:主墙间面积乘回填厚度,不扣除间隔墙 3. 基础回填:按挖方清单项目工程量减去自然地坪以下埋设的基础体积(包括基础垫层及其他构筑物)	1. 运输 2. 回填 3. 压实
010103002	余方弃置	1. 废弃料品种 2. 运距		按挖方清单项目工程量减利用回填方体积(正数)计算	余方点装料运输至弃置点

土石方工程定额工程量计算与示例

1.平整场地及碾压工程量计算实例

【实例 7-1】 某建筑物首层平面图如图 7-1 所示,土壤类别为一类土,求该工程平整场地的工程数量。

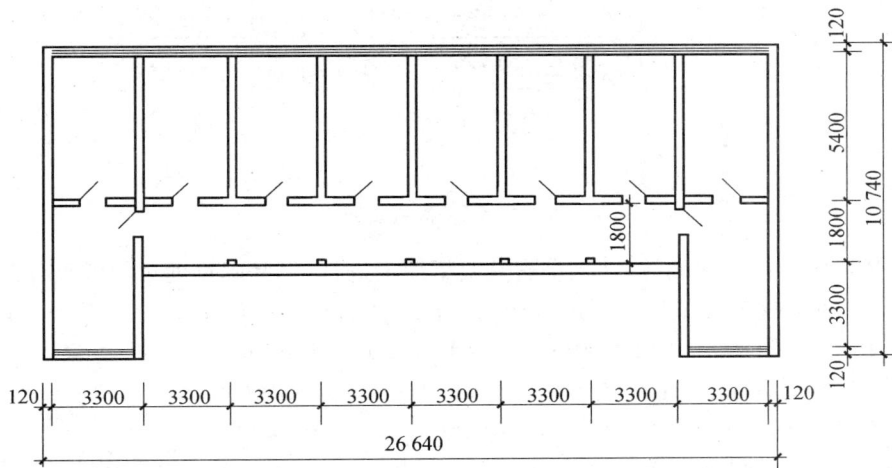

图 7-1 场地平整

解:平整场地工程量,按建筑物外墙外边线每边各加 2 m。

故:工程量=(26.64+4)×(10.74+4)-(3.3×6-0.24-4)×3.3
　　　　　=400.28(m²)

2.挖掘沟槽、基坑土方工程量计算实例

【实例 7-2】 某建筑物的基础如图 7-2 所示,计算挖四类土地槽工程量。

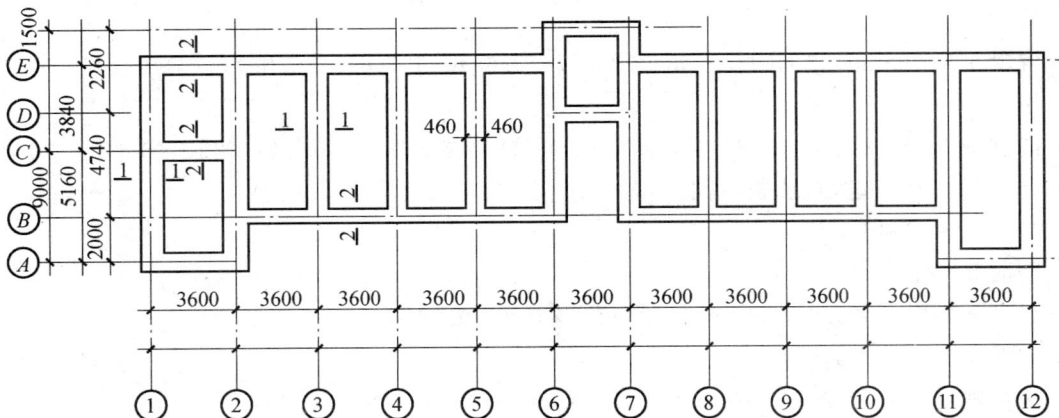

图 7-2 沟槽断面

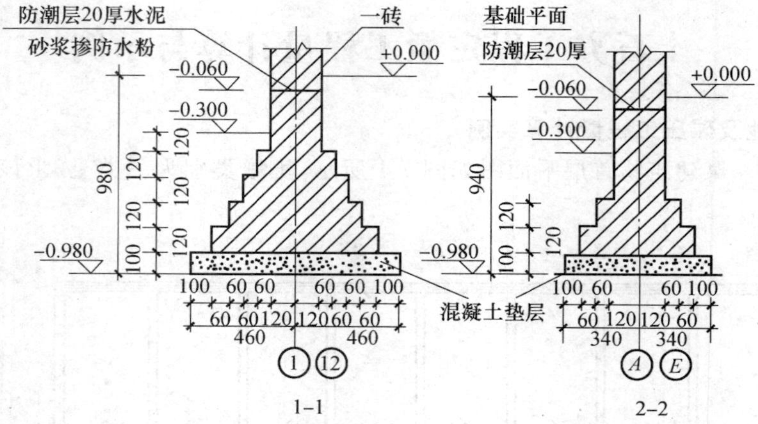

图 7-2(续) 沟槽断面

解:计算顺序可按轴线编号,从左至右及由下而上进行,但基础宽度相同者应合并。

①、⑫ 轴:室外地面至槽底的深度×槽宽×长=(0.98-0.3)×0.92×9×2=11.26(m³)

②、⑪ 轴:(0.98-0.3)×0.92×(9-0.68)×2=10.41(m³)

③、④、⑤、⑧、⑨、⑩ 轴:(0.98-0.3)×0.92×(7-0.68)×6=23.72(m³)

⑥、⑦ 轴:(0.98-0.3)×0.92×(8.5-0.68)×2=9.78(m³)

A、B、C、D、E、F 轴线:(0.84-0.3)×0.68×[39.6×2+(3.6-0.92)]=30.07(m³)

挖地槽工程量=11.26+10.41+23.72+9.78+30.07=85.24(m³)

3. 土石方运输与回填土工程工程量计算实例

回填土区分夯填、松填,按图示回填体积并依相关规定,以 m³ 计算。

(1) 土方运输

【实例 7-3】 求例 7-2 基槽回填土工程量。

解:应先计算混凝土垫层及砖基础的体积(计算长度和计算地槽的长度相同),将挖地槽工程量减去此体积即得出基础回填土夯实的工程量。

剖面 1-1:

混凝土垫层=[9×2+(9-0.68)×2+(7-0.68)×6+(8.5-0.68)×2]×0.1×0.92
         =8.11(m³)

砖基础=[9×2+(9-0.24)×2+(7.0-0.24)×6+(8.5-0.24)×2]×(0.68-0.10+
      0.656 大放脚折加高度)×0.24
      =27.46(m³)

剖面 2-2:

混凝土垫层=[39.6×2+(3.6-0.92)]×0.1×0.68
         =5.57(m³)

砖基础=[39.6×2+(3.6-0.24)]×(0.54-0.1+0.197)×0.24
      =12.62(m³)

∑混凝土垫层总和=8.11+5.57=13.68(m³)

∑砖基础总和=27.46+12.62=40.08(m³)

基槽回填土夯实工程量$=85.24-13.68-40.08=31.48(\text{m}^3)$

注：85.24 m^3的计算见例7-2。

【实例7-4】　埋设直径为600 mm钢管，全长100 m，埋置深度为1 m，计算回填土工程量。

解：人工挖土工程量$=100\times1\times1.3=130(\text{m}^3)$

人工回填土工程量$=130-100\times0.21=109(\text{m}^3)$

（2）房心回填土

1）计算规则。房心回填土，按主墙之间的面积乘以回填土厚度计算。

2）计算实例。

【实例7-5】　计算例7-2室内地面回填土夯实工程量。

解：根据图7-2逐间计算室内土体净面积，汇总后乘以填土厚度即得其工程量。

土体总净面积$=[(5.16-0.24)\times1+(3.84-0.24)\times1+(7-0.24)\times8+(3.76-0.24)\times$
$1+4.74+(9-0.24)]\times(3.6-0.24)+(32.4-0.24)\times(2-0.24)$
$=324.12(\text{m}^3)$

室内地面回填土夯实工程量$=324.12\times(0.3-0.085)=69.69(\text{m}^3)$

（3）余土或取土

1）计算规则。余土或取土工程量，可按下式计算：

$$余土外运体积=挖土总体积-回填土总体积$$

计算结果为正值时，为余土外运体积，负值时为取土体积。

2）计算实例。

【实例7-6】　根据实例7-2、7-3、7-5对挖地槽、基槽回填土和室内地面回填等工程量计算，求图7-2所示工程所需向外部取土的体积（四类土，运距为120 m）。

解：由实例7-2、7-3、7-5计算得出：基槽挖出的土为85.24 m^3；基槽回填的土为31.48 m^3；室内地面填土为69.69 m^3。

需向外取土$=31.48+69.69-85.24=15.93(\text{m}^3)$

向外取土方应包括挖土和运土两部分。

（4）地基强夯

1）计算规则。地基强夯按设计图示强夯面积，区分夯击能量，夯击遍数以m^2计算。

2）计算实例。

【实例7-7】　如图7-3所示，实线范围为地基强夯范围。

① 设计要求：不间隔夯击，设计击数8击，夯击能量为500 t/m，一遍夯击。求其工程量。

② 设计要求：不间隔夯击，设计击数为10击，分两遍夯击，第一遍5击，第二遍5击，第二遍要求低锤满拍，设计夯击能量为400 t/m。求其工程量。

解：地基强夯的工程数量计算如下。

计算公式：按设计图示尺寸，以面积计算，则

1）不间隔夯击，设计击数8击，击能量为500 t/m，一遍夯击的强夯工程数量：

$$40\times18=720(\text{m}^2)$$

2）不间隔夯击，设计击数为10击，分两遍夯击，第一遍5击，第二遍5击，第二遍要求低

锤满拍,设计夯击能量为 400 t/m 的强夯工程数量:

$$40 \times 18 = 720 (\text{m}^2)$$

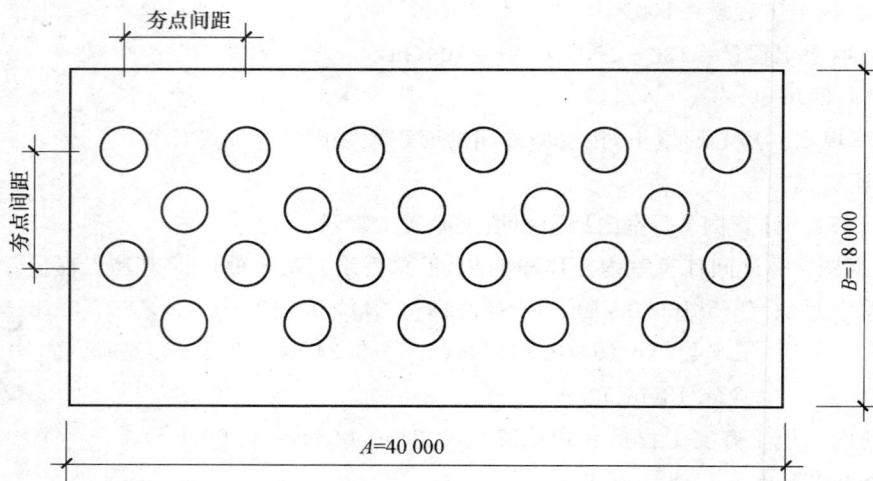

图 7-3　强夯示意图

土石方工程工程量清单计价编制示例

某多层砖混住宅土方工程,土壤类别为三类土;基础为砖大放脚带形基础;垫层宽度为 920 mm;挖土深度为 1.8 m;弃土运距 4 km。

(1)经业主根据基础施工图计算

基础挖土截面积为:$0.92 \times 1.8 = 1.656$ m²

基础总长度为:1590.6 m

土方挖方总量为:2634 m³

(2)经投标人根据地质资料和施工方案计算

1)基础挖土截面为:$1.53 \times 1.8 = 2.75 (\text{m}^2)$(工作面宽度各边 0.25 m,放坡系数为 0.2)

基础总长度为:1590.6 m

土方挖方总量为:4380.5 m³

2)采用人工挖土方量为 4380.5 m³,根据施工方案除沟边推土外,现场堆土 2170.5 m³、运距 60 m,采用人工运输。装载机装,自卸汽车运,运距 4 km、土方量 1210 m³。

3)人工挖土、运土(60 m 内):

① 人工费:$4380.5 \times 8.4 + 2170.5 \times 7.38 = 52\,814.49$(元)

② 机械费(电动机夯机):$8 \times 0.0018 \times 1463.35 = 21.07$(元)

③ 合计:52 835.56 元

4)装载机装自卸汽车运土(4 km):

① 人工费:25×0.006×1210×2＝363(元)

② 材料费(水):1.8×0.012×1210＝26.14(元)

③ 机械费:

a.装载机(轮胎式 1 m³):280×0.00398×1210＝1348.42(元)

b.自卸汽车(3.5 t):340×0.04925×1210＝20 261.45(元)

c.推土机(75 kW):500×0.00296×1210＝1790.80(元)

d.洒水车(400 L):300×0.0006×1210＝217.8(元)

小计:23 618.47 元

④ 合计:24 007.61 元

5）综合:

① 直接费合计:76 843.17 元

② 管理费:直接费×34％＝26 126.68 元

③ 利润:直接费×8％＝6147.45 元

④ 总计:109 117.3 元

⑤ 综合单价:109 409.4/2634＝41.43(元/m³)

6）大型机械进出场费计算(列入工程量清单措施项目费):

① 推土机进出场按平板拖车(15 t)1 个台班计算为:600 元

② 装载机(1 m³)进出场按 1 个台班计算为:280 元

③ 自卸汽车进出场费(3 台)按 1.5 台班计算为:510 元

④ 机械进出场费总计:1390 元

3）将相关数据填入"分部分次工程量清单计价表（表 7-13）"和"分部分次工程量清单综合单价计算表（表 7-14）"中。

表 7-13　分部分项工程量清单计价表

工程名称:某多层砖混住宅工程　　　　　　　　　　　　　　　第 页 共 页

序号	项目编码	项目名称	计量单位	工程数量	金额/元	
					综合单价	合价
1	010101003	挖基础土方 土壤类别:三类土 基础类型:砖大放脚 带形基础 垫层宽度:920 mm 挖土深度:1.8 m 弃土运距:4 km	m³	2634	41.54	109 409.40

表 7-14　分部分项工程量清单综合单价计算表

工程名称:某多层砖混住宅工程 　　　　　　　　　　　计量单位:m³

项目编码:010101003 　　　　　　　　　　　　　　　工程数量:2634

项目名称:挖基础土方 　　　　　　　　　　　　　　　综合单价:41.55 元

序号	定额编号	工程内容	单位	数量	其中:/元					
					人工费	材料费	机械费	管理费	利润	小计
1	1-8	人工挖土方(三类土 2 m 以内)	m³	1.667	13.97	—	0.008	4.75	1.12	19.85
2	1-50	人工运土方(60 m)	m³	0.824	6.08	—	—	2.07	0.49	8.64
3	1-174	装载机自卸汽车运土方(4 km)	m³	0.459	0.14	0.01	9.04	3.13	0.74	13.05
		合　计			20.19	0.01	9.05	9.95	2.35	41.54

注:本书工程量清单计价编制范例中参考的定额除特殊注明者外,均是《全国统一建筑工程基础定额》。在实际工作中,
　　各企业应根据自身的实际情况套用相应标准定额。

第八章　地基处理与边坡支护工程及桩基工程工程量计算

1. 了解地基处理与边坡支护工程及桩基工程定额的工作内容及有关规定。
2. 熟悉和掌握地基处理与边坡支护工程及桩基工程定额工程量的计算规则。
3. 学会地基处理与边坡支护工程及桩基工程定额的应用。
4. 掌握地基处理与边坡支护工程及桩基工程量清单计价与应用。

地基处理与边坡支护工程及桩基工程定额工作内容及有关规定

1. 定额工作内容

（1）柴油打桩机打预制钢筋混凝土桩

柴油打桩机打预制钢筋混凝土桩工作内容包括：准备打桩机具、移动打桩机及其轨道、吊装定位、安卸桩帽、校正、打桩。

（2）预制钢筋混凝土桩接桩

预制钢筋混凝土桩接桩工作内容包括：准备接桩工具、对接上下节桩、桩顶垫平、旋转接桩、筒铁、钢板、焊接、焊制、安放、拆卸夹箍等。

（3）液压桩机具

液压桩机具工作内容包括：移动压桩机就位、捆桩身、吊桩找位、安卸桩帽、校正、压桩。

（4）打拔钢板桩

打拔钢板桩工作包括：准备打桩机具、移动打桩机及其轨道、吊桩定位、安卸桩帽、校正、打桩、系桩、拔桩、15 cm 以内临时堆放安装及拆除导向夹具。

值得注意的是：钢板桩若打入有侵蚀性地下水的土质超过一年或基底为基岩者，拔桩定额另行处理。打槽钢或钢轨，其机械使用量乘以系数 0.77。定额内未包括钢板桩的矫正、除锈、刷油漆。

（5）打孔灌注混凝土桩

打孔灌注混凝土桩工作内容包括：准备打桩机具，移动打桩机及其轨道，用钢管打桩孔安放钢筋笼，运砂石料，过磅，搅拌，运输，灌注混凝土，拔钢管，夯实，混凝土养护。

（6）长螺旋钻孔灌注混凝土桩

长螺旋钻孔灌注混凝土桩工作内容包括：

1）准备机具、移动桩机、桩位校测、钻孔。

2）安放钢筋骨架，搅拌和灌注混凝土。

3) 清理钻孔余土,并运至 50 m 以外指定地点。

（7）潜水钻机钻孔灌注混凝土桩

潜水钻机钻孔灌注混凝土桩工作内容包括:护筒埋高及拆除,准备钻孔机具,钻孔出渣,加泥浆和泥浆制作,清桩孔泥浆,导管准备及安拆,搅拌及灌注混凝土。

（8）泥浆运输

泥浆运输工作内容包括:装卸泥浆、运输、清理场地。

（9）打孔灌注砂(碎石或砂石)桩

打孔灌注砂(碎石或砂石)桩工作内容包括:准备打桩机具,移动打桩机及其轨道,安放桩尖,沉管打孔,运砂(碎石或砂石)灌注,拔管,振实。

注:打碎石或砂石桩时,人工工日、碎石(或砂石)用量按相应定额子目中括号内的数量计算。

（10）灰土挤密桩

灰土挤密桩工作内容包括:准备机具,移动桩机,打拔桩管成孔,灰土,过筛拌和,30 m 以内运输、填充、夯实。

（11）桩架 90°调面、超运距移动

桩架 90°调面、超运距移动工作内容包括:铺设轨道,桩架 90°整体调面,桩机整体移动。

温馨提示

当地基土上部为软弱土层,且荷载很大,采用浅基础已不能满足地基变形与强度要求时,可利用地基下部较坚硬的土层作为基础。常用的深基础有桩基础、沉井及地下连续墙等。

桩基础由桩身及承台组成,桩身全部或部分埋入土中,顶部由承台连成一体,在承台上修建上部建筑物。

---

2. 定额一般规定

1) 本定额适用于一般工业与民用建筑工程的桩基础,不适用于水工建筑、公路桥梁工程。

2) 本定额土的级别划分应根据工程地质资料中的土层构造和土的物理、力学性能的有关指标,参考纯沉桩时间确定。凡遇有砂夹层者,应首先按砂层情况确定土级。无砂层者,按土的物理力学性能指标并参考每天平均纯沉桩时间确定。用土的力学性能指标鉴别土的级别时,桩长在 12 m 以内,相当于桩长的 1/3 的土层厚度应达到所规定的指标。12 m 以外,按 5 m 厚度确定。

3) 本定额除静力压桩外,均未包括接桩,如需接桩,除按相应打桩定额项目计算外,按设计要求另计算接桩项目。

4) 单位工程打(灌)桩工程量在表 8-1 规定数量以内时,其人工、机械量按相应定额项目乘以 1.25 计算。

表 8-1 单位工程打(灌)桩工程量

项目	单位工程的工程量	项目	单位工程的工程量
钢筋混凝土方桩	150 m³	打孔灌注混凝土桩	60 m³
钢筋混凝土管桩	50 m³	打孔灌注砂、石桩	60 m³
钢筋混凝土板桩	50 m³	钻孔灌注混凝土桩	100 m³
钢板桩	50 t	潜水钻孔灌注混凝土桩	100 m³

5）焊接桩接头钢材用量，设计与定额用量不同时，可按设计用量换算。

6）打试验桩按相应定额项目的人工、机械乘以系数 2 计算。

7）打桩、打孔，桩间净距小于 4 倍桩径（桩边长）的，按相应定额项目中的人工、机械乘以系数 1.13。

8）定额以打直桩为准，如打斜桩，斜度在 1∶6 以内者，按相应定额项目乘以系数 1.25，如斜度大于 1∶6 者，按相应定额项目人工、机械乘以系数 1.43。

9）定额以平地（坡度小于 15°）打桩为准，如在堤坡上（坡度大于 15°）打桩时，按相应定额项目人工、机械乘以系数 1.15。如在基坑内（基坑深度大于 1.5 m）打桩或在地坪上打坑槽内（坑槽深度大于 1 m）桩时，按相应定额项目人工、机械乘以系数 1.11。

10）定额各种灌注的材料用量中，均已包括表 8-2 规定的充盈系数和材料损耗：其中灌注砂石桩除上述充盈系数和损耗率外，还包括级配密实系数 1.334。

表 8-2　定额各种灌注的材料用量表

项目名称	充盈系数	损耗率/（%）
打孔灌注混凝土桩	1.25	1.5
钻孔灌注混凝土桩	1.30	1.5
打孔灌注砂桩	1.30	3
打孔灌注砂石桩	1.30	3

11）在桩间补桩或强夯后的地基打桩时，按相应定额项目人工、机械乘以系数 1.15。

12）打送桩时，可按相应打桩定额项目综合工日及机械台班乘以表 8-3 规定系数计算。

表 8-3　送桩深度及系数表

送桩深度	2 m 以内	4 m 以内	4 m 以上
系数	1.25	1.43	1.67

13）金属周转材料中包括桩帽、送桩器、桩帽盖、活瓣桩尖、钢管、料斗等属于周转性使用的材料。

学以致用

地基处理与边坡支护工程及桩基工程定额工程量计算规则

1. 准备工作

计算打桩（灌注桩）工程量前应确定下列事项。

1）确定土质级别：依工程地质资料中的土层构造，土的物理、化学性质及每米沉桩时间鉴别适用定额土质级别,见表 8-4。

表 8-4 土质鉴别表

内容		土壤级别	
		一级土	二级土
砂夹层	砂层连续厚度	<1 m	>1 m
	砂层中卵石含量	—	<15%
物理性能	压缩系数	>0.02	<0.02
	孔隙比	>0.7	<0.7
力学性能	静力触探值	<50	>50
	动力触探系数	<12	>12
每米纯沉桩时间平均值		<2 min	>2 min
说 明		桩经外力作用较易沉入的土,土壤中夹有较薄的砂层	桩经外力作用较难沉入的土,土壤中夹有不超过 3 m 的连续厚度砂层

2）确定施工方法、工艺流程,采用机型,桩、土的泥浆运距。

2.预制钢筋混凝土桩工程量计算规则

打预制钢筋混凝土桩的体积,按设计桩长(包括桩尖、不扣除桩尖虚体积)乘以桩截面面积计算。其工程量计算公式为

单桩体积＝桩截面面积×桩全长

3.管桩工程量计算规则

管桩的空心体积应扣除。如管桩的空心部分按设计要求灌注混凝土或其他填充材料时,应另行计算。其计算公式为

$$V = S \times L$$
$$= \frac{1}{4}\pi(D^2 - d^2) \times L$$
$$= \pi(R^2 - r^2) \times L$$

式中 V——管桩打桩工程量(m^3);

S——桩截面面积(m);

R——管桩外半径(m);

r——管桩内半径(m);

L——管桩长度(m);

D——管桩外直径(m);

d——管桩内直径(m)。

4. 接桩工程量计算规则

在打桩过程中往往会出现预制桩长度满足不了设计要求的情况,这时就需要将两根(或两根以上)预制桩连接起来。接桩时先把前段桩打到地面附近剩 1 m 左右时,采用某种技术措施,把后段桩与前段桩连接起来后,再继续向下打入土中,这种桩与桩连接的过程就叫接桩。接桩的方式在定额中有两种:

1)焊接法。当前段桩打到打桩机操作平台高度后,将下一段吊起对准前一段桩的顶端,然后把上下两段桩头预埋的连接件,以钢板(或角钢)包裹后再用电焊焊牢,这就是"电焊接桩"。其工程量按设计接头,以"个"计算。

2)硫黄胶泥接桩法。在打预制桩时,将某段桩的一端预留四个锚筋孔,另一段桩的下端预留四根锚筋。打桩时先将留有锚筋孔的桩打入地下,再打留有锚筋的那段桩。接桩时,在两段桩的接触面涂抹硫黄胶泥来黏结,然后将桩的锚筋插入前段桩的锚孔中,使上下两段桩黏结起来,这就是"硫黄胶泥接桩"。其工程量按桩断面以"m²"计算进行。

5. 送桩工程量计算规则

在打钢筋混凝土预制桩工程中,由于某种原因,有时要求将桩顶打到低于打桩机架操作平台以下,或将桩顶面打入自然地坪以下,这时桩锤就不能触击到桩头,需要用一根"送桩"接在桩顶部以传递桩锤的锤击力,将桩打到设计要求的位置。送桩按桩截面面积乘以送桩长度(即打桩架底至桩顶面高度或自桩顶面至自然地坪另加 0.5 m)计算。单根送桩工程量计算式为

$$V = S \times (h + 0.5)$$

式中　S——桩截面面积;

　　　h——桩顶面至自然地坪高度。

6. 混凝土灌柱桩工程量计算规则

1)混凝土桩、砂桩、碎石桩的体积,按设计规定桩长(包括桩尖,不扣除桩尖虚体积)乘以钢管管箍外径截面面积计算。

2)扩大桩的体积按单柱体积乘以次数。

3)打孔后先埋入预制混凝土桩尖,再灌注混凝土,桩尖按钢筋混凝土章节规定计算体积,灌注桩按设计长度(自桩尖顶面至桩顶面高度)乘以钢管管箍外径截面面积计算。其计算公式为

$$V = \pi \times R^2 \times L$$

式中　V——灌注桩工程量(m^3);

　　　R——灌注桩管箍外半径(m);

　　　L——灌注桩设计长度(m)。

7. 钻孔灌注桩工程量计算规则

钻孔灌注桩按设计规定桩长(包括桩尖,不扣除桩尖虚体积)增加 0.25 m 乘以设计断面面积计算。其计算公式为

$$V = \pi R^2 (L + 0.25)$$

式中　V——灌注桩工程量(m^3);

　　　R——灌注桩半径(m);

　　　L——灌注桩设计深度(m)。

8. 其他规定

1)打拔钢板桩按钢板桩质量以 t 计算。

2）泥浆运输工程量按钻孔体积以 m³ 计算。

3）安、拆导向夹具，按设计图纸规定的水平，以"延长米"计算。

4）桩架 90°调面只适用轨道式、走管式、导杆、筒式柴油打桩机以"次"计算。

地基处理与边坡支护工程及桩基工程工程量清单计价

1. 地基处理（编号：010201）

地基处理工程量清单项目设置、项目特征描述、计量单位及工程量计算规则，见表 8-5。

表 8-5　地基处理（编号：010201）

项目编码	项目名称	项目特征	计量单位	工程量计算规则	工程内容
010201001	换填垫层	1.材料种类及配比 2.压实系数 3.掺加剂品种	m³	按设计图示尺寸以体积计算	1.分层铺填 2.碾压、振密或夯实 3.材料运输
010201002	铺设土工合成材料	1.部位 2.品种 3.规格		按设计图示尺寸以面积计算	1.挖填锚固沟 2.铺设 3.固定 4.运输
010201003	预压地基	1.排水竖井种类、断面尺寸、排列方式、间距、深度 2.预压方法 3.预压荷载、时间 4.砂垫层厚度	m²	按设计图示处理范围以面积计算	1.设置排水竖井、盲沟、滤水管 2.铺设砂垫层、密封膜 3.堆载、卸载或抽气设备安拆、抽真空 4.材料运输
010201004	强夯地基	1.夯击能量 2.夯击遍数 3.夯击点布置形式、间距 4.地耐力要求 5.夯填材料种类			1.铺设夯填材料 2.强夯 3.夯填材料运输
010201005	振冲密实（不填料）	1.地层情况 2.振密深度 3.孔距			1.振冲加密 2.泥浆运输
010201006	振冲桩（填料）	1.地层情况 2.空桩长度、桩长 3.桩径 4.填充材料种类	1. m 2. m³	1.以米计量，按设计图示尺寸以桩长计算 2.以立方米计量，按设计桩截面乘以桩长以体积计算	1.振冲成孔、填料、振实 2.材料运输 3.泥浆运输

项目编码	项目名称	项目特征	计量单位	工程量计算规则	工程内容
010201007	砂石桩	1.地层情况 2.空桩长度、桩长 3.桩径 4.成孔方法 5.材料种类、级配	1. m 2. m³	1.以米计量,按设计图示尺寸以桩长（包括桩尖）计算 2.以立方米计量,按设计桩截面乘以桩长（包括桩尖）以体积计算	1.成孔 2.填充、振实 3.材料运输
010201008	水泥粉煤灰碎石桩	1.地层情况 2.空桩长度、桩长 3.桩径 4.成孔方法 5.混合料强度等级	m	按设计图示尺寸以桩长（包括桩尖）计算	1.成孔 2.混合料制作、灌注、养护 3.材料运输
010201009	深层搅拌桩	1.地层情况 2.空桩长度、桩长 3.桩截面尺寸 4.水泥强度等级、掺量		按设计图示尺寸以桩长计算	1.预搅下钻、水泥浆制作、喷浆搅拌提升成桩 2.材料运输
010201010	粉喷桩	1.地层情况 2.空桩长度、桩长 3.桩径 4.粉体种类、掺量 5.水泥强度等级、石灰粉要求		按设计图示尺寸以桩长计算	1.预搅下钻、喷粉搅拌提升成桩 2.材料运输
010201011	夯实水泥土桩	1.地层情况 2.空桩长度、桩长 3.桩径 4.成孔方法 5.水泥强度等级 6.混合料配比		按设计图示尺寸以桩长（包括桩尖）计算	1.成孔、夯底 2.水泥土拌合、填料、夯实 3.材料运输
010201012	高压喷射注浆桩	1.地层情况 2.空桩长度、桩长 3.桩截面 4.注浆类型、方法 5.水泥强度等级		按设计图示尺寸以桩长计算	1.成孔 2.水泥浆制作、高压喷射注浆 3.材料运输
010201013	石灰桩	1.地层情况 2.空桩长度、桩长 3.桩径 4.成孔方法 5.掺和料种类、配合比		按设计图示尺寸以桩长（包括桩尖）计算	1.成孔 2.混合料制作、运输、夯填

项目编码	项目名称	项目特征	计量单位	工程量计算规则	工程内容
010201014	灰土(土)挤密桩	1. 地层情况 2. 空桩长度、桩长 3. 桩径 4. 成孔方法 5. 灰土级配	m	按设计图示尺寸以桩长(包括桩尖)计算	1. 成孔 2. 灰土拌和、运输、填充、夯实
010201015	桩锤冲扩桩	1. 地层情况 2. 空钻深度、注浆深度 3. 注浆间距 4. 浆液种类及配比 5. 注浆方法 6. 水泥强度等级		按设计图示尺寸以桩长计算	1. 安、拔套管 2. 冲孔、填料、夯实 3. 桩体材料制作、运输
010201016	注浆地基	1. 地层情况 2. 空钻深度、注浆深度 3. 注浆间距 4. 浆液种类及配比 5. 注浆方法 6. 水泥强度等级	1. m 2. m³	1. 以米计量,按设计图示尺寸以钻孔深度计算 2. 以立方米计量,按设计图示尺寸以加固体积计算	1. 成孔 2. 注浆导管制作、安装 3. 浆液制作、压浆 4. 材料运输
010201017	褥垫层	1. 厚度 2. 材料品种及比例	1. m² 2. m³	1. 以平方米计量,按设计图示尺寸以铺设面积计算 2. 以立方米计量,按设计图示尺寸以体积计算	材料拌合、运输、铺设、压实

2. 基坑与边坡支护(编号:010202)

基坑与边坡支护工程量清单项目设置、项目特征描述、计量单位及工程量计算规则,见表 8-6。

表 8-6　基坑与边坡支护(编号:010202)

项目编码	项目名称	项目特征	计量单位	工程量计算规则	工程内容
010202001	地下连续墙	1. 地层情况 2. 导墙类型、截面 3. 墙体厚度 4. 成槽深度 5. 混凝土种类、强度等级 6. 接头形式	m³	按设计图示墙中心线长乘以厚度乘以槽深以体积计算	1. 导墙挖填、制作、安装、拆除 2. 挖土成槽、固壁、清底置换 3. 混凝土制作、运输、灌注、养护 4. 接头处理 5. 土方、废泥浆外运 6. 打桩场地硬化及泥浆池、泥浆沟

续表

项目编码	项目名称	项目特征	计量单位	工程量计算规则	工程内容
010202002	咬合灌注桩	1.地层情况 2.桩长 3.桩径 4.混凝土种类、强度等级 5.部位	1. m 2. 根	1.以米计量,按设计图示尺寸以桩长计算 2.以根计量,按设计图示数量计算	1.成孔、固壁 2.混凝土制作、运输、灌注、养护 3.套管压拔 4.土方、废泥浆外运 5.打桩场地硬化及泥浆池、泥浆沟
010202003	圆木桩	1.地层情况 2.桩长 3.材质 4.尾径 5.桩倾斜度		1.以米计量,按设计图示尺寸以桩长(包括桩尖)计算 2.以根计量,按设计图示数量计算	1.工作平台搭拆 2.桩机移位 3.桩靴安装 4.沉桩
010202004	预制钢筋混凝土板桩	1.地层情况 2.送桩深度、桩长 3.桩截面 4.沉桩方法 5.连接方式 6.混凝土强度等级			1.工作平台搭拆 2.桩机移位 3.沉桩 4.板桩连接
010202005	型钢桩	1.地层情况或部位 2.送桩深度、桩长 3.规格型号 4.桩倾斜度 5.防护材料种类 6.是否拔出	1. t 2. 根	1.以吨计量,按设计图示尺寸以质量计算 2.以根计量,按设计图示数量计算	1.工作平台搭拆 2.桩机移位 3.打(拔)桩 4.接桩 5.刷防护材料
010202006	钢板桩	1.地层情况 2.桩长 3.板桩厚度	1. t 2. m²	1.以吨计量,按设计图示尺寸以质量计算 2.以平方米计量,按设计图示墙中心线长乘以桩长以面积计算	1.工作平台搭拆 2.桩机移位 3.打拔钢板桩

项目编码	项目名称	项目特征	计量单位	工程量计算规则	工程内容
010202007	锚杆（锚索）	1.地层情况 2.锚杆（索）类型、部位 3.钻孔深度 4.钻孔直径 5.杆体材料品种、规格、数量 6.预应力 7.浆液种类、强度等级	1.m 2.根	1.以米计量，按设计图示尺寸以钻孔深度计算 2.以根计量，按设计图示数量计算	1.钻孔、浆液制作、运输、压浆 2.锚杆（锚索）制作、安装 3.张拉锚固 4.锚杆（锚索）施工平台搭设、拆除
010202008	土钉	1.地层情况 2.钻孔深度 3.钻孔直径 4.置入方法 5.杆体材料品种、规格、数量 6.浆液种类、强度等级			1.钻孔、浆液制作、运输、压浆 2.土钉制作、安装 3.土钉施工平台搭设、拆除
010202009	喷射混凝土、水泥砂浆	1.部位 2.厚度 3.材料种类 4.混凝土（砂浆）类别、强度等级	m²	按设计图示尺寸以面积计算	1.修整边坡 2.混凝土（砂浆）制作、运输、喷射、养护 3.钻排水孔、安装排水管 4.喷射施工平台搭设、拆除
010202010	钢筋混凝土支撑	1.部位 2.混凝土种类 3.混凝土强度等级	m³	按设计图示尺寸以体积计算	1.模板（支架或支撑）制作、安装、拆除、堆放、运输及清理模内杂物、刷隔离剂等 2.混凝土制作、运输、浇筑、振捣、养护
010202011	钢支撑	1.部位 2.钢材品种、规格 3.探伤要求	t	按设计图示尺寸以质量计算。不扣除孔眼质量，焊条、铆钉、螺栓等不另增加质量	1.支撑、铁件制作（摊销、租赁） 2.支撑、铁件安装 3.探伤 4.刷漆 5.拆除 6.运输

3.打桩(编码:010301)

打桩工程量清单项目设置、项目特征描述、计量单位及工程量计算规则,见表8-7。

表 8-7 打桩(010301)

项目编码	项目名称	项目特征	计量单位	工程量计算规则	工程内容
010301001	预制钢筋混凝土方桩	1.地层情况 2.送桩深度、桩长 3.桩截面 4.桩倾斜度 5.沉桩方法 6.接桩方式 7.混凝土强度等级	1.m 2.m³ 3.根	1.以米计量,按设计图示尺寸以桩长(包括桩尖)计算 2.以立方米计量,按设计图示截面积乘以桩长(包括桩尖)以实体积计算 3.以根计量,按设计图示数量计算	1.工作平台搭拆 2.桩机竖拆、移位 3.沉桩 4.接桩 5.送桩
010301002	预制钢筋混凝土管桩	1.地层情况 2.送桩深度、桩长 3.桩外径、壁厚 4.桩倾斜度 5.沉桩方法 6.桩尖类型 7.混凝土强度等级 8.填充材料种类 9.防护材料种类			1.工作平台搭拆 2.桩机竖拆、移位 3.沉桩 4.接桩 5.送桩 6.桩尖制作安装 7.填充材料、刷防护材料
010301003	钢管桩	1.地层情况 2.送桩深度、桩长 3.材质 4.管径、壁厚 5.桩倾斜度 6.沉桩方法 7.填充材料种类 8.防护材料种类	1.t 2.根	1.以吨计量,按设计图示尺寸以质量计算 2.以根计量,按设计图示数量计算	1.工作平台搭拆 2.桩机竖拆、移位 3.沉桩 4.接桩 5.送桩 6.切割钢管、精割盖帽 7.管内取土 8.填充材料、刷防护材料
010301004	截(凿)桩头	1.桩类型 2.桩头截面、高度 3.混凝土强度等级 4.有无钢筋	1.m³ 2.根	1.以立方米计量,按设计桩截面乘以桩头长度以体积计算 2.以根计量,按设计图示数量计算	1.截(切割)桩头 2.凿平 3.废料外运

4. 灌注桩(编号:010302)

灌注桩工程量清单项目设置、项目特征描述、计量单位及工程量计算规则,见表8-8。

表 8-8　灌注桩(编号:010302)

项目编码	项目名称	项目特征	计量单位	工程量计算规则	工程内容
010302001	泥浆护壁成孔灌注桩	1.地层情况 2.空桩长度、桩长 3.桩径 4.成孔方法 5.护筒类型、长度 6.混凝土种类、强度等级			1.护筒埋设 2.成孔、固壁 3.混凝土制作、运输、灌注、养护 4.土方、废泥浆外运 5.打桩场地硬化及泥浆池、泥浆沟
010302002	沉管灌注桩	1.地层情况 2.空桩长度、桩长 3.复打长度 4.桩径 5.沉管方法 6.桩尖类型 7.混凝土种类、强度等级	1.m 2.m³ 3.根	1.以米计量,按设计图示尺寸以桩长(包括桩尖)计算 2.以立方米计量,按不同截面在桩上范围内以体积计算 3.以根计量,按设计图示数量计算	1.打(沉)拔钢管 2.桩尖制作、安装 3.混凝土制作、运输、灌注、养护
010302003	干作业成孔灌注桩	1.地层情况 2.空桩长度、桩长 3.桩径 4.扩孔直径、高度 5.成孔方法 6.混凝土种类、强度等级			1.成孔、扩孔 2.混凝土制作、运输、灌注、振捣、养护
010302004	挖孔桩土(石)方	1.地层情况 2.挖孔深度 3.弃土(石)运距	m³	按设计图示尺寸(含护壁)截面积乘以挖孔深度以立方米计算	1.排地表水 2.挖土、凿石 3.基底钎探 4.运输
010302005	人工挖孔灌注桩	1.桩芯长度 2.桩芯直径、扩底直径、扩底高度 3.护壁厚度、高度 4.护壁混凝土种类、强度等级 5.桩芯混凝土种类、强度等级	1.m³ 2.根	1.以立方米计量,按桩芯混凝土体积计算 2.以根计量,按设计图示数量计算	1.护壁制作 2.混凝土制作、运输、灌注、振捣、养护

项目编码	项目名称	项目特征	计量单位	工程量计算规则	工程内容
010302006	钻孔压浆桩	1. 地层情况 2. 空钻长度、桩长 3. 钻孔直径 4. 水泥强度等级	1. m 2. 根	1. 以米计量,按设计图示尺寸以桩长计算 2. 以根计量,按设计图示数量计算	钻孔、下注浆管、投放骨料、浆液制作、运输、压浆
010302007	灌注桩后压浆	1. 注浆导管材料、规格 2. 注浆导管长度 3. 单孔注浆量 4. 水泥强度等级	孔	按设计图示以注浆孔数计算	1. 注浆导管制作、安装 2. 浆液制作、运输、压浆

地基处理与边坡支护工程及桩基工程定额工程量计算与示例

1. 预制钢筋混凝土方桩工程量计算实例

【实例 8-1】 某桩基础工程共打预制钢筋混凝土方桩 256 根,桩长 12.5 m,其中桩尖 0.5 m,桩截面为 300 mm×300 mm,试计算打预制钢筋混凝土方桩工程量。

解:根据公式"单桩体积＝桩截面面积×桩全长"可知:

$$V=0.3 \times 0.3 \times 12.5 \times 256 = 288.0 (m^3)$$

2. 管桩工程量计算实例

【实例 8-2】 某工程需用如图 8-1 所示预制钢筋混凝土方桩 200 根,预制混凝土管桩 150 根,已知混凝土强度等级为 C40,土壤类别为四类土,求该工程打钢筋混凝土桩及管桩的工程数量。

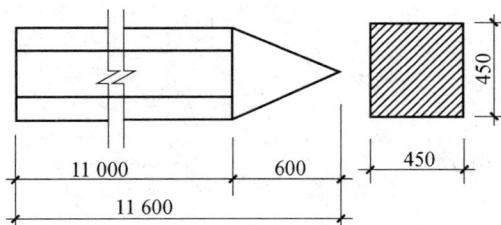

图 8-1 预制混凝土方桩

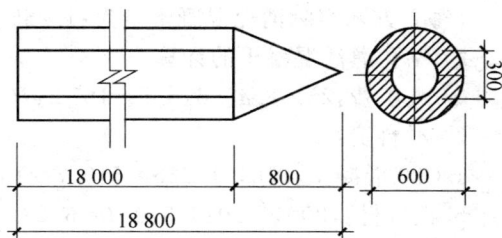

图 8-2 预制混凝土管桩

解:按设计图示尺寸,以桩长(包括桩尖)或根数计算,则:

① 土壤类别为四类土,打单桩长度 11.6 m,断面 450 mm×450 mm,混凝土强度等级为 C40 的预制混凝土桩的工程数量为 200 根(或 11.6×200＝2320m)。

② 土壤类别为四类土,钢筋混凝土管桩单根长度 18.8 m,外径 600 mm,内径 300 mm,管内灌注 C10 细石混凝土,混凝土强度等级为 C40 的预制混凝土管桩的工程数量为 150 根(工程量清单数量)。

如果是施工企业编制投标报价,应按建设主管部门规定办法计算工程量。

(1) 方桩单根工程量:$V_桩 = S_截 \times H = 0.45 \times 0.45 \times (11 + 0.6) = 2.35 (m^3)$

总工程量 $= 2.35 \times 200 = 469.8 (m^3)$

(2) 管桩单根工程量:$V_桩 = \pi \times 0.3^2 \times 18.8 - \pi \times 0.15^2 \times 18 = 4.04 (m^3)$

总工程量 $= 4.04 \times 150 = 606.48 (m^3)$

3. 混凝土灌柱桩工程量计算实例

【实例 8-3】 某工程为人工挖孔灌注混凝土桩,混凝土强度等级 C20,数量为 60 根,设计桩长 8 m,桩径 1.2 m,已知土壤类别为四类土,求该工程混凝土灌注桩的工程数量。

解:混凝土灌注桩的工程数量计算如下。

计算公式:按设计图示尺寸以桩长(包括桩尖)或根数计算。

则土壤类别为四类土,混凝土强度等级为 C20,数量为 60 根,设计桩长 8 m,桩径 1.2 m,人工挖孔灌柱混凝土桩的工程数量:$8 \times 60 = 480 (m)$(或 60 根)

如果是施工企业编制投标报价,应按建设主管部门规定方法计算工程量。

单根桩工程量: $V_桩 = \pi \times \left(\dfrac{1.2}{2}\right)^2 \times 8 = 9.048 (m^3)$

总工程量 $= 9.048 \times 60 = 542.88 (m^3)$

地基处理与边坡支护工程及桩基工程工程量清单计价编制示例

某工程灌注桩,土壤级别为二级土,单根桩设计长度为 8 m,总共 127 根,桩截面直径为 800 mm,灌注混凝土强度等级 C30。

(1) 经业主根据灌注桩基础施工图计算

混凝土灌注桩总长为:$8 \times 127 = 1016 (m)$

(2) 经投标人根据地质资料和施工方案计算

1) 混凝土桩总体积为:$3.1416 \times (0.4)^2 \times 1016 = 510.7 (m^3)$

混凝土桩实际消耗总体积为:$510.7 \times (1 + 0.015 + 0.25) = 646.04 (m^3)$

(每立方米实际消耗混凝土量为:$1.265 m^3$)

2) 钻孔灌注混凝土的计算。

① 人工费:$25 \times 8.4 \times 510.7 = 107 247 (元)$

② 材料费

a. C30 混凝土:$210 \times 1.265 \times 510.7 = 135 667.46 (元)$

b. 板桩材:$1200 \times 0.01 \times 510.7 = 6128.4 (元)$

c. 黏土:$340 \times 0.054 \times 510.7 = 9376.45 (元)$

d. 电焊条:$5 \times 0.145 \times 510.7 = 370.26 (元)$

e. 水:$1.8 \times 2.62 \times 510.7 = 2408.46 (元)$

f. 铁钉:$2.4 \times 0.0390 \times 510.7 = 47.80 (元)$

g. 其他材料费:$30 155 \times 16.04\% = 4836.86 (元)$

h. 小计:158 835.69 元

③ 机械费:

a. 潜水钻机(ϕ1250 内):290×0.422×510.7=62 499.47(元)

b. 交流焊机(40 kVA):59×0.026×510.7=783.41(元)

c. 空气压缩机(m^3/min):11×0.045×510.7=252.80(元)

d. 混凝土搅拌机(400 L):90×0.076×510.7=3493.19(元)

e. 其他机械费:69 304.04×11.57%=8018.48(元)

f. 小计:75 047.35 元

④ 合计:341 130.04 元

3) 泥浆运输(泥浆总用量):0.486×510.7=248.2(m^3)。

① 人工费:25×0.744×248.2=4616.52(元)

② 机械费:

a. 泥浆运输车:330×0.186×248.2=15 234.52(元)

b. 泥浆泵:100×0.062×248.2=1538.84(元)

c. 小计:16 773.36 元

③ 合计:21 389.88 元

4) 泥浆池挖土方(58 m^3)。

人工费:12×58=696(元)

5) 泥浆池垫层(2.96 m^3)。

① 人工费:30×2.96=88.8(元)

② 材料费:154×2.96=455.84(元)

③ 机具费:16×2.96=47.36(元)

④ 合计:592.0 元

6) 池壁砌砖(7.55 m^3)。

① 人工费:40.50×7.55=305.78(元)

② 材料费:135.00×7.55=1019.25(元)

③ 机具费:4.5×7.55=33.98(元)

④ 合计:1359.01 元

7) 池底砌砖(3.16 m^3)。

① 人工费:35.0×3.16=110.6(元)

② 材料费:126×3.16=398.16(元)

③ 机具费:4.5×3.16=14.22(元)

④ 合计:522.98 元

8) 池底、池壁抹灰。

① 人工费:3.3×25+5×30=232.50(元)

② 材料费:7.75×25+5.5×30=358.75(元)

③ 机具费:0.5×55=27.5(元)

④ 合计:618.75 元

9) 拆除泥浆池。

人工费:600 元

10) 综合。

① 直接费合计:366 908.66 元

② 管理费:直接费×34%=124 748.94(元)

③ 利润:直接费×8%=366 908.66×8%=29 352.69(元)

④ 总计:521 010.29 元

⑤ 综合单价:521 010.29/1016=512.81(元/m)。

(3) 将相关数据填入"分部项工程量清单计价表(表 8-8)"和"分部分项工程量清单综合单价计算表(表 8-9)"中。

表 8-8 分部分项工程量清单计价表

工程名称:某工程   第 页 共 页

序号	项目编码	项目名称	计量单位	工程数量	金额/元	
					综合单价	合价
1	010201003	混凝土灌注桩 土壤类别:二类土 桩单根设计长度:8 m 桩根数:127 根 桩截面:φ800 混凝土强度:C30 泥浆运输 5 km 以内	m	1016	512.80	521 004.80

表 8-9 分部分项工程量清单综合单价计算表

工程名称:某工程   计量单位:m

项目编码:010201003001   工程数量:1016

项目名称:混凝土灌注桩   综合单价:512.80 元

序号	定额编号	工程内容	单位	数量	其中:/元					
					人工费	材料费	机械费	管理费	利润	小计
1	AB0215	钻孔灌注混凝土桩	m	0.637	105.56	153.52	76.10	113.96	26.81	475.95
2	2-97	泥浆运输 5 km 以内	m³	0.244	4.54	—	16.51	7.16	1.68	29.89
3	1-2	泥浆池挖土方(2 m 以内,三类土)	m³	0.057	0.69	—	—	0.23	0.05	0.97
4	8-15	泥浆池垫层(石灰拌和)	m³	0.003	0.09	0.45	0.05	0.20	0.05	0.84
5	4-10	砖砌池壁(一砖厚)	m³	0.007	0.30	1.00	0.03	0.45	0.11	1.89
6	8-105	砖砌池底(平铺)	m³	0.003	0.11	0.39	0.01	0.17	0.04	0.72
7	11-25	池壁、池底抹灰	m²	0.025	0.23	0.35	0.03	0.21	0.05	0.87
8	A2B-11	拆除泥浆池	座	0.001	0.59	—	—	0.20	0.05	0.84
		合 计			112.11	155.71	92.73	122.58	28.84	511.97

第九章　砌筑工程工程量计算

1. 了解砌筑工程定额的工作内容及有关规定。
2. 熟悉和掌握砌筑工程定额工程量的计算规则。
3. 掌握砌筑工程定额工程量的计算应用。
4. 掌握砌筑工程工程量计价与实例。

知识课堂

砌筑工程定额工作内容及有关规定

一、定额工作内容

1. 砌砖

（1）砖基础、砖墙工作内容

1）砖基础工作内容包括：调运砂浆、铺砂浆、运砖、清理基槽坑、砌砖等。

2）砖墙工作内容包括：调、运、铺砂浆，运砖；砌砖包括窗台虎头砖、腰线、门窗套，安放木砖、铁件等。

（2）空斗墙、空花墙工作内容

1）调、运、铺砂浆，运砖。

2）砌砖包括窗台虎头砖、腰线、门窗套。

3）安放木砖、铁件等。

（3）填充墙、贴砌砖工作内容

1）调、运、铺砂浆，运砖。

2）砌砖包括窗台虎头砖、腰线、门窗套。

3）安放木砖、铁件等。

（4）砌块墙工作内容

1）调、运、铺砂浆，运砖。

2）砌砖包括窗台虎头砖、腰线、门窗套。

3）安放木砖、铁件等。

（5）围墙工作内容

调、运、铺砂浆，运砖。

（6）砖柱工作内容

1）调、运、铺砂浆，运砖。

2）砌砖。

3）安放木砖、铁件等。

（7）砖烟囱、水塔工作内容

1）砖烟囱筒身工作内容包括：调运砂浆，砍砖，砌砖，原浆勾缝，支模出檐，安装爬梯，烟囱帽抹灰等。

2）砖烟囱内衬、砖烟道工作内容包括：调运砂浆，砍砖，砌砖，内部灰缝刮平及填充隔热材料等。

3）砖水塔工作内容包括：调运砂浆，砍砖，砌砖及原浆勾缝，制作、安装及拆除门窗、胎模等。

（8）其他砖砌体工作内容

1）砖平璇、钢筋砖过梁工作内容包括：调运砂浆，铺砂浆，运砂，砌砖，模板制作、安装及拆除、钢筋制作及安装。

2）挖孔桩砖护壁工作内容包括：调运砂浆，铺砂浆，运砖，砌砖。

2. 砌石

（1）基础、勒脚工作内容

运石，调运砂浆，铺砂浆，砌筑。

（2）墙、柱工作内容包括

1）运石，调运砂浆，铺砂浆。

2）砌筑、平整墙角及门窗洞口处的石料加工等。

3）毛石墙身包括墙角、门窗洞口处的石料加工。

（3）护坡工作内容

调运砂浆，砌石，铺砂，勾缝等。

（4）其他石砌体工作内容

1）翻楞子，天地座打平，运石，调运砂浆，铺砂浆，安装铁梯及清理石渣，洗石料，基础夯实，扁钻缝，安砌等。

2）剔缝，洗刷，调运砂浆，勾缝等。

3）划线，扁光，打钻路，钉麻石等。

二、定额一般规定

1. 砌砖、砌块

1）定额中砖的规格，是按标准砖编制的；砌块、多孔砖规格是按常用规格编制的。规格不同时，可以换算。

2）砖墙定额中已包括先立门窗框的调直用工以及腰线、窗台线、挑檐等一般出线用工。

3）砖砌体均包括了原浆勾缝用工，加浆勾缝时，另按相应定额计算。

4）填充墙以填炉渣、炉渣混凝土为准，如实际使用材料与定额不同时，允许换算，其他不变。

5）墙体必需放置的拉接钢筋，应按钢筋混凝土章节另行计算。

6）硅酸盐砌块、加气混凝土砌块墙，是按水泥混合砂浆编制的，如设计使用水玻璃矿渣等黏结剂为胶合料时，应按设计要求另行换算。

7）圆形烟囱基础按砖基础定额执行，人工乘以系数 1.2。

8）砖砌挡土墙，2 砖以上执行砖基础定额；2 砖以内执行砖墙定额。

9）零星项目系指砖砌小便池槽、明沟、暗沟、隔热板带砖墩和地板墩等。

10）项目中砂浆系按常用规格、强度等级列出，如与设计不同时，可以换算。

2. 砌石

1）定额中粗、细料石（砌体）墙按 400 mm×220 mm×200 mm，柱按 450 mm×220 mm×

200 mm,踏步石按 400 mm×200 mm×100 mm 规格编制的。

2）毛石墙镶砖墙身按内背镶 1/2 砖编制的,墙体厚度为 600 mm。

3）毛石护坡高度超过 4 m 时,定额人工乘以系数 1.15。

4）砌筑圆弧形石砌体基础、墙(含砖石混合砌体)按定额项目人工乘以系数 1.1。

学以致用

砌筑工程定额工程量计算规则

一、砖基础工程量计算规则

1.基础与墙身(柱身)的划分

（1）砖墙

1）基础与墙身使用同一种材料时,以设计室内地坪为界(有地下室的按地下室内设计地坪为界),以下为基础,以上为墙(柱)身。

2）基础、墙身使用不同材料,位于设计室内地坪±300 mm 以内,以不同材料为分界线,超过±300 mm,以设计室内地坪分界。

（2）石墙

外墙以设计室外地坪为界,内墙以设计室内地坪为界,以下为基础,以上为墙身。

（3）砖石围墙

以设计室外地坪为分界线,以下为基础,以上为墙身。

2.基础长度确定计算规则

外墙墙基按外墙中心线长度计算;内墙墙基按内墙基净长计算。基础大放脚 T 形接头处的重叠部分以及嵌入基础的钢筋、铁件、管道、基础防潮层及单个面积在 0.3 m² 以内孔洞所占体积不予扣除,但靠墙暖气沟的挑檐亦不增加。附墙垛基础宽出部分体积应并入基础工程量内。内墙基净长如图 9-1 所示。砖砌挖孔桩护壁工程量按实砌体积计算。

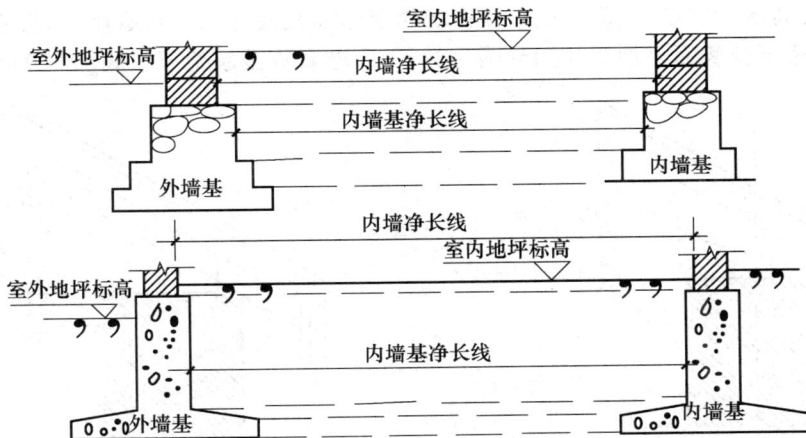

图 9-1 内墙基净长

二、砖砌体工程量计算规则

1. 一般规定

1) 计算墙体时,应扣除门窗洞口、过人洞、空圈、嵌入墙身的钢筋混凝土柱、梁(包括过梁、圈梁、挑梁)、砖砌平拱和暖气包壁龛及内墙板头的体积,不扣除梁头、外墙板头、檩头、垫木、木楞头、沿椽木、木砖、门窗走头、砖墙内的加固钢筋、木筋、铁件、钢管及每个面积在 0.3 m² 以下的孔洞等所占的体积,突出墙面的窗台虎头砖、压顶线、山墙泛水、烟囱根、门窗套及三皮以内的腰线和挑檐等体积亦不增加。

2) 砖垛、三皮砖以上的腰线和挑檐等体积,并入墙身体积内计算。

3) 附墙烟囱(包括附墙通风道、垃圾道)按其外形体积计算,并入所依附的墙体积内,不扣除每一个孔洞横截面在 0.1 m² 以下的体积,但孔洞内的抹灰工程量亦不增加。

4) 女儿墙高度,自外墙顶面至图示女儿墙顶面高度,分别不同墙厚并入外墙计算。

5) 砖砌平拱、平砌砖过梁按图示尺寸以 m³ 计算。如设计无规定时,砖砌平拱按门窗洞口宽度两端共加 100 mm,乘以高度(门窗洞口宽小于 1500 mm 时,高度为 240 mm,大于 1500 mm 时,高度为 365 mm)计算;平砌砖过梁按门窗洞口宽度两端共加 500 mm,高度按 440 mm 计算。

2. 砌体厚度计算规则

1) 标准砖以 240 mm×115 mm×53 mm 为准,其砌体计算厚度见表 9-1。

表 9-1　标准砖墙体计算厚度

砖数(墙厚)	1/4	1/2	3/4	1	1.5	2	2.5	3
计算厚度/mm	53	115	180	240	365	490	615	740

2) 使用非标准砖时,其砌体厚度应按砖实际规格和设计厚度计算。

3. 墙的长度确定

外墙长度按外墙中心线长度计算,内墙长度按内墙净长线计算。

4. 墙身高度的计算规则

外墙墙身高度:斜(坡)屋面无檐口顶棚者算至屋面板底(图 9-2);有屋架,且室内外均有顶棚者,算至屋架下弦底面另加 200 mm(图 9-3);无顶棚者算至屋架下弦底加 300 mm;出檐宽度

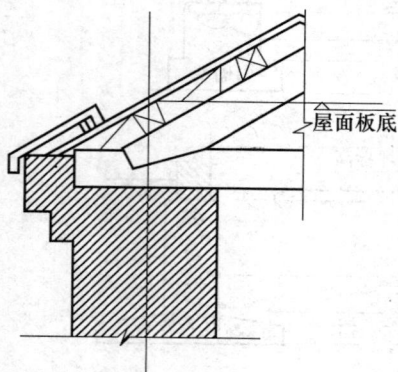

图 9-2　斜(坡)屋面无檐口顶棚者墙身高度计算　　　图 9-3　有屋架,且室内外均有顶棚者墙身高度计算

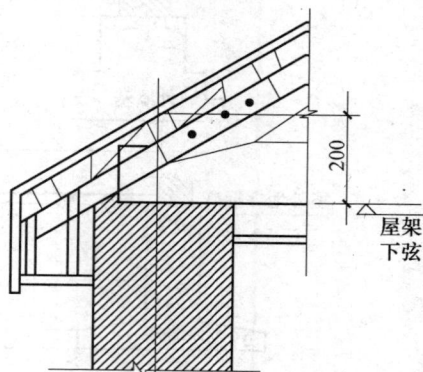

超过 600 mm 时,应按实砌高度计算;平屋面算至钢筋混凝土板底(图 9-4)。

内墙墙身高度:位于屋架下弦者,其高度算至屋架底;无屋架者算至顶棚底另加 100 mm;有钢筋混凝土楼板隔层者算至板底;有框架梁时算至梁底面。

内、外山墙的墙身高度按其平均高度计算。

图 9-4 平屋面墙身高度计算

5. 框架间砌体工程量计算规则

内外墙分别以框架间的净空面积乘以墙厚计算,框架外表镶贴砖部分亦并入框架间砌体工程量内计算。

6. 空花墙工程量计算规则

按空花部分外形体积以"m³"计算,空花部分不予扣除,其中实体部分以 m³ 另行计算。

7. 空斗墙工程量计算规则

空斗墙按外形尺寸以"m³"计算。

墙角、内外墙交接处、门窗洞口立边、窗台砖及屋檐处的实砌部分已包括在定额内,不另行计算,但窗间墙、窗台下、楼板下、梁头下等实砌部分,应另行计算,套零星砌体定额项目。

8. 多孔砖、空心砖工程量计算规则

按图示厚度以"m³"计算,不扣除其孔、空心部分体积。

9. 填充墙工程量计算规则

填充墙按外形尺寸计算,以"m³"计,其中实砌部分已包括在定额内,不另计算。

10. 加气混凝土墙工程量计算规则

硅酸盐砌块墙、小型空心砌块墙,按图示尺寸以"m³"计算。按设计规定需要镶嵌砖砌体部分已包括在定额内,不另计算。

11. 其他砖砌体工程量计算规则

1)砖砌锅台、炉灶,不分大小,均按图示外形尺寸以"m³"计算,不扣除各种空洞的体积。

2)砖砌台阶(不包括梯带)按水平投影面积以"m³"计算。

3)厕所蹲台、水槽腿、灯箱、垃圾箱、台阶挡墙或梯带、花台、花池、地垄墙及支撑地楞的砖墩,房上烟囱、屋面架空隔热层砖墩及毛石墙的门窗立边,窗台虎头砖等实砌体积,以"m³"计算,套用零星砌体定额项目。

4)检查井及化粪池不分壁厚均以"m³"计算,洞口上的砖平拱璇等并入砌体体积内计算。

5)砖砌地沟不分墙基、墙身合并以"m³"计算。石砌地沟按其中心线长度以延长米计算。

三、砖构筑物工程量计算

1. 砖烟囱工程量计算规则

1)砖烟囱、水塔按设计图示,筒壁平均中心线周长乘以厚度、乘以高度,以体积计算。扣除各种孔洞、钢筋混凝土圈梁、过梁等的体积。其计算公式为

$$V = \sum HC\pi D$$

式中　V——筒身体积;

　　　H——每段筒身垂直高度;

　　　C——每段筒壁厚度;

　　　D——每段筒壁平均直径。

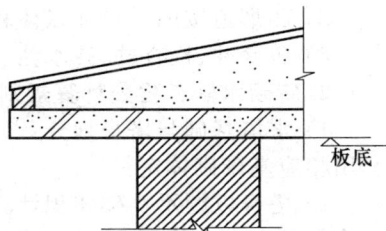

2）砖烟道按图示尺寸以体积计算。

3）砖窨井、检查井、砖水池、化粪池按设计图示数量计算。

2. 砖砌水塔工程量计算规则

1）水塔基础与塔身划分：以砖砌体的扩大部分顶面为界，以上为塔身，以下为基础，分别套用相应基础砌体定额。

2）塔身以图示实砌体积计算，并扣除门窗洞口和混凝土构件所占的体积，砖平拱蹄及砖出檐等并入塔身体积内计算，套用水塔砌筑定额。

3）砖水箱内外壁，不分壁厚，均以图示实砌体积计算，套用相应的内外砖墙定额。

3. 砌体内钢筋加固计算规则

应按设计规定，以 t 计算，套用钢筋混凝土中相应项目。

砌筑工程工程量清单计价

1. 砖砌体（编号：010401）

砖砌体工程量清单项目设置、项目特征描述、计量单位及工程量计算规则，见表9-2。

表 9-2　砖砌体（编号：010401）

项目编码	项目名称	项目特征	计量单位	工程量计算规则	工程内容
010401001	砖基础	1. 砖品种、规格、强度等级 2. 基础类型 3. 砂浆强度等级 4. 防潮层材料种类		按设计图示尺寸以体积计算 　包括附墙垛基础宽出部分体积，扣除地梁（圈梁）、构造柱所占体积，不扣除基础大放脚T形接头处的重叠部分及嵌入基础内的钢筋、铁件、管道、基础砂浆防潮层和单个面积≤0.3 m² 的孔洞所占体积，靠墙暖气沟的挑檐不增加 　基础长度：外墙按外墙中心线，内墙按内墙净长线计算	1. 砂浆制作、运输 2. 砌砖 3. 防潮层铺设 4. 材料运输
010401002	砖砌挖孔桩护壁	1. 砖品种、规格、强度等级 2. 砂浆强度等级	m³	按设计图示尺寸以立方米计算	1. 砂浆制作、运输 2. 砌砖 3. 材料运输
010401003	实心砖墙	1. 砖品种、规格、强度等级 2. 墙体类型 3. 砂浆强度等级、配合比		按设计图示尺寸以体积计算 　扣除门窗、洞口、嵌入墙内的钢筋混凝土柱、梁、圈梁、挑梁、过梁及凹进墙内的壁龛、管槽、暖气槽、消火栓箱所占体积，不扣除梁头、板头、檩头、垫木、木楞头、沿缘木、木砖、门窗走头、砖墙内加固钢筋、木筋、铁件、钢管及单个面积≤0.3 m² 的孔洞所占的体积。凸出墙面的腰线、挑檐、压顶、窗台线、虎头砖、门窗套的体积亦不增加。凸出墙面的砖垛并入墙体体积内计算	1. 砂浆制作、运输 2. 砌砖 3. 刮缝 4. 砖压顶砌筑 5. 材料运输

项目编码	项目名称	项目特征	计量单位	工程量计算规则	工程内容
010401004	多孔砖墙	1.砖品种、规格、强度等级 2.墙体类型 3.砂浆强度等级、配合比	m³	1.墙长度:外墙按中心线、内墙按净长计算 2.墙高度 (1)外墙:斜(坡)屋面无檐口天棚者算至屋面板底;有屋架且室内外均有天棚者算至屋架下弦底另加 200 mm;无天棚者算至屋架下弦底另加 300 mm,出檐宽度超过 600 mm 时按实砌高度计算;与钢筋混凝土楼板隔层者算至板顶。平屋顶算至钢筋混凝土板底 (2)内墙:位于屋架下弦者,算至屋架下弦底;无屋架者算至天棚底另加 100 mm;有钢筋混凝土楼板隔层者算至楼板顶;有框架梁时算至梁底 (3)女儿墙:从屋面板上表面算至女儿墙顶面(如有混凝土顶时算至压顶下表面) (4)内、外山墙:按其平均高度计算 3.框架间墙:不分内外墙按墙体净尺寸以体积计算 4.围墙:高度算至压顶上表面(如有混凝土压顶时算至压顶下表面),围墙柱并入围墙体积内	1.砂浆制作、运输 2.砌砖 3.刮缝 4.砖压顶砌筑 5.材料运输
010401005	空心砖墙				
010401006	空斗墙			按设计图示尺寸以空斗墙外形体积计算。墙角、内外墙交接处、门窗洞口立边、窗台砖、屋檐处的实砌部分体积并入空斗墙体积内	
010401007	空花墙			按设计图示尺寸以空花部分外形体积计算,不扣除空洞部分体积	
010401008	填充墙	1.砖品种、规格、强度等级 2.墙体类型 3.填充材料种类及厚度 4.砂浆强度等级、配合比		按设计图示尺寸以填充墙外形体积计算	

项目编码	项目名称	项目特征	计量单位	工程量计算规则	工程内容
010401009	实心砖柱	1.砖品种、规格、强度等级 2.柱类型 3.砂浆强度等级、配合比	m³	按设计图示尺寸以体积计算。扣除混凝土及钢筋混凝土梁垫、梁头、板头所占体积	1.砂浆制作、运输 2.砌砖 3.刮缝 4.材料运输
010401010	多孔砖柱				
010401011	砖检查井	1.井截面、深度 2.砖品种、规格、强度等级 3.垫层材料种类、厚度 4.底板厚度 5.井盖安装 6.混凝土强度等级 7.砂浆强度等级 8.防潮层材料种类	座	按设计图示数量计算	1.砂浆制作、运输 2.铺设垫层 3.底板混凝土制作、运输、浇筑、振捣、养护 4.砌砖 5.刮缝 6.井池底、壁抹灰 7.抹防潮层 8.材料运输
010401012	零星砌砖	1.零星砌砖名称、部位 2.砖品种、规格、强度等级 3.砂浆强度等级、配合比	1. m³ 2. m² 3. m 4.个	1.以立方米计量,按设计图示尺寸截面积乘以长度计算 2.以平方米计量,按设计图示尺寸水平投影面积计算 3.以米计量,按设计图示尺寸长度计算 4.以个计量,按设计图示数量计算	1.砂浆制作、运输 2.砌砖 3.刮缝 4.材料运输
010401013	砖散水、地坪	1.砖品种、规格、强度等级 2.垫层材料种类、厚度 3.散水、地坪厚度 4.面层种类、厚度 5.砂浆强度等级	m²	按设计图示尺寸以面积计算	1.土方挖、运、填 2.地基找平、夯实 3.铺设垫层 4.砌砖散水、地坪 5.抹砂浆面层

续表

项目编码	项目名称	项目特征	计量单位	工程量计算规则	工程内容
010401014	砖地沟、明沟	1. 砖品种、规格、强度等级 2. 沟截面尺寸 3. 垫层材料种类、厚度 4. 混凝土强度等级 5. 砂浆强度等级	m	以米计量,按设计图示以中心线长度计算	1. 土方挖、运、填 2. 铺设垫层 3. 底板混凝土制作、运输、浇筑、振捣、养护 4. 砌砖 5. 刮缝、抹灰 6. 材料运输

2. 砌块砌体(编号:010402)

砌块砌体工程量清单项目设置、项目特征描述、计量单位及工程量计算规则,见表 9-3。

表 9-3 砌块砌体(编号:010402)

项目编码	项目名称	项目特征	计量单位	工程量计算规则	工程内容
010402001	砌块墙	1. 砌块品种、规格、强度等级 2. 墙体类型 3. 砂浆强度等级	m^3	按设计图示尺寸以体积计算 扣除门窗、洞口、嵌入墙内的钢筋混凝土柱、梁、圈梁、挑梁、过梁及凹进墙内的壁龛、管槽、暖气槽、消火栓箱所占体积,不扣除梁头、板头、檩头、垫木、木楞头、沿缘木、木砖、门窗走头、砌块墙内加固钢筋、木筋、铁件、钢管及单个面积≤0.3 m^2 的孔洞所占的体积。凸出墙面的腰线、挑檐、压顶、窗台线、虎头砖、门窗套的体积亦不增加。凸出墙面的砖垛并入墙体体积内计算 1. 墙长度:外墙按中心线、内墙按净长计算	1. 砂浆制作、运输 2. 砌砖、砌块 3. 勾缝 4. 材料运输

项目编码	项目名称	项目特征	计量单位	工程量计算规则	工程内容
010402001	砌块墙	1.砌块品种、规格、强度等级 2.墙体类型 3.砂浆强度等级	m³	2.墙高度 （1）外墙：斜（坡）屋面无檐口天棚者算至屋面板底；有屋架且室内外均有天棚者算至屋架下弦底另加200 mm；无天棚者算至屋架下弦底另加300 mm，出檐宽度超过600 mm时按实砌高度计算；与钢筋混凝土楼板隔层者算至板顶；平屋面算至钢筋混凝土板底 （2）内墙：位于屋架下弦者，算至屋架下弦底；无屋架者算至天棚底另加100 mm；有钢筋混凝土楼板隔层者算至楼板顶；有框架梁时算至梁底 （3）女儿墙：从屋面板上表面算至女儿墙顶面（如有混凝土压顶时算至压顶下表面） （4）内、外山墙：按其平均高度计算 3.框架间墙：不分内外墙按墙体净尺寸以体积计算 4.围墙：高度算至压顶上表面（如有混凝土压顶时算至压顶下表面），围墙柱并入围墙体积内	1.砂浆制作、运输 2.砌砖、砌块 3.勾缝 4.材料运输
010402002	砌块柱			按设计图示尺寸以体积计算 扣除混凝土及钢筋混凝土梁垫、梁头、板头所占体积	

3.石砌体(编号:010403)

石砌体工程量清单项目设置、项目特征描述、计量单位及工程量计算规则,见表9-4

表 9-4　石砌体(编号:010403)

项目编码	项目名称	项目特征	计量单位	工程量计算规则	工程内容
010403001	石基础	1.石料种类、规格 2.基础类型 3.砂浆强度等级	m³	按设计图示尺寸以体积计算 包括附墙垛基础宽出部分体积,不扣除基础砂浆防潮层及单个面积≤0.3 m²的孔洞所占体积,靠墙暖气沟的挑檐不增加体积。 基础长度:外墙按中心线,内墙按净长计算	1.砂浆制作、运输 2.吊装 3.砌石 4.防潮层铺设 5.材料运输
010403002	石勒脚			按设计图示尺寸以体积计算,扣除单个面积>0.3 m²的孔洞所占的体积	
010403003	石墙	1.石料种类、规格 2.石表面加工要求 3.勾缝要求 4.砂浆强度等级、配合比		按设计图示尺寸以体积计算 扣除门窗、洞口、嵌入墙内的钢筋混凝土柱、梁、圈梁、挑梁、过梁及凹进墙内的壁龛、管槽、暖气槽、消火栓箱所占体积,不扣除梁头、板头、檩头、垫木、木楞头、沿缘木、木砖、门窗走头、石墙内加固钢筋、木筋、铁件、钢管及单个面积≤0.3 m²的孔洞所占的体积。凸出墙面的腰线、挑檐、压顶、窗台线、虎头砖、门窗套的体积亦不增加。 凸出墙面的砖垛并入墙体体积内计算 1.墙长度:外墙按中心线、内墙按净长计算	1.砂浆制作、运输 2.吊装 3.砌石 4.石表面加工 5.勾缝 6.材料运输

项目编码	项目名称	项目特征	计量单位	工程量计算规则	工程内容
010403003	石墙	1. 石料种类、规格 2. 石表面加工要求 3. 勾缝要求 4. 砂浆强度等级、配合比	m³	2. 墙高度 （1）外墙：斜（坡）屋面无檐口天棚者算至屋面板底；有屋架且室内外均有天棚者算至屋架下弦底另加 200 mm；无天棚者算至屋架下弦底另加 300 mm，出檐宽度超过 600 mm 时按实砌高度计算；有钢筋混凝土楼板隔层者算至板顶；平屋顶算至钢筋混凝土板底 （2）内墙：位于屋架下弦者，算至屋架下弦底；无屋架者算至天棚底另加 100 mm；有钢筋混凝土楼板隔层者算至楼板顶；有框架梁时算至梁底 （3）女儿墙：从屋面板上表面算至女儿墙顶面（如有混凝土压顶时算至压顶下表面） （4）内、外山墙：按其平均高度计算 3. 围墙：高度算至压顶上表面（如有混凝土压顶时算至压顶下表面），围墙柱并入围墙体积内	1. 砂浆制作、运输 2. 吊装 3. 砌石 4. 石表面加工 5. 勾缝 6. 材料运输
010403004	石挡土墙			按设计图示尺寸以体积计算	1. 砂浆制作、运输 2. 吊装 3. 砌石 4. 变形缝、泄水孔、压顶抹灰 5. 滤水层 6. 勾缝 7. 材料运输

续表

项目编码	项目名称	项目特征	计量单位	工程量计算规则	工程内容
010403005	石柱	1. 石料种类、规格 2. 石表面加工要求 3. 勾缝要求 4. 砂浆强度等级、配合比	m³	按设计图示尺寸以体积计算	1.砂浆制作、运输 2.吊装 3.砌石 4.石表面加工 5.勾缝 6.材料运输
010403006	石栏杆		m	按设计图示以长度计算	
010403007	石护坡	1. 垫层材料种类、厚度 2. 石料种类、规格 3. 护坡厚度、高度 4. 石表面加工要求 5. 勾缝要求 6. 砂浆强度等级、配合比	m³	按设计图示尺寸以体积计算	
010403008	石台阶				1.铺设垫层 2.石料加工 3.砂浆制作、运输 4.砌石 5.石表面加工 6.勾缝 7.材料运输
010403009	石坡道		m²	按设计图示以水平投影面积计算	
010403010	石地沟、明沟	1. 沟截面尺寸 2. 土壤类别、运距 3. 垫层材料种类、厚度 4. 石料种类、规格 5. 石表面加工要求 6. 勾缝要求 7. 砂浆强度等级、配合比	m	按设计图示以中心线长度计算	1.土方挖、运 2.砂浆制作、运输 3.铺设垫层 4.砌石 5.石表面加工 6.勾缝 7.回填 8.材料运输

4. 垫层(编号:010404)

垫层工程量清单项目设置、项目特征描述、计量单位及工程量计算规则,见表9-5。

表 9-5　垫层(编号:010404)

项目编码	项目名称	项目特征	计量单位	工程量计算规则	工程内容
010404001	垫层	垫层材料种类、配合比、厚度	m³	按设计图示尺寸以立方米计算	1. 垫层材料的拌制 2. 垫层铺设 3. 材料运输

砌筑工程定额工程量计算与示例

1. 基础长度确定计算实例

【**实例 9-1**】 设一砖墙基础,长 120 m,厚 365 mm$\left(1\frac{1}{2}砖\right)$,每隔 10 m 设有附墙砖垛,墙垛断面尺寸为:突出墙 250 mm,宽 490 mm,砖基础高度 1.85 m,墙基础等高放脚5层,最底层放脚高度为二皮砖,试计算砖墙基础工程量。

解:(1) 条形墙基工程量

大放脚增加断面面积为 0.2363 m²,则

$$墙基体积 = 120 \times (0.365 \times 1.85 + 0.2363) = 109.386(m^3)$$

注:0.2363 是大放脚增加断面面积系数,该数据从定额系数表中查得。

(2) 垛基工程量

按题意,垛数 $n=13$ 个,$d=0.25$,由公式

$$垛基体积 = (0.49 \times 1.85 + 0.2363) \times 0.25 \times 13 = 3.714(m^3)$$

计算垛基工程量:$(0.1225 \times 1.85 + 0.059) \times 13 = 3.713(m^3)$

(3) 砖墙基础工程量

$$V = 109.386 + 3.714 = 113.1(m^3)$$

【**实例 9-2**】 有一圆形烟囱砖基础,采用等高式放脚,10 层,其基身直径为 3.4 m,试求该烟囱砖基础体积。

解:(1) 基身体积

基身高度:$h_c = 0.126 \times 10 = 1.26(m)$

砖基身体积:$V_s = \pi r_s^2 h_c = \pi \times 1.7^2 \times 1.26 = 11.44(m^3)$

(2) 放脚体积 V_f

$$r_0 = r_s + \left[\sum_{i=1}^{10} i^2/10\ 层放脚单面断面积\right] \times 2.46 \times 10^{-4}$$

$$= 1.7 + \frac{(1+4+9+16+25+36+49+64+81+100)}{0.433\ 15} \times 2.46 \times 10^{-4}$$

$$= 1.7 + 0.22 = 1.92(m)$$

$$V_f = 2\pi r_0 \times (10\ 层放脚单面断面积) = 2\pi \times 1.92 \times 0.433\ 15 = 5.22(m^3)$$

注:0.433 15 是 10 层放脚单面断面积系数,该数据从定额系数表中查得。

(3)砖基础工程量

$$V_{yj} = V_s + V_f = 11.44 + 5.22 = 16.66(m^3)$$

2.砖砌体工程量计算实例

(1)墙身高度的计算实例

【**实例 9-3**】 求图 9-5 的 $1\frac{1}{2}$ 砖外山墙工程量。

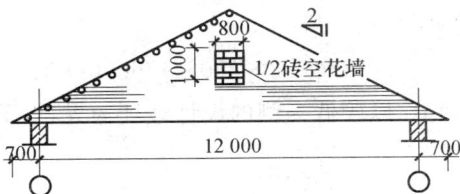

图 9-5 $1\frac{1}{2}$ 砖外山墙

解:1/2 砖空花墙工程量=0.8×1.0×0.115=0.092=0.09(m³)

$1\frac{1}{2}$ 砖外山墙工程量 =(外山墙面积−空花墙面积)×墙厚

$$= \left[(12.0 + 0.7 \times 2) \times \left(\frac{12.0 + 0.7 \times 2}{2} \right) \times 0.5 \div 2 - \left(0.7 - \frac{0.365}{2} \right) \times \right.$$

$$\left. \left(0.7 - \frac{0.365}{2} \right) \times 0.5 - 0.8 \times 1 \right] \times 0.365$$

$$= 7.85(m^3)$$

(2)空花墙工程量计算实例

【**实例 9-4**】 如图 9-6 所示,已知混凝土漏空花格墙厚度为 120 mm,用 M2.5 水泥砂浆砌筑 300 mm×300 mm×120 mm 的混凝土漏空花格砌块,求其工程量。

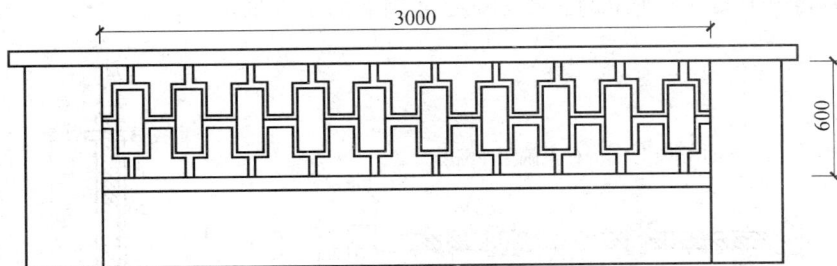

图 9-6 花格墙

解:空花墙的工程量计算,按设计图示尺寸,以空花部分外形体积计算,不扣除空洞部分体积,则 M2.5 水泥砂浆砌筑 300 mm×300 mm×120 mm 的混凝土漏空花格砌块墙工程量为

$$V = 0.6 \times 3.0 \times 0.12 = 0.22(m^3)$$

（3）加气混凝土墙工程量计算实例

【实例 9-5】 如图 9-7 所示，某挡土墙工程用 M2.5 混合砂浆砌筑毛石，用原浆勾缝，长度 200 m，求其工程量。

解：1）石挡土墙的工程量计算：按设计图示尺寸，以体积计算，则 M2.5 混合砂浆砌筑毛石，原浆勾缝毛石挡土墙工程数量计算如下：

$$V=(0.5+1.2)\times 3\div 2\times 200=510.00(m^3)$$

2）挡土墙毛石基础的工程量计算按设计图示尺寸，以体积计算，则 M2.5 混合砂浆砌筑毛石挡土墙基础工程数量计算如下：

$$V=0.4\times 2.2\times 200=176.00(m^3)$$

注意：挡土墙与基础的划分，以较低一侧的设计地坪为界，以下为基础，以上为墙身。

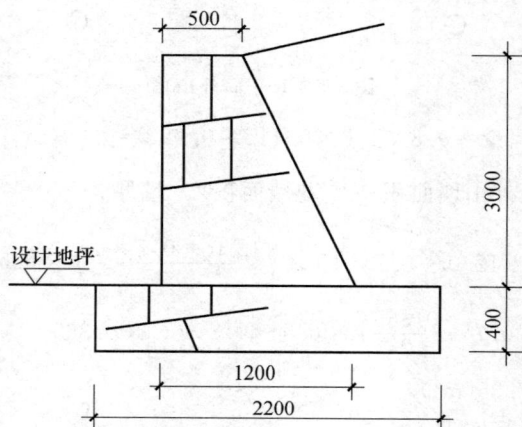

图 9-7 毛石挡土墙

（4）其他砖砌体工程量计算实例

【实例 9-6】 求图 9-8 所示的一砖无眠空斗围墙的工程量。

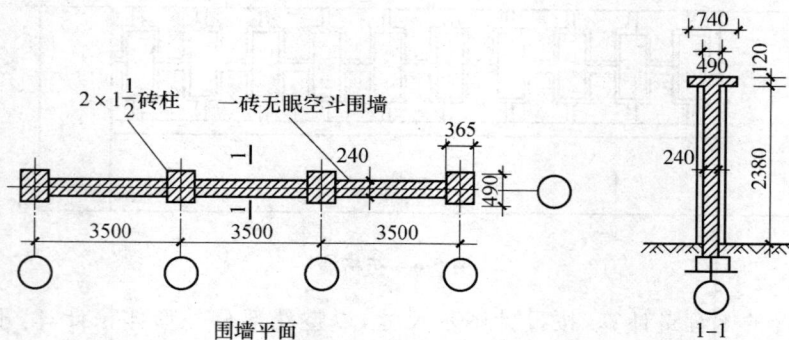

图 9-8 围墙平面

解:一砖无眠空斗围墙工程量=墙身工程量+砖压顶工程量

$$=(3.50-0.365)\times3\times2.38\times0.24+(3.5-0.365)\times3\times0.12\times0.49$$

$$=5.92(\text{m}^3)$$

$$2\times1\frac{1}{2}\text{砖柱}=0.49\times0.365\times2.38\times4+0.74\times0.615\times0.12\times4$$

$$=1.92(\text{m}^3)$$

3. 砖构筑物工程量计算实例

（1）砖烟囱工程量计算实例

【**实例 9-7**】 计算图 9-9 所示砖烟囱筒身的工程量。烟囱高度 $H=20$ m,分两段,在中部及顶部有内、外挑檐,囱身坡度 2.5%,筒壁厚度 240 mm,隔热空气层 50 mm,内衬 120 mm,筒底砌衬砖 120 mm 厚。

解:1）标高±0.00 m 到 20.000 m 筒身。

$$V_1=0.24\times\pi\left(\frac{1.28\times2+0.78\times2}{2}-0.24\right)\times20=27.44(\text{m}^3)$$

2）标高+10.00 mm 处砖砌内悬臂。

内悬臂断面积$=0.25\times0.06+0.25\times0.12=0.045(\text{m}^2)$

平均半径$=\dfrac{(1.03-0.24-0.03)\times0.015+(1.03-0.24-0.06)\times0.03}{0.045}=0.74(\text{m})$

$$V_2=2\pi\times0.74\times0.045=0.21(\text{m}^3)$$

3）烟囱顶部挑砖。

挑檐断面积$=0.126\times0.06+0.252\times0.12+0.504\times0.18$

$$=7.56\times10^{-3}+0.03+0.091=0.128(\text{m}^2)$$

平均半径$=\dfrac{7.56\times10^{-3}\times(0.78+0.03)+0.03\times(0.78+0.06)+0.091\times(0.78+0.09)}{0.128}$

$$=0.863(\text{m})$$

$$V_3=2\pi\times0.863\times0.128=0.69(\text{m}^3)$$

4）应扣除部分。

① 出灰口。按图示,出灰口尺寸为 0.84×0.8,则:

$$V_4=0.84\times0.8\times0.24=0.16(\text{m}^3)$$

② 烟道口。按图示尺寸,应扣除体积为:

$$V_5=\left(0.68\times0.84+\frac{\pi}{2}\times0.42^2\right)\times0.24=0.20(\text{m}^3)$$

③ 钢筋混凝土圈梁。

$$V_6=0.24^2\times(1.2325-0.12)\times2\pi=0.40(\text{m}^3)$$

5）烟囱筒身工程量。

$$V=\sum_{i=1}^{6}V_i=27.44+0.21+0.69-0.16-0.20-0.40=27.58(\text{m}^3)$$

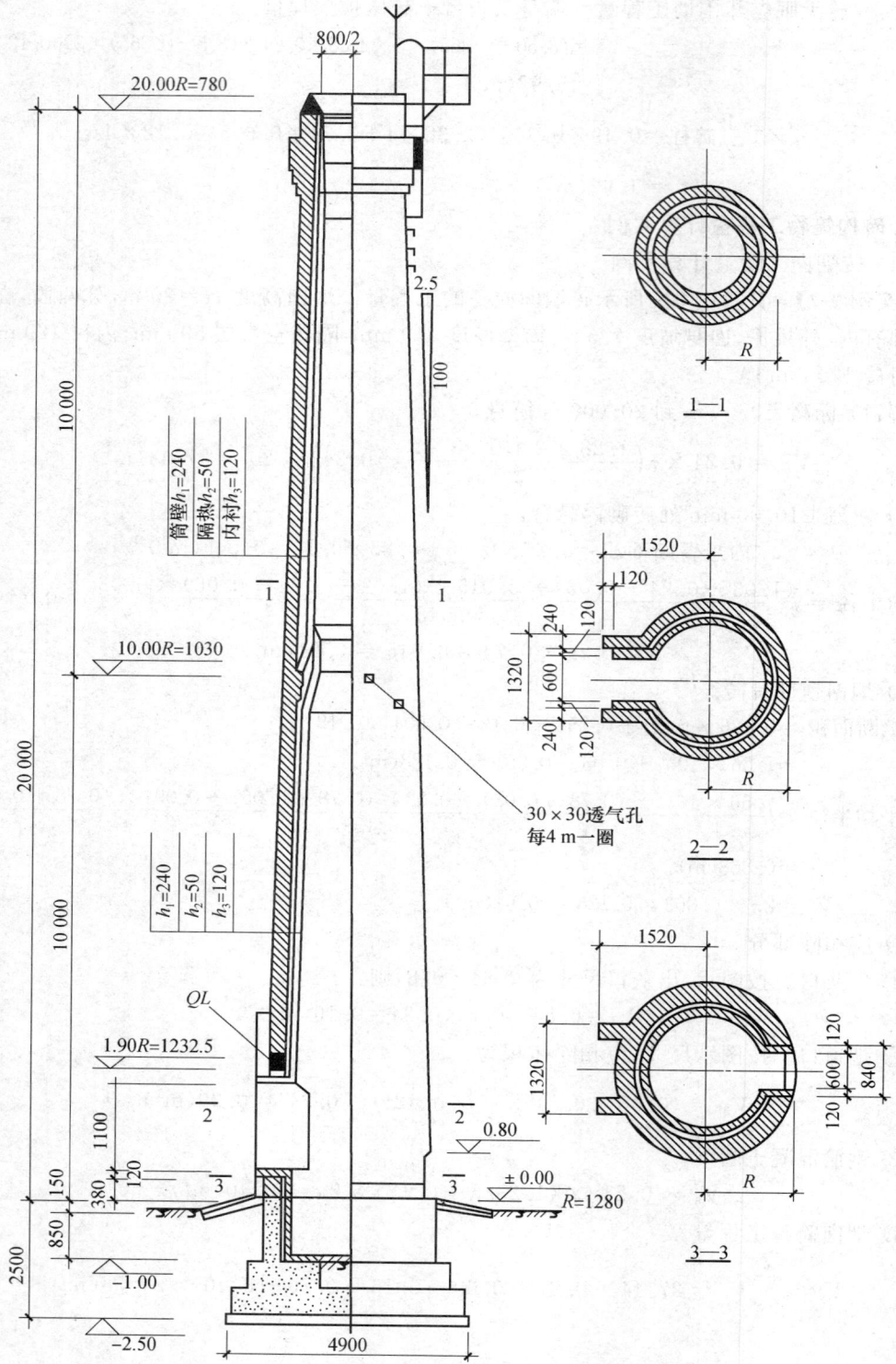

烟囱立面、剖面图

图 9-9 20 m 砖烟囱

（2）砌体内钢筋加固计算实例

【**实例 9-8**】　某宿舍楼铺设室外排水管道 80 m（净长度），陶土管径 $\phi250$，水泥砂浆接口，管底铺黄砂垫层，砖砌圆形检查井（S231，$\phi700$）无地下水，井深 1.5 m，共 10 个，砖砌矩形化粪池 1 个[S231（一）2 号无地下水]。计算室外排水系统项目工程量。

解：1）砖检查井工程量计算如下。

计算公式：砖检查井工程量＝设计图示数量

S231，$\phi700$ 检查井工程量＝10（个）

2）砖化粪池工程量计算如下。

计算公式：砖化粪池工程量＝设计图示数量

S231（一）2 号无地下水砖砌矩形化粪池工程量＝1（个）

砌筑工程工程量清单计价编制示例

某工程石台阶。

（1）业主根据石台阶施工图计算

1）灰土垫层（略）。

2）石台阶、石梯带工程量：$0.4\times0.15\times316+0.3\times0.3\times16=20.4$（m³）

3）石表面加工、勾缝面积：$0.45\times316+0.6\times16=151.8$（m²）

4）石梯膀（略）。

（2）投标人计算

1）石料消耗体积：$20.4\times1.2=24.48$（m³）

2）石台阶、石梯带制作和安装。

① 人工费：$25\times0.574\times332=4764.2$（元）

② 材料费：

a. 石料：$48.2\times24.48=1179.94$（元）

b. 水泥砂浆 M5：$140\times0.005\times332=232.4$（元）

c. 水：$1.8\times0.003\times332=1.79$（元）

d. 小计：1414.13 元

③ 机械费：灰浆搅拌机（200 L）：$50\times0.001\times332=16.6$（元）

④ 合计：6194.93 元

3）石表面加工。

① 人工费：$25\times0.548\times151.8=2079.66$（元）

② 合计：2079.66 元

4）勾缝。

① 人工费：$25\times0.0496\times151.8=188.23$（元）

② 材料费：

a. 水泥砂浆 M10：$180\times0.0025\times151.8=68.31$（元）

b. 水：$1.8\times0.058\times151.8=15.85$（元）

c. 小计：84.16 元

③ 机械费:灰浆搅拌机(200 L):50×0.0004×151.8=3.04(元)

④ 合计:275.43 元

5) 综合。

① 直接费合计:8550.02 元

② 管理费:直接费×34%=2907.01(元)

③ 利润:直接费×8%=684.01(元)

④ 总计:12 141.03 元

⑤ 综合单价:595.16 元

(3) 将相关数据填入"分部分项工程量清单计价表(表 9-8)"和"分部分项工程量清单综合单价计算表(表 9-9)"中。

表 9-8　分部分项工程量清单计价表

工程名称:某工程石台阶   第 页 共 页

序号	项目编码	项目名称	计量单位	工程数量	金额/元	
					综合单价	合价
1	010305008	石台阶 石料:青石(细) 规格:台阶 1000 mm × 400 mm × 200 mm 石梯带:1000 mm×300 mm×300 mm 石表面:钉麻石(细) 勾缝要求:勾平缝 砌筑砂浆:M5 勾缝砂浆:1:3	m³	20.40	595.16	12 141.26

表 9-9　分部分项工程量清单综合单价计算表

工程名称:某工程石台阶　　　　　　　　　　　　　　　　　　计量单位:m

项目编码:010305008　　　　　　　　　　　　　　　　　　　工程数量:20.40

项目名称:石台阶、石梯带　　　　　　　　　　　　　　　　　综合单价:595.16 元

序号	定额编号	工程内容	单位	数量	其中:/元					
					人工费	材料费	机械费	管理费	利润	小计
1	4-85	石台阶、石梯带制作及安装	m³	1.000	233.54	69.33	0.81	103.23	24.29	431.22
2	4-87	石表面加工	m²	7.441	101.94	—	—	34.66	8.16	144.76
3	8-1	勾缝	m²	7.441	9.23	4.13	0.15	4.59	1.08	19.18
		合　计			344.71	73.46	0.96	142.50	33.53	595.16

第十章 混凝土及钢筋混凝土工程工程量计算

学习目标

1. 了解混凝土及钢筋混凝土工程定额的工作内容及一般规定。
2. 熟悉和掌握混凝土及钢筋混凝土工程工程量的计算规则。
3. 掌握混凝土及钢筋混凝土工程工程量的计算实例。
4. 掌握混凝土及钢筋混凝土工程工程量清单计价及应用。

知识课堂

混凝土及钢筋混凝土工程定额内容及有关规定

1. 定额工作内容

（1）现浇混凝土模板

现浇混凝土模板工作内容包括：

1）木模板制作。

2）模板安装、拆除、整理堆放及场内外运输。

3）清理模板黏结物及模内杂物、刷隔离剂等。

（2）预制混凝土模板

预制混凝土模板工作内容包括：

1）工具式钢模板、复合木模板安装。

2）木模板制作、安装。

3）清理模板、刷隔离剂。

4）拆除模板、整理堆放、装箱运输。

（3）构筑物混凝土模板

1）烟囱工作内容包括：安装和拆除平台、模板、液压、供电、通讯设备、中间改模、激光对中，设置安全网，滑模拆除后清洗、刷油、堆放及场内外运输。

2）水塔工作内容包括：制作、清理、刷隔离剂、拆除、整理及场内外运输。

3）倒锥壳水塔工作内容包括：

① 安装和拆除钢平台、模板及液压、供电、供水设备。

② 制作、安装、清理、刷隔离剂，拆除、整理、堆放及场内外运输。

③ 水箱提升。

4）贮水（油）池工作内容包括：

① 木模板制作。

② 模板安装、拆除、整理堆放及场内外运输。

③ 清理模板黏结物及模内杂物,刷隔离剂等。

5) 贮仓工作内容包括:制作、安装、清理、刷隔离剂,拆除、整理、堆放及场内外运输。

6) 筒仓工作内容包括:安装和拆除平台、模板、液压、供电、通讯设备、中间改模、激光对中,设备安全网,滑模拆除后清洗、刷油、堆放及场内外运输。

（4）钢筋

1) 现浇(预制)构件钢筋工作内容包括:钢筋制作、绑扎、安装。

2) 先(后)张法预应力钢筋工作内容包括:钢筋制作、张拉、放张、切断等。

3) 铁件及电渣压力焊接工作内容包括:安装埋设、焊接固定。

（5）混凝土

混凝土工作内容包括:

1) 混凝土水平(垂直)运输。

2) 混凝土搅拌、捣固、养护。

3) 成品堆放。

（6）集中搅拌、运输、泵输送混凝土参考定额

1) 混凝土搅拌站工作内容包括:筛洗石子,砂石运至搅拌点,混凝土搅拌,装运输车。

2) 混凝土搅拌输送车工作内容包括:将搅拌好混凝土在运输中进行搅拌,并运送到施工现场,自动卸车。

3) 混凝土(搅拌站)输送泵工作内容包括:将搅拌好的混凝土输送浇灌点,进行捣固、养护。特别注意:输送高度30 m时,输送泵台班用量乘以1.10;输送高度超过50 m时,输送泵台班用量乘以1.25。

建筑词典

以水泥、沥青或合成材料(如树脂、合成纤维)作胶结材料,加水(或其他液体)、细骨料砂和粗骨料碎(砾)石经合理混合硬化后而成的材料,总称为混凝土。这种混凝土,按照胶结材料的不同,可分别称为水泥混凝土、沥青混凝土、聚合物混凝土和纤维混凝土。

混凝土能承受很大的压力,但抵抗拉力的能力却很低,受拉时很容易断裂,如果在构件的受拉部位配上一种抗拉能力很强的材料——钢筋,并且使钢筋和混凝土形成一个整体,共同受力,使它们发挥各自的特长,既能受压又能受拉。这种配有钢筋的混凝土,就称作钢筋混凝土。

2.定额一般规定

（1）模板

1) 现浇混凝土模板按不同构件,分别以组合钢模板、钢支撑、木支撑,复合木模板、钢支撑、木支撑,木模板、木支撑配制,模板不同时,可以编制补充定额。

2) 预制钢筋混凝土模板,按不同构件分别以组合钢模板、复合木模板、木模板、定型钢模、长线台钢拉模,并配制相应的砖地模,砖胎模,长线台混凝土地模编制的,使用其他模板时,可以换算。

3) 本定额中框架轻板项目,只适用于全装配式定型框架轻板住宅工程。

4) 各种模板工作内容包括:清理、场内运输、安装、刷隔离剂,浇灌混凝土时模的维护、拆模、集中堆放、场外运输。木模板包括制作(预制包括刨光,现浇不刨光);组合钢模板、复合木模板包括装箱。

5）现浇混凝土梁、板、柱、墙是按支模高度(地面至板底)3.6 m编制的,超过3.6 m时,按超过部分工程量另按超高的项目计算。

6）用钢滑升模板施工的烟囱、水塔及贮仓是按无井架施工计算的,并综合了操作平台。不再计算脚手架及竖井架。

7）用钢滑升模板施工的烟囱、水塔、提升模板使用的钢爬杆用量是按100%摊销计算的,贮仓是按50%摊销计算的,设计要求不同时,另行换算。

8）倒锥壳水塔塔身钢滑升模板项目,也适用于一般水塔塔身滑升模板工程。

9）烟囱钢滑升模板项目均已包括烟囱筒身、牛腿、烟道口;水塔钢滑升模板均已包括直筒、门窗洞口等模板用量。

10）组合钢模板、复合木模板项目,未包括回库维修费用。应按定额项目中所列摊销量的模板、零星夹具材料价格的8%计入模板预算价格之内。回库维修费的内容包括:模板的运输费及维修的人工、机械、材料费用等。

（2）钢筋

1）钢筋工程按钢筋的不同品种、不同规格,按现浇构件钢筋、预制构件钢筋、预应力钢筋及箍筋分别列项。

2）预应力构件中的非预应力钢筋按预制钢筋相应项目计算。

3）设计图纸未注明的和施工损耗的钢筋接头,已综合在定额项目内。

4）绑扎铁丝、成型点焊和接头焊接用的电焊条已综合在定额项目内。

5）钢筋工程内容包括:制作、绑扎、安装以及浇灌混凝土时维护钢筋用工。

6）现浇构件钢筋以手工绑扎,预制构件钢筋以手工绑扎、点焊分别列项,实际施工与定额不同时,不再换算。

7）非预应力钢筋不包括冷加工,如设计要求冷加工时,另行计算。

8）预应力钢筋如设计要求人工时效处理时,应另行计算。

9）预制构件钢筋,如用不同直径钢筋点焊在一起时,按直径最小的定额项目计算,如粗细筋直径比在两倍以上时,其人工乘以系数1.25。

10）后张法钢筋的锚固是按钢筋帮条焊、U型插垫编制的,如采用其他方法锚固时,应另行计算。

11）表10-1所列的构件,其钢筋可按表列系数调整人工、机械用量。

表 10-1　钢筋调整人工、机械系数表

项目	预制钢筋		现浇钢筋		构筑物			
	拱梯形屋架	托架梁	小型构件	小型池槽	烟囱	水塔	贮仓	
系数范围							矩形	圆形
人工、机械调整系数	1.16	1.05	2	2.52	1.7	1.7	1.25	1.50

（3）混凝土

1）混凝土的工作内容包括:筛砂子、筛洗石子、后台运输、搅拌,前台运输、清理、润湿模板、浇灌、捣固、养护。

2）毛石混凝土,系按毛石占混凝土体积20%计算的。如设计要求不同时,可以换算。

3）小型混凝土构件,系指每件体积在0.05 m³ 以内的未列出定额项目的构件。

4）预制构件厂生产的构件，在混凝土定额项目中考虑了预制厂内构件的运输、堆放、码垛、装车运出等的工作内容。

5）构筑物混凝土按构件选用相应的定额项目。

6）轻板框架的混凝土梅花柱按预制异型柱；叠合梁按预制异型梁；楼梯段和整间大楼板按相应预制构件定额项目计算。

7）现浇钢筋混凝土柱、墙定额项目，均按规范规定综合了底部灌注1：2水泥砂浆的用量。

8）混凝土已按常用列出强度等级，如与设计要求不同时，可以换算。

学以致用

混凝土及钢筋混凝土工程工程量计算

一、现浇混凝土及钢筋混凝土工程量计算规则

1. 现浇混凝土及钢筋混凝土模板工程量计算规则

1）现浇混凝土及钢筋混凝土模板工程量，除另有规定者外，均应区别模板的不同材质、按混凝土与模板接触面的面积，以 m² 计算。

2）现浇钢筋混凝土柱、梁、板、墙的支模高度（即室外地坪至板底或板面至板底之间的高度）以 3.6 m 以内为准，超过 3.6 m 以上部分，另按超过部分计算，增加支撑工程量。

3）现浇钢筋混凝土墙、板上单孔面积在 0.3 m² 以内的孔洞，不予扣除，洞侧壁模板亦不增加；单孔面积在 0.3 m² 以外时，应予扣除，洞侧壁模板面积并入墙、板模板工程量之内计算。

4）现浇钢筋混凝土框架分别按梁、板、柱、墙有关规定计算，附墙柱，并入墙内工程量计算。

5）锥形独立基础工程量计算。

一般情况下，锥形独立基础（图 10-1）的下部为矩形，上部为截头锥体，可分别计算相加后得其体积，即

$$V = A \cdot B \cdot h_1 + \frac{h - h_1}{b}[A \cdot B + a \cdot b + (A + a)(B + b)]$$

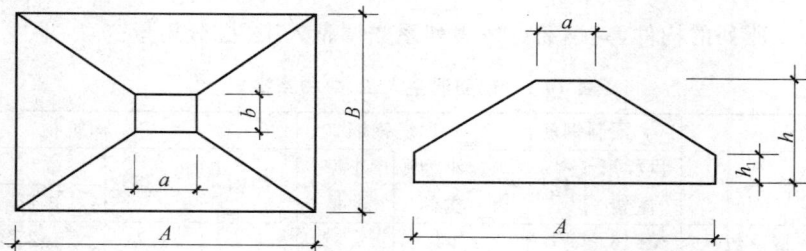

图 10-1 锥形独立基础

6）杯形基础杯口高度大于杯口大边长度的，套用高杯基础定额项目。

7）倒圆台基础体积计算公式如图 10-2 所示。

$$V = \frac{\pi h_1}{3} \cdot (R^2 + r^2 + Rr) + \pi R^2 h_2 + \frac{\pi h_3}{3} \cdot \left[R^2 + \left(\frac{a_1}{2}\right)^2 + R \cdot \frac{a_1}{2}\right] + a_1 b_1 h_4 - \frac{h_5}{3} \times$$

$$[(a+0.1+0.025\times2)\cdot(b+0.1+0.025\times2)+ab+$$
$$\sqrt{(a+0.1+0.025\times2)(b+0.1+0.025\times2)ab}\,]$$

式中　a——柱长边尺寸(m)；

a_1——杯口外包长边尺寸(m)；

R——底最大半径(m)；

r——底面半径(m)

b——柱短边尺寸(m)；

b_1——杯口外包短边尺寸(m)；

h、$h_{1\sim5}$——断面高度(m)；

π——3.1416。

8) 现浇钢筋混凝土倒圆锥形薄壳基础体积计算公式如图 10-3 所示。

$$V=V_1+V_2+V_3$$

式中　V_1——薄壳部分体积，$V_1=\pi(R_1+R_2)\delta h_1\cos\theta$，$m^3$；

V_2——截头圆锥体部分体积，$V_2=\dfrac{\pi h_2}{3}(R_3^2+R_2R_4+R_4^2)$，$m^3$；

V_3——圆体部分体积，$V_3=\pi R_2^2 h_3$，m^3。

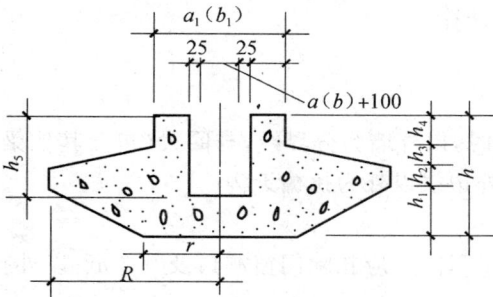

图 10-2　倒圆台基础

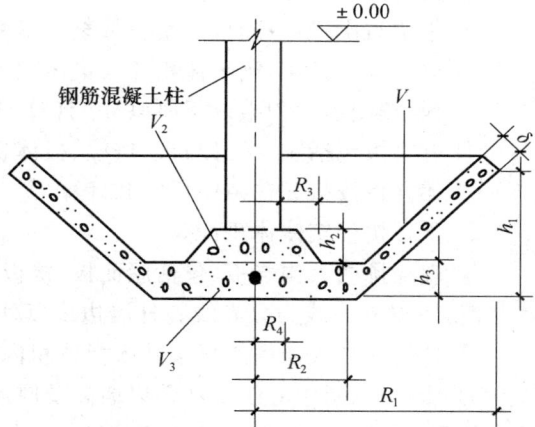

图 10-3　现浇钢筋混凝土倒圆锥形薄壳基础

9) 柱与梁、柱与墙、梁与梁等连接的重叠部分以及伸入墙内的梁头、板头部分，均不计算模板面积。

10) 构造柱外露面均应按图示外露部分计算模板面积。构造柱与墙接触面不计算模板面积。

11) 现浇钢筋混凝土悬挑板(雨篷、阳台)按图示外挑部分尺寸的水平投影面积计算，挑出墙外的牛腿梁及板边模板不另计算。

12) 现浇钢筋混凝土楼梯，以图示露明面尺寸的水平投影面积计算，不扣除小于 500 mm 楼梯井所占面积。楼梯的踏步、踏步板、平台梁等侧面模板，不另计算。

13) 混凝土台阶不包括梯带，按图示台阶尺寸的水平投影面积计算，台阶端头两侧不另计算模板面积。

14) 现浇混凝土小型池槽按构件外围体积计算，池槽内、外侧及底部的模板不应另计算。

2. 现浇混凝土工程量计算规则

1）混凝土工程量除另有规定者外,均按图示尺寸实体体积以 m³ 计算。不扣除构件内钢筋、预埋铁件及墙、板中 0.3 m² 内的孔洞所占体积。

2）基础。

① 有肋带形混凝土基础,其肋高与肋宽之比在 4∶1 以内的按有肋带形基础计算。超过 4∶1 时,其基础底按板式基础计算,以上部分按墙计算。

② 箱式满堂基础应分别按无梁式满堂基础、柱、墙、梁、板有关规定计算,套用相应的定额项目。

③ 设备基础除块体以外,其他类型设备基础分别按基础、梁、柱、板、墙等有关规定计算,套用相应的定额项目计算。

3）柱:按图示断面尺寸乘以柱高以 m³ 计算。柱高按下列规定确定:

① 有梁板的柱高,应自柱基上表面(或楼板上表面)至上一层楼板上表面之间的高度计算。

② 无梁板的柱高,应自柱基上表面(或楼板上表面)至柱帽下表面之间的高度计算。

③ 框架柱的柱高应自柱基上表面至柱顶高度计算。

④ 构造柱按全高计算,与砖墙嵌接部分的体积并入柱身体积内计算。

⑤ 依附柱上的牛腿,并入柱身体积内计算。

4）梁:按图示断面尺寸乘以梁长以 m³ 计算,梁长按下列规定确定:

① 梁与柱连接时,梁长算至柱侧面。

② 主梁与次梁连接时,次梁长算至主梁侧面。

③ 伸入墙内梁头,梁垫体积并入梁体积内计算。

5）板:按图示面积乘以板厚以 m³ 计算,其中:

① 有梁板包括主、次梁与板,按梁、板体积之和计算。

② 无梁板按板和柱帽体积之和计算。

③ 平板按板实体体积计算。

④ 现浇挑檐天沟与板(包括屋面板、楼板)连接时,以外墙为分界线,与圈梁(包括其他梁)连接时,以梁外边线为分界线。外墙边线以外或梁外边线以外为挑檐天沟。

⑤ 各类板伸入墙内的板头并入板体积内计算。

6）墙:按图示中心线长度乘以墙高及厚度以"m³"计算,应扣除门窗洞口及 0.3 m² 以外孔洞的体积,墙垛及突出部分并入墙体积内计算。

7）整体楼梯包括休息平台、平台梁、斜梁及楼梯的连接梁,按水平投影面积计算,不扣除宽度小于 500 mm 的楼梯井,伸入墙内部分不另增加。

8）阳台、雨篷(悬挑板),按伸出外墙的水平投影面积计算,伸出外墙的牛腿不另计算。带反挑檐的雨篷按展开面积并入雨篷内计算。

9）栏杆按净长度以"延长米"计算。伸入墙内的长度已综合在定额内。栏板以 m³ 计算,伸入墙内的栏板,合并计算。

10）预制板补现浇板缝时,按平板计算。

11）预制钢筋混凝土框架柱现浇接头(包括梁接头),按设计规定的断面和长度,以 m³ 计算。

3. 钢筋混凝土构件接头灌缝工程量计算

1）钢筋混凝土构件接头灌缝:包括构件坐浆、灌缝、堵板孔、塞板梁缝等,均按预制钢筋混凝土构件实体体积以"m³"计算。

2）柱与柱基的灌缝，按首层柱体积计算；首层以上柱灌缝按各层柱体积计算。

3）空心板堵孔的人工材料，已包括在定额内。如不堵孔时，每 10 m³ 空心板体积应扣除 0.23 m³ 预制混凝土块和 2.2 工日。

二、预制钢筋混凝土工程量计算

1.预制钢筋混凝土构件模板工程量计算规定

1）预制钢筋混凝土构件模板工程量，除另有规定者外，均按混凝土实体体积，以 m³ 计算。

2）小型池槽按外形体积以"m³"计算。

3）预制桩尖按虚体积（不扣除桩尖虚体积部分）计算。

2.预制混凝土工程量计算

1）混凝土工程量均按图示尺寸实体体积以"m³"计算，不扣除构件内钢筋、铁件及小于 300 mm×300 mm 以内孔洞面积。

2）预制桩按桩全长（包括桩尖）乘以桩断面（空心桩应扣除孔洞体积），以"m³"计算。

3）混凝土与钢杆件组合的构件，混凝土部分按构件实体体积，以"m³"计算，钢构件部分按 t 计算，分别套用相应的定额项目。

三、构筑物钢筋混凝土工程量计算

1.构筑物钢筋混凝土模板工程量计算

1）构筑物钢筋混凝土模板工程的工程量，除另有规定者外，区别现浇、预制和构件类别，分别按现浇和预制混凝土及钢筋混凝土模板工程量计算规定中有关规定计算。

2）大型池槽等分别按基础、墙、板、梁、柱等有关规定计算并套用相应的定额项目。

3）液压滑升钢模板施工的烟筒、水塔塔身、贮仓等，均按混凝土体积，以 m³ 计算；预制倒圆锥形水塔罐壳模板按混凝土体积，以"m³"计算。

4）预制倒圆锥形水塔罐壳组装、提升、就位，按不同容积，以"座"计算。

2.构筑物钢筋混凝土工程量计算

1）构筑物钢筋混凝土除另规定者外，均按图示尺寸扣除门窗洞口及 0.3 m² 以外孔洞所占体积，以实体体积计算。

2）水塔

① 筒身与槽底以槽底连接的圈梁底为界，以上为槽底，以下为筒身。

② 筒式塔身及依附于筒身的过梁、雨篷、挑檐等并入筒身体积内计算；柱式塔身，柱、梁合并计算。

③ 塔顶及槽底，塔顶包括顶板和圈梁，槽底包括底板挑出的斜壁板和圈梁等合并计算。

3）贮水池不分平底、锥底、坡底均按池底计算，壁基梁、池壁不分圆形壁和矩形壁，均按池壁计算；其他项目均按现浇混凝土部分的相应项目计算。

四、钢筋工程量计算

1.钢筋工程工程量计算

1）钢筋工程，应区别现浇、预制构件、不同钢种和规格，分别按设计长度乘以单位质量，以 t 计算。

2）计算钢筋工程量时,设计已规定钢筋搭接长度的,按规定搭接长度计算;设计未规定搭接长度的,已包括在钢筋的损耗率之内,不另计算搭接长度。钢筋电渣压力焊接、套筒挤压等接头,以"个"计算。

3）先张法预应力钢筋,按构件外形尺寸计算长度,后张法预应力钢筋按设计图规定的预应力钢筋预留孔道长度,并区别不同的锚具类型,分别按下列规定计算:

① 低合金钢筋两端采用螺杆锚具时,预应力的钢筋按预留孔道的长度减 0.35 m,螺杆另行计算。

② 低合金钢筋一端采用镦头插片,另一端用螺杆锚具时,预应力钢筋长度按预留孔道长度计算,螺杆另行计算。

③ 低合金钢筋一端采用镦头插片,另一端采用帮条锚具时,预应力钢筋应增加 0.15 m;两端均采用帮条锚具时,预应力钢筋应增加 0.3 m。

④ 低合金钢筋采用后张混凝土自锚时,预应力钢筋长度应增加 0.35 m。

⑤ 低合金钢筋或钢绞线采用 JM、XM、QM 型锚具,孔道长度在 20 m 以内时,预应力钢筋长度应增加 1 m;孔道长度 20 m 以上时,预应力钢筋长度应增加 1.8 m。

⑥ 碳素钢丝采用锥形锚具,孔道长在 20 m 以内时,预应力钢筋长度应增加 1 m;孔道长在 20 m 以上时,预应力钢筋长度应增加 1.8 m。

⑦ 碳素钢丝两端采用镦粗头时,预应力钢丝长度应增加 0.35 m。

2. 钢筋混凝土构件预埋铁件工程量计算

钢筋混凝土构件预埋铁件工程量按设计图示尺寸,以 t 计算。

3. 固定预埋螺栓、铁件的支架工程量计算

固定预埋螺栓、铁件的支架,固定双层钢筋的铁马凳、垫铁件,按审定的施工组织设计规定计算,套用相应的定额项目。

混凝土及钢筋混凝土工程工程量清单计价

1. 现浇混凝土基础（编号:010501）

现浇混凝土基础工程量清单项目设置、项目特征描述、计量单位及工程量计算规则,见表10-2。

表 10-2　现浇混凝土基础（编号:010501）

项目编码	项目名称	项目特征	计量单位	工程量计算规则	工程内容
010501001	垫层	1. 混凝土种类 2. 混凝土强度等级	m³	按设计图示尺寸以体积计算。不扣除伸入承台基础的桩头所占体积	1. 模板及支撑制作、安装、拆除、堆放、运输及清理模内杂物、刷隔离剂等 2. 混凝土制作、运输、浇筑、振捣、养护
010501002	带形基础				
010501003	独立基础				
010501004	满堂基础				
010501005	桩承台基础				
010501006	设备基础	1. 混凝土种类 2. 混凝土强度等级 3. 灌浆材料及其强度等级			

2. 现浇混凝土柱（编号：010502）

现浇混凝土柱工程量清单项目设置、项目特征描述、计量单位及工程量计算规则，见表10-3。

表 10-3　现浇混凝土柱（编号：**010502**）

项目编码	项目名称	项目特征	计量单位	工程量计算规则	工程内容
010502001	矩形柱	1. 混凝土种类 2. 混凝土强度等级	m^3	按设计图示尺寸以体积计算 柱高： 1. 有梁板的柱高，应自柱基上表面（或楼板上表面）至上一层楼板上表面之间的高度计算 2. 无梁板的柱高，应自柱基上表面（或楼板上表面）至柱帽下表面之间的高度计算 3. 框架柱的柱高：应自柱基上表面至柱顶高度计算 4. 构造柱按全高计算，嵌接墙体部分（马牙槎）并入柱身体积 5. 依附柱上的牛腿和升板的柱帽，并入柱身体积计算	1. 模板及支架（撑）制作、安装、拆除、堆放、运输及清理模内杂物、刷隔离剂等 2. 混凝土制作、运输、浇筑、振捣、养护
010502002	构造柱				
010502003	异形柱	1. 柱形状 2. 混凝土种类 3. 混凝土强度等级			

3. 现浇混凝土梁（编号：010503）

现浇混凝土梁工程量清单项目设置、项目特征描述、计量单位及工程量计算规则，见表10-4。

表 10-4　现浇混凝土梁（编号：**010503**）

项目编码	项目名称	项目特征	计量单位	工程量计算规则	工程内容
010503001	基础梁	1. 混凝土种类 2. 混凝土强度等级	m^3	按设计图示尺寸以体积计算。伸入墙内的梁头、梁垫并入梁体积内 梁长： 1. 梁与柱连接时，梁长算至柱侧面 2. 主梁与次梁连接时，次梁长算至主梁侧面	1. 模板及支架（撑）制作、安装、拆除、堆放、运输及清理模内杂物、刷隔离剂等 2. 混凝土制作、运输、浇筑、振捣、养护
010503002	矩形梁				
010503003	异形梁				
010503004	圈梁				
010503005	过梁				
010503006	弧形、拱形梁				

4. 现浇混凝土墙（编号：010504）

现浇混凝土墙工程量清单项目设置、项目特征描述、计量单位及工程量计算规则，见表10-5。

表 10-5　现浇混凝土墙（编号：010504）

项目编码	项目名称	项目特征	计量单位	工程量计算规则	工程内容
010504001	直形墙	1. 混凝土种类 2. 混凝土强度等级	m³	按设计图示尺寸以体积计算。扣除门窗洞口及单个面积＞0.3 m²的孔洞所占体积，墙垛及突出墙面部分并入墙体体积计算内	1. 模板及支架（撑）制作、安装、拆除、堆放、运输及清理模内杂物、刷隔离剂等 2. 混凝土制作、运输、浇筑、振捣、养护
010504002	弧形墙				
010504003	短肢剪力墙				
010504004	挡土墙				

5. 现浇混凝土板（编号：010505）

现浇混凝土板工程量清单项目设置、项目特征描述、计量单位及工程量计算规则，见表10-6。

表 10-6　现浇混凝土板（编号：010505）

项目编码	项目名称	项目特征	计量单位	工程量计算规则	工程内容
010505001	有梁板	1. 混凝土种类 2. 混凝土强度等级	m³	按设计图示尺寸以体积计算，不扣除单个面积≤0.3 m²的柱、垛以及孔洞所占体积 压形钢板混凝土楼板扣除构件内压形钢板所占体积 有梁板（包括主、次梁与板）按梁、板体积之和计算，无梁板按板和柱帽体积之和计算，各类板伸入墙内的板头并入板体积内，薄壳板的肋、基梁并入薄壳体积内计算	1. 模板及支架（撑）制作、安装、拆除、堆放、运输及清理模内杂物、刷隔离剂等 2. 混凝土制作、运输、浇筑、振捣、养护
010505002	无梁板				
010505003	平板				
010505004	拱板				
010505005	薄壳板				
010505006	栏板				
010505007	天沟（檐沟）、挑檐板			按设计图示尺寸以体积计算	
010505008	雨篷、悬挑板、阳台板			按设计图示尺寸以墙外部分体积计算。包括伸出墙外的牛腿和雨篷反挑檐的体积	

续表

项目编码	项目名称	项目特征	计量单位	工程量计算规则	工程内容
010505009	空心板	1.混凝土种类 2.混凝土强度等级	m³	按设计图示尺寸以体积计算。空心板(GBF高强薄壁蜂巢芯板等)应扣除空心部分体积	1.模板及支架(撑)制作、安装、拆除、堆放、运输及清理模内杂物、刷隔离剂等 2.混凝土制作、运输、浇筑、振捣、养护
010505010	其他板			按设计图示尺寸以体积计算	

6. 现浇混凝土楼梯(编号 010506)

现浇混凝土楼梯工程量清单项目设置、项目特征描述、计量单位及工程量计算规则,见表10-7。

表 10-7　现浇混凝土楼梯(编号 010506)

项目编码	项目名称	项目特征	计量单位	工程量计算规则	工程内容
010506001	直形楼梯	1.混凝土种类 2.混凝土强度等级	1. m² 2. m³	1.以平方米计量,按设计图示尺寸以水平投影面积计算。不扣除宽度≤500 mm的楼梯井,伸入墙内部分不计算 2.以立方米计量,按设计图示尺寸以体积计算	1.模板及支架(撑)制作、安装、拆除、堆放、运输及清理模内杂物、刷隔离剂等 2.混凝土制作、运输、浇筑、振捣、养护
010506002	弧形楼梯				

7. 现浇混凝土其他构件(编号:010507)

现浇混凝土其他构件工程量清单项目设置、项目特征描述、计量单位及工程量计算规则,见表10-8。

表 10-8　现浇混凝土其他构件(编号:010507)

项目编码	项目名称	项目特征	计量单位	工程量计算规则	工程内容
010507001	散水、坡道	1.垫层材料种类、厚度 2.面层厚度 3.混凝土种类 4.混凝土强度等级 5.变形缝填塞材料种类	m²	按设计图示尺寸以水平投影面积计算。不扣除单个≤0.3 m²的孔洞所占面积	1.地基夯实 2.铺设垫层 3.模板及支撑制作、安装、拆除、堆放、运输及清理模内杂物、刷隔离剂等 4.混凝土制作、运输、浇筑、振捣、养护 5.变形缝填塞

项目编码	项目名称	项目特征	计量单位	工程量计算规则	工程内容
010507002	室外地坪	1.地坪厚度 2.混凝土强度等级	m²	按设计图示尺寸以水平投影面积计算。不扣除单个≤0.3 m² 的孔洞所占面积	1.地基夯实 2.铺设垫层 3.模板及支撑制作、安装、拆除、堆放、运输及清理模内杂物、刷隔离剂等 4.混凝土制作、运输、浇筑、振捣、养护 5.变形缝填塞
010507003	电缆沟、地沟	1.土壤类别 2.沟截面净空尺寸 3.垫层材料种类、厚度 4.混凝土种类 5.混凝土强度等级 6.防护材料种类	m	按设计图示以中心线长度计算	1.挖填、运土石方 2.铺设垫层 3.模板及支撑制作、安装、拆除、堆放、运输及清理模内杂物、刷隔离剂等 4.混凝土制作、运输、浇筑、振捣、养护 5.刷防护材料
010507004	台阶	1.踏步高、宽 2.混凝土种类 3.混凝土强度等级	1. m² 2. m³	1.以平方米计量,按设计图示尺寸水平投影面积计算 2.以立方米计量,按设计图示尺寸以体积计算	1.模板及支架制作、安装、拆除、堆放、运输及清理模内杂物、刷隔离剂等 2.混凝土制作、运输、浇筑、振捣、养护
010507005	扶手、压顶	1.断面尺寸 2.混凝土种类 3.混凝土强度等级	1. m 2. m³	1.以米计量,按设计图示的中心线延长米计算 2.以立方米计量,按设计图示尺寸以体积计算	1.模板及支架(撑)制作、安装、拆除、堆放、运输及清理模内杂物、刷隔离剂等 2.混凝土制作、运输、浇筑、振捣、养护
010507006	化粪池、检查井	1.部位 2.混凝土强度等级 3.防水、抗渗要求	1. m³ 2.座	1.按设计图示尺寸以体积计算 2.以座计量,按设计图示数量计算	
010507007	其他构件	1.构件的类型 2.构件规格 3.部位 4.混凝土种类 5.混凝土强度等级			

8. 后浇带（编号：010508）

后浇带工程量清单项目设置、项目特征描述、计量单位及工程量计算规则，见表10-9。

表 10-9 后浇带（编号：010508）

项目编码	项目名称	项目特征	计量单位	工程量计算规则	工程内容
010508001	后浇带	1.混凝土种类 2.混凝土强度等级	m³	按设计图示尺寸以体积计算	1.模板及支架（撑）制作、安装、拆除、堆放、运输及清理模内杂物、刷隔离剂等 2.混凝土制作、运输、浇筑、振捣、养护及混凝土交接面、钢筋等的清理

9. 预制混凝土柱（编号：010509）

预制混凝土柱工程量清单项目设置、项目特征描述、计量单位及工程量计算规则，见表10-10。

表 10-10 预制混凝土柱（编号：010509）

项目编码	项目名称	项目特征	计量单位	工程量计算规则	工程内容
010509001	矩形柱	1.图代号 2.单件体积 3.安装高度 4.混凝土强度等级 5.砂浆（细石混凝土）强度等级、配合比	1. m³ 2. 根	1.以立方米计量，按设计图示尺寸以体积计算 2.以根计量，按设计图示尺寸以数量计算	1.模板制作、安装、拆除、堆放、运输及清理模内杂物、刷隔离剂等 2.混凝土制作、运输、浇筑、振捣、养护 3.构件运输、安装 4.砂浆制作、运输 5.接头灌缝、养护
010509002	异形柱				

10. 预制混凝土梁（编号：010510）

预制混凝土梁工程量清单项目设置、项目特征描述、计量单位及工程量计算规则，见表10-11。

表 10-11 预制混凝土梁(编号:010510)

项目编码	项目名称	项目特征	计量单位	工程量计算规则	工程内容
01051001	矩形梁	1.图代号 2.单件体积 3.安装高度 4.混凝土强度等级 5.砂浆(细石混凝土)强度等级、配合比	1. m³ 2.根	1.以立方米计量,按设计图示尺寸以体积计算 2.以根计量,按设计图示尺寸以数量计算	1.模板制作、安装、拆除、堆放、运输及清理模内杂物、刷隔离剂等 2.混凝土制作、运输、浇筑、振捣、养护 3.构件运输、安装 4.砂浆制作、运输 5.接头灌缝、养护
01051002	异形梁				
01051003	过梁				
01051004	拱形梁				
01051005	鱼腹式吊车梁				
01051006	其他梁				

11.预制混凝土屋架(编号:010511)

预制混凝土屋架工程量清单项目设置、项目特征描述、计量单位及工程量计算规则,见表 10-12。

表 10-12 预制混凝土屋架(编号:010511)

项目编码	项目名称	项目特征	计量单位	工程量计算规则	工程内容
010511001	折线型	1.图代号 2.单件体积 3.安装高度 4.混凝土强度等级 5.砂浆(细石混凝土)强度等级、配合比	1. m³ 2.榀	1.以立方米计量,按设计图示尺寸以体积计算 2.以榀计量,按设计图示尺寸以数量计算	1.模板制作、安装、拆除、堆放、运输及清理模内杂物、刷隔离剂等 2.混凝土制作、运输、浇筑、振捣、养护 3.构件运输、安装 4.砂浆制作、运输 5.接头灌缝、养护
010511002	组合				
010511003	薄腹				
010511004	门式刚架				
010511005	天窗架				

12.预制混凝土板(编号:010512)

预制混凝土板工程量清单项目设置、项目特征描述、计量单位及工程量计算规则,见表 10-13。

表 10-13　预制混凝土板(编号:010512)

项目编码	项目名称	项目特征	计量单位	工程量计算规则	工程内容
010512001	平板	1. 图代号 2. 单件体积 3. 安装高度 4. 混凝土强度等级 5. 砂浆(细石混凝土)强度等级、配合比	1. m³ 2. 块	1. 以立方米计量,按设计图示尺寸以体积计算。不扣除单个面积≤300 mm×300 mm的孔洞所占体积,扣除空心板空洞体积 2. 以块计量,按设计图示尺寸以数量计算	1. 模板制作、安装、拆除、堆放、运输及清理模内杂物、刷隔离剂等 2. 混凝土制作、运输、浇筑、振捣、养护 3. 构件运输、安装 4. 砂浆制作、运输 5. 接头灌缝、养护
010512002	空心板				
010512003	槽型板				
010512004	网架板				
010512005	折线板				
010512006	带肋板				
010512007	大型板				
010512008	沟盖板、井盖板、井圈	1. 单件体积 2. 安装高度 3. 混凝土强度等级 4. 砂浆强度等级、配合比	1. m³ 2. 块(套)	1. 以立方米计量,按设计图示尺寸以体积计算 2. 以块计量,按设计图示尺寸以数量计算	

13. 预制混凝土楼梯(编号:010513)

预制混凝土楼梯工程量清单项目设置、项目特征描述、计量单位及工程量计算规则,见表 10-14。

表 10-14　预制混凝土楼梯(编号:010513)

项目编码	项目名称	项目特征	计量单位	工程量计算规则	工程内容
010513001	楼梯	1. 楼梯类型 2. 单件体积 3. 混凝土强度等级 4. 砂浆(细石混凝土)强度等级	1. m³ 2. 段	1. 以立方米计量,按设计图示尺寸以体积计算。扣除空心踏步板空洞体积 2. 以段计量,按设计图示数量计算	1. 模板制作、安装、拆除、堆放、运输及清理模内杂物、刷隔离剂等 2. 混凝土制作、运输、浇筑、振捣、养护 3. 构件运输、安装 4. 砂浆制作、运输 5. 接头灌缝、养护

14. 其他预制构件(编号:010514)

其他预制构件工程量清单项目设置、项目特征描述、计量单位及工程量计算规则,见表 10-15的规定执行。

表 10-15 其他预制构件(编号:010514)

项目编码	项目名称	项目特征	计量单位	工程量计算规则	工程内容
010514001	垃圾道、通风道、烟道	1.单件体积 2.混凝土强度等级 3.砂浆强度等级	1. m³ 2. m² 3.根(块、套)	1.以立方米计量,按设计图示尺寸以体积计算。不扣除单个面积≤300 mm×300 mm的孔洞所占体积,扣除烟道、垃圾道、通风道的孔洞所占体积 2.以平方米计量,按设计图示尺寸以面积计算。不扣除单个面积≤300 mm×300 mm的孔洞所占面积 3.以根计量,按设计图示尺寸以数量计算	1.模板制作、安装、拆除、堆放、运输及清理模内杂物、刷隔离剂等 2.混凝土制作、运输、浇筑、振捣、养护 3.构件运输、安装 4.砂浆制作、运输 5.接头灌缝、养护
010514002	其他构件	1.单件体积 2.构件的类型 3.混凝土强度等级 4.砂浆强度等级			

15. 钢筋工程(编号:010515)

钢筋工程工程量清单项目设置、项目特征描述、计量单位及工程量计算规则,见表 10-16。

表 10-16 钢筋工程(编号:010515)

项目编码	项目名称	项目特征	计量单位	工程量计算规则	工程内容
010515001	现浇构件钢筋	钢筋种类、规格	t	按设计图示钢筋(网)长度(面积)乘单位理论质量计算	1.钢筋制作、运输 2.钢筋安装 3.焊接(绑扎)
010515002	预制构件钢筋				
010515003	钢筋网片				1.钢筋网制作 2.钢筋网安装 3.焊接(绑扎)
010515004	钢筋笼				1.钢筋笼制作、运输 2.钢筋笼安装 3.焊接(绑扎)
010515005	先张法预应力钢筋	1.钢筋种类、规格 2.锚具种类		按设计图示钢筋长度乘单位理论质量计算	1.钢筋制作、运输 2.钢筋张拉

项目编码	项目名称	项目特征	计量单位	工程量计算规则	工程内容
010515006	后张法预应力钢筋			按设计图示钢筋（丝束、绞线）长度乘单位理论质量计算	
010515007	预应力钢丝	1.钢筋种类、规格 2.钢丝种类、规格 3.钢绞线种类、规格 4.锚具种类 5.砂浆强度等级	t	1.低合金钢筋两端均采用螺杆锚具时，钢筋长度按孔道长度减0.35 m计算，螺杆另行计算 2.低合金钢筋一端采用镦头插片，另一端采用螺杆锚具时，钢筋长度按孔道长度计算，螺杆另行计算 3.低合金钢筋一端采用镦头插片，另一端采用帮条锚具时，钢筋增加0.15 m计算；两端均采用帮条锚具时，钢筋长度按孔道长度增加0.3 m计算 4.低合金钢筋采用后张混凝土自锚时，钢筋长度按孔道长度增加0.35 m计算 5.低合金钢筋（钢绞线）采用JM、XM、QM型锚具，孔道长度≤20 m时，钢筋长度增加1 m计算，孔道长度>20 m时，钢筋长度增加1.8 m计算 6.碳素钢丝采用锥形锚具，孔道长度≤20 m时，钢丝束长度按孔道长度增加1 m计算，孔道长度>20 m时，钢丝束长度按孔道长度增加1.8 m计算 7.碳素钢丝采用镦头锚具时，钢丝束长度按孔道长度增加0.35 m计算	1.钢筋、钢丝、钢绞线制作、运输 2.钢筋、钢丝、钢绞线安装 3.预埋管孔道铺设 4.锚具安装 5.砂浆制作、运输 6.孔道压浆、养护
010515008	预应力钢绞线				

项目编码	项目名称	项目特征	计量单位	工程量计算规则	工程内容
010515009	支撑钢筋（铁马）	1.材质 2.规格型号		按钢筋长度乘单位理论质量计算	钢筋制作、焊接、安装
010515010	声测管	1.钢筋种类 2.规格	t	按设计图示尺寸以质量计算	1.检测管截断、封头 2.套管制作、焊接 3.定位、固定

16. 螺栓、铁件（编号:010516）

螺栓、铁件工程量清单项目设置、项目特征描述、计量单位及工程量计算规则,见表10-17。

表 10-17　螺栓、铁件(编号:010516)

项目编码	项目名称	项目特征	计量单位	工程量计算规则	工程内容
010516001	螺栓	1.螺栓种类 2.规格	t	按设计图示尺寸以质量计算	1.螺栓、铁件制作、运输 2.螺栓、铁件安装
010516002	预埋铁件	1.钢材种类 2.规格 3.铁件尺寸			
010516003	机械连接	1.连接方式 2.螺纹套筒种类 3.规格	个	按数量计算	1.钢筋套丝 2.套筒连接

温馨提示

工程量清单编制相关问题的处理如下:

1）混凝土垫层包括在基础项目内。

2）带形基础、带形基础应分别编码（第五级编码）列项,并注明肋高。

3）满堂基础,可按现浇混凝土满堂基础、柱、梁、墙、板分别编码列项;也可利用现浇混凝土基础工程工程量清单项目设置及工程量计算规则中的第五级编码分别列项。

4）设备基础,可按现浇混凝土设备基础、柱、梁、墙、板分别编码列项;也可利用现浇混凝土基础工程工程量清单项目设置及工程量计算规则中的第五级编码分别列项。

5）构造柱应按现浇混凝土桩工程量清单项目设置及工程量计算规则中矩形柱项目编码列项。

6) 挑檐、天沟板、雨篷、阳台与板(包括屋面板、楼板)连接时,以外墙外边线为分界线;与圈梁(包括其他梁)连接时,以梁外边线为分界线。外边线以外为挑檐、天沟、雨篷或阳台。

7) 整体楼梯(包括直形楼梯、弧形楼梯)水平投影面积包括休息平台、平台梁、斜梁和楼梯的连接梁。当整体楼梯与现浇楼板无梯梁连接时,以楼梯的最后一个踏步边缘加300 mm为界。

8) 预制F形板、双T形板、单肋板和带反挑檐的雨篷板、挑檐板、遮阳板等,应按预制混凝土板工程量清单项目设置及工程量计算规则中带肋板项目编码列项。

9) 预制大型墙板、大型楼板、大型屋面板等,应按预制混凝土板工程量清单项目设置及工程量计算规则中大型板项目编码列项。

10) 预制钢筋混凝土小型池槽、压顶、扶手、垫块、隔热板、花格等,应按其他预制构件工程量清单项目设置及工程量计算规则中其他构件项目编码列项。

11) 现浇构件中固定位置的支撑钢筋、双层钢筋用的"铁马"、伸出构件的锚固钢筋、预制构件的吊钩等,应并入钢筋工程量内。

现浇混凝土工程量计算与示例

【实例10-1】 某现浇钢筋混凝土带形基础尺寸,如图10-4所示。计算现浇钢筋混凝土带形基础混凝土工程量。

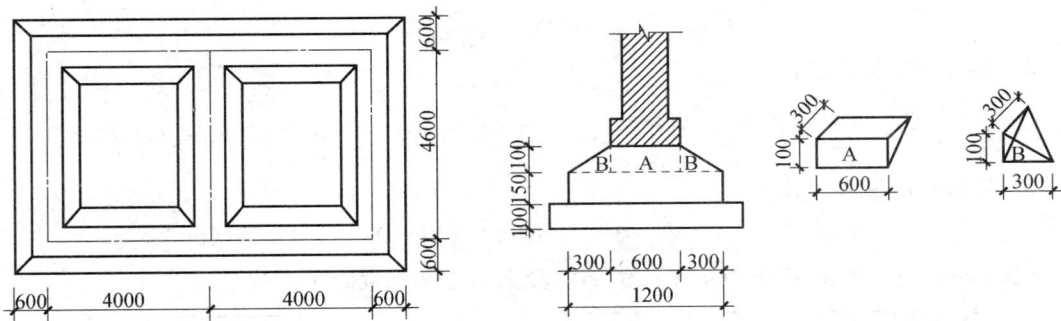

图10-4 现浇钢筋混凝土带形基础

解:现浇钢筋混凝土带形基础工程量计算如下。

计算公式:带形基础工程量=设计外墙中心线长度×设计断面+设计内墙基础图示长度×设计断面

现浇钢筋混凝土带形基础工程量=$[(8.00+4.60)×2+4.60-1.20]×(1.20×0.15+0.90×0.10)+0.60×0.30×0.10$(A折合体积)$+0.30×0.10÷2×0.30÷3×4$(B体积)$=7.75(m^3)$

【实例10-2】 某混凝土工程为带形基础,基础长度为10 m,基础断面面积为1 m²,试计算该混凝土工程带形基础工程量。

解:带形基础混凝土工程量＝10×15＝150(m³)

【实例 10-3】 如图 10-5 所示杯形基础,计算该杯形基础混凝土工程量。

解:按杯形基础几何形状,其混凝土体积由基础下部体积 V_1,中间截头方锥形体积 V_2,杯口矩形部分体积 V_3,杯口槽部分体积 V_4 组成。

1)基础下部体积:

$$V_1 = 4 \times 3 \times 0.25 = 3(\text{m}^3)$$

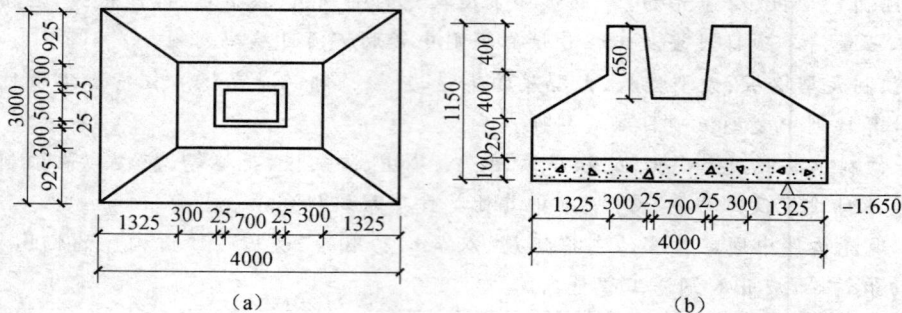

图 10-5 杯形基础

(a)平面图;(b)立面图

2)中间截头方锥形体积:

$$V_2 = \frac{0.4}{6} \times [4 \times 3 + (4+1.35) \times (3+1.15) + 1.35 \times 1.15] = 2.384(\text{m}^3)$$

3)杯口矩形部分体积:

$$V_3 = 1.35 \times 1.15 \times 0.4 = 0.621(\text{m}^3)$$

4)杯口槽部分体积:

$$V_4 = \frac{0.65}{6} \times [0.75 \times 0.55 + (0.75+0.7) \times (0.55+0.5) + 0.7 \times 0.5] = 0.248(\text{m}^3)$$

5)杯形基础混凝土体积:

$$V = V_1 + V_2 + V_3 - V_4 = 3 + 2.384 + 0.621 - 0.248 = 5.757(\text{m}^3)$$

【实例 10-4】 求图 10-6 所示现浇钢筋混凝土满堂基础混凝土工程量。

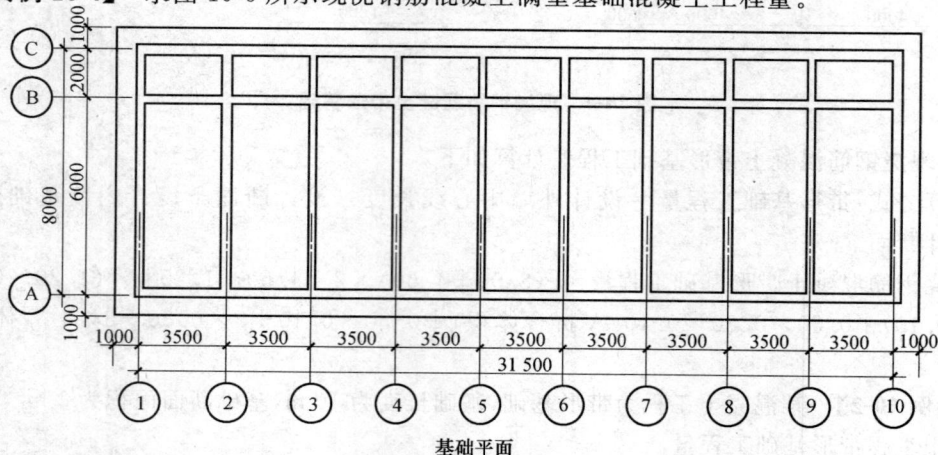

基础平面

图 10-6 满堂基础

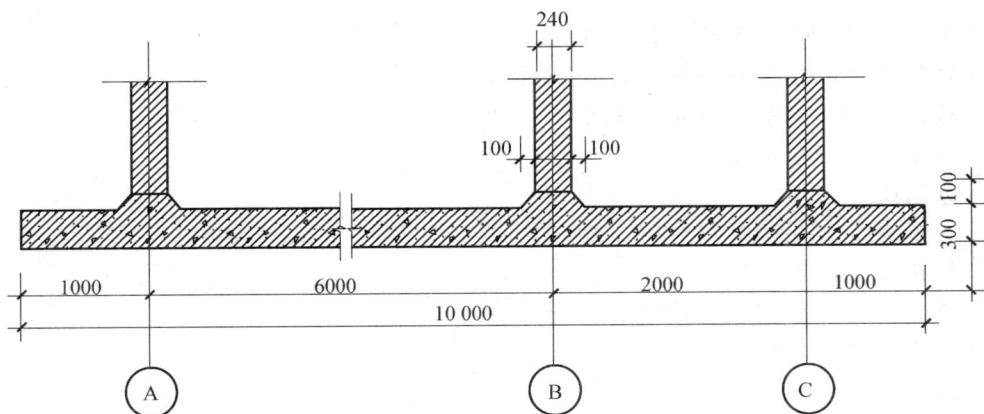

图 10-6(续)　满堂基础

解:混凝土工程量按底板体积+墙下部凸出部分体积计算。

工程量=33.5×10×0.3+[(31.5+8)×2+(6.0−0.24)×8+(31.5−0.24)+

(2.0−0.24)×8]×(0.24+0.44)×1/2×0.1=106.29(m³)

混凝土及钢筋混凝土工程工程量清单计价编制实例

某工厂现浇框架设备基础。

(1)业主根据设备基础(框架)施工图计算

1)混凝土强度等级 C35。

2)柱基础为块体工程量 6.24 m³,墙基础为带形基础、工程量 4.16 m³,基础柱截面 450 mm×450 mm、工程量 12.75 m³,基础墙厚度 300 mm、工程量 10.85 m³,基础梁截面 350 mm×700 mm、工程量 17.01 m³,基础板厚度 300 mm、工程量 40.53 m³。

3)混凝土合计工程量:91.54 m³。

4)螺栓孔灌浆:细石混凝土 C35。

5)钢筋:φ10 以内,工程量 2.829 t;φ10 以外,工程量 4.362 t。

(2)投标人报价计算

1)柱基础。

① 人工费:22.5×6.24=140.4(元)

② 材料费:237.05×6.24=1479.19(元)

③ 机械费:14.00×6.24=87.36(元)

④ 合计:1706.95 元

2)带形墙基。

① 人工费:21.18×4.16=88.11(元)

② 材料费:237.35×4.16=987.38(元)

③ 机械费:14.00×4.16=58.24(元)

④ 合计:1133.73 元

3）基础墙。

① 人工费：25.65×10.85＝278.30（元）

② 材料费：237.05×10.85＝2571.99（元）

③ 机械费：22×10.85＝238.70（元）

④ 合计：3088.99 元

4）基础柱。

① 人工费：36.10×12.75＝460.28（元）

② 材料费：237.15×12.75＝3023.66（元）

③ 机械费：21.90×12.75＝279.23（元）

④ 合计：3763.17 元

5）基础梁。

① 人工费：30.10×17.01＝512.00（元）

② 材料费：237.75×17.01＝4044.13（元）

③ 机械费：21.90×17.01＝372.52（元）

④ 合计：4928.65 元

6）基础板。

① 人工费：26.83×40.53＝1087.42（元）

② 材料费：237.13×40.53＝9610.88（元）

③ 机械费：22×40.53＝891.66（元）

④ 合计：11 589.96 元

7）锚栓孔灌浆。

① 人工费：5.54×28＝155.12（元）

② 材料费：13.86×28＝388.08（元）

③ 机械费：0.16×28＝4.48（元）

④ 合计：547.68 元

8）基础综合。

① 直接费合计：26 759.13 元

② 管理费：直接费×34％＝9098.10（元）

③ 利润：直接费×8％＝2140.73（元）

④ 总计：37 997.96 元

⑤ 综合单价：38 138.65/91.54＝415.10（元）

9）钢筋。

① 钢筋 ϕ10 以内：

a. 人工费：132.3×2.829＝374.28（元）

b. 材料费：2475.4×2.829＝7002.91（元）

c. 机械费：4×2.829＝11.32（元）

d. 合计：7388.51 元

② 钢筋 ϕ10 以外：

a. 人工费：141.62×4.362＝617.74（元）

b. 材料费：2475.4×4.362＝10 797.69（元）

c. 机械费:$4 \times 4.362 = 17.45$(元)

d. 合计:11 432.88 元

10) 钢筋综合。

① 直接费合计:18 821.39 元

② 管理费:直接费$\times 34\% = 6399.27$(元)

③ 利润:直接费$\times 8\% = 1505.71$(元)

④ 总计:26 726.35 元

⑤ 综合单价:$26\ 726.35/7.191 = 3716.64$(元)

11) 模板(计算略,计算后列入工程量清单措施项目)。

(3) 将相关数据填入"分部分项工程量清单计价表(表 10-19)"和"分部分项工程量清单综合单价计算表(表 10-20 与表 10-21)"中。

表 10-19　分部分项工程量清单计价表

工程名称:某工厂　　　　　　　　　　　　　　　　　　　　　第 页 共 页

序号	项目编码	项目名称	计量单位	工程数量	金额/元	
					综合单价	合价
	010401004	设备基础 块体柱基础:6.24 带形墙基础:4.16 基础柱:截面 450 mm×450 mm 基础墙:厚度 300 mm 基础梁:截面 350 mm×700 mm 基础板:厚度 300 mm 混凝土强度:C35 螺栓孔灌浆细石混凝土强度 C35	m³	91.54	416.63	38 138.31
	010416001	现浇混凝土钢筋 $\phi 10$ 以内:2.829 t $\phi 10$ 以外:4.362 t	t	7.191	3716.64	26 726.36
		本页小计				64 864.67
		合　　计				64 864.67

表 10-20　分部分项工程量清单综合单价计算表(一)

工程名称:某工厂　　　　　　　　　　　　　　　　　　　　　计量单位:m³

项目编码:010401004　　　　　　　　　　　　　　　　　　　工程数量:91.54

项目名称:现浇设备基础(框架)　　　　　　　　　　　　　　　综合单价:416.63 元

序号	定额编号	工程内容	单位	数量	其中:/元					
					人工费	材料费	机械费	管理费	利润	小计
1	5-396	块体柱基础:混凝土强度 C35	m³	0.068	1.53	16.16	0.95	6.34	1.49	26.47
2	5-394	带形墙基础:混凝土强度 C35	m³	0.045	0.96	10.79	0.65	4.22	0.99	17.61

序号	定额编号	工程内容	单位	数量	其中:/元					
					人工费	材料费	机械费	管理费	利润	小计
3	5-401	基础柱:截面450 mm×450 mm、混凝土强度C35	m³	0.139	5.03	33.03	3.05	13.97	3.29	58.37
4	5-412	基础墙:厚度300 mm、混凝土强度C35	m³	0.119	3.04	28.10	2.61	11.47	2.71	47.92
5	5-406	基础梁:截面350 mm×700 mm、混凝土强度C35	m³	0.186	5.78	44.18	4.07	18.37	4.32	76.72
6	5-419	基础板:厚度300 mm、混凝土强度C35	m³	0.443	11.88	105.88	9.74	43.35	10.20	181.05
7	5-1789	螺栓孔灌浆细石混凝土强度C35	个	0.306	1.69	4.24	0.05	2.03	0.48	8.49
合 计					29.91	242.38	21.12	99.75	23.47	416.63

表10-21　分部分项工程量清单综合单价计算表(二)

工程名称:某工厂　　　　　　　　　　　　　　　　　计量单位:t

项目编码:010416001　　　　　　　　　　　　　　　工程数量:7.191

项目名称:现浇设备基础(框架)钢筋　　　　　　　　综合单价:3716.64 元

序号	定额编号	工程内容	单位	数量	其中:/元					
					人工费	材料费	机械费	管理费	利润	小计
	套北 8-1	现浇混凝土钢筋 φ10 以内	t	1.000	52.05	973.84	1.57	349.34	82.20	1459.00
	套北 8-2	现浇混凝土钢筋 φ10 以外	t	1.000	85.90	1501.56	2.43	540.56	127.19	2257.64
合 计					137.95	2475.40	4.00	889.90	209.39	3716.64

注:1. 参考《全国统一建筑工程基础定额》。

　　2. "套北"指套用北京市定额。

第十一章　门窗与木结构工程工程量计算

学习目标

1.了解门窗与木结构工程定额的工作内容及一般规定。

2.熟悉门窗及木结构工程定额工程量计算的相关内容。

3.掌握门窗及木结构工程量清单计价及应用。

知识课堂

门窗与木结构工程定额工作内容及相关规定

一、定额工作内容

1.门窗

(1)普通木门工作内容

2)制作及安装门框、门扇及亮子,刷防腐油,装配门扇,亮子玻璃及小五金。

2)制作及安装纱门扇、纱亮子,钉铁纱。

(2)厂库房大门、特种门工作内容

1)制作及安装门扇,装配玻璃及五金零件,固定铁脚,制作及安装便门扇。

2)铺油毡和毛毡,安密缝条。

3)制作及安装门樘框架和筒子板,刷防腐油。

注:本定额不包括固定铁件的混凝土垫块及门樘或梁柱内的预埋铁件。

(3)普通木窗工作内容

制作及安装窗框、窗扇,刷防腐油,堵塞麻刀石灰浆,装配玻璃、铁纱及小五金。

(4)铝合金门窗制作、安装工作内容

1)制作:型材矫正,放样下料,切割断料,钻孔组装,制作及搬运。

2)安装:现场搬运,安装、校正框扇,裁安玻璃,五金配件,周边塞口及清扫等。

3)定位、弹线、安装骨架、钉木基层、粘贴不锈钢片面层、清扫等全部操作过程。

注:木骨架枋材 40 mm×45 mm,设计与定额不符时可以换算。

(5)铝合金、不锈钢门窗安装工作内容

1)现场搬运、安装及校正框扇,安装玻璃及配件,周边塞口、清扫等。

注:地弹门、双扇全玻地弹门包括不锈钢上下帮地弹门、拉手、玻璃胶及安装所需辅助材料。

2)卷闸门、支架、直轨、附件、门锁安装、试开等全部操作过程。

(6)彩板组角钢门窗安装工作内容

校正框扇、安装玻璃、装配五金、焊接接件、周边塞缝等。

注:采用附框安装时,扣除门窗安装子目中的膨胀螺栓、密封膏用量及其他材料费。

(7) 塑料门窗安装工作内容

校正框扇、安装门窗、裁安玻璃、装配五金配件、周边塞缝等。

(8) 钢门窗安装工作内容

1) 解捆、划线定位、调直、凿洞、吊正、埋铁件、塞缝、安纱门窗和纱门扇、拼装组合、钉胶条,安装小五金等全部操作过程。

钢门窗安装按成品考虑(包括五金配件和铁脚在内)。钢天窗安装角铁横挡及连接件,设计与定额用量不同时,可以调正,损耗按 60%。实腹式或空腹式钢门窗均执行本定额。组合窗、钢天窗为拼装缝需满刮油灰时,每 100 m² 洞口面积增加人工 5.54 工日,油灰 58.5 kg。钢门窗安玻璃,如采用塑料、橡胶条,门窗安装工程量按每 100 m² 计算压条 736 m。

2) 放样、划线、裁料、平直、钻孔、拼装、焊接、成品校正,刷防锈漆及成品堆放。

2. 木结构

(1) 木屋架工作内容

木材部分:屋架制作、拼装、安装,装配钢铁件,锚定,梁端刷防腐油。

(2) 屋面木基层工作内容

1) 制作及安装檩木、檩托木(或垫木),伸入墙内部分及垫木刷防腐油。

2) 制作屋面板。

3) 檩木上钉屋面板。

4) 檩木上钉椽板。

(3) 木楼梯、木柱、木梁工作内容

1) 制作:包括放样、选料、运料、錾剥、刨光、划绕、起线、凿眼、挖底拔灰、锯榫。

2) 安装:包括吊线、校正、临时支撑、伸入墙内部分刷水柏油。

(4) 其他工作内容

门窗贴脸、披水条、盖口条、明式暖气罩、木搁板、木格踏板等项目均包括制作、安装。

二、定额一般规定

1) 定额是按机械和手工操作综合编制的,因此不论实际采取何种操作方法,均按定额执行。

2) 定额中木材木种分类如下。

一类:红松、水桐木、樟子松。

二类:白松(方杉、冷杉)、杉木、杨木、柳木、椴木。

三类:青松、黄花松、秋子木、马尾松、东北榆木、柏木、苦楝木、梓木、黄菠萝、椿木、楠木、柚木、樟木。

四类:栎木(柞木)、檀木、色木、槐木、荔木、麻栗木(麻栎、青刚)、桦木、荷木、水曲柳、华北榆木。

3) 本章木材木种均以一、二类木种为准,如采用三、四类木种时,分别乘以下列系数:木门窗制作,按相应项目人工和机械乘系数 1.3;木门窗安装,按相应项目的人工和机械乘系数 1.16;其他项目按相应项目人工和机械乘系数 1.35。

4) 定额中木材以自然干燥条件下含水率为准编制的,需人工干燥时,其费用可列入木材价格内,由各地区另行确定。

5）定额中板材、方材规格及分类见表11-1。

表 11-1　板材及方材规格表

项目	按宽厚尺寸比例分类	按板材厚度，方材宽、厚乘积				
板材	宽≥3×厚	名称	薄板	中板	厚板	特厚板
		厚度/mm	≤18	19～35	36～65	≥66
方材	宽<3×厚	名称	小方	中方	大方	特大方
		宽×厚/cm²	≤54	55～100	101～225	≥226

6）定额中所注明的木材断面或厚度均以毛料为准。如设计图纸注明的断面或厚度为净料时，应增加刨光损耗；板、方材一面刨光增加 3 mm；两面刨光增加 5 mm；圆木每 m³ 材积增加 0.05 m³。

7）定额中木门窗框、扇断面取定如下。

无纱镶板门框：60 mm×100 mm；有纱镶板门框：60 mm×120 mm；无纱窗框：60 mm× 90 mm；有纱窗框：60 mm×110 mm；无纱镶板门扇：45 mm×100 mm；有纱镶板门扇：45 mm× 100 mm＋35 mm×100 mm；无纱窗扇：45 mm×60 mm；有纱窗扇：45 mm×60 mm＋35 mm× 60 mm；胶合板门窗：38 mm×60 mm。

定额取定的断面与设计规定不同时，应按比例换算。框断面以边框断面为准（框裁口如为钉条者加贴条的断面）；扇料以主挺断面为准。换算公式为

$$\frac{设计断面（加刨光损耗）}{定额断面}×定额材积$$

8）定额所附普通木门窗小五金表，仅作备料参考。

9）弹簧门、厂库大门、钢木大门及其他特种门，定额所附五金铁件表均按标准图用量计算列出，仅作备料参考。

10）保温门的填充料与定额不同时，可以换算，其他工料不变。

11）厂库房大门及特种门的钢骨架制作，以钢材质量表示，已包括在定额项目中，不再另列项目计算。定额中不包括固定铁件的混凝土垫块及门楗或梁柱内的预埋铁件。

12）木门窗不论现场或附属加工厂制作，均执行本定额，现场外制作点至安装地点的运输另行计算。

13）定额中普通木门窗、天窗，按框制作、框安装、扇制作、扇安装分列项目；厂库房大门、钢木大门及其他特种门，按扇制作、扇安装分列项目。

14）定额中普通木窗、钢窗、铝合金窗、塑料窗、彩板组角钢窗等适用于平开式，推拉式，中转式、上、中、下悬式。双层玻璃窗小五金按普通木窗不带纱窗乘2计算。

15）铝合金门窗制作兼安装项目，是按施工企业附属加工厂制作编制的。加工厂至现场堆放点的运输，另行计算。木骨架枋材 40 mm×45 mm，设计与定额不符时可以换算。

16）铝合金地弹门制作（框料）型材是按 101.6 mm×44.5 mm，厚 1.5 mm 方管编制的；

单扇平开门、双扇平开窗是按 38 系列编制的;推拉窗按 90 系列编制的。如型材断面尺寸及厚度与定额规定不同时,可按附表调整铝合金型材用量,附表中"()"内数量为定额取定量。地弹门、双扇全玻地弹门包括不锈钢上下帮地弹簧、玻璃门、拉手、玻璃胶及安装所需辅助材料。

17)铝合金卷闸门(包括卷筒、导轨)、彩板组角钢门窗、塑料门窗、钢门窗安装以成品安装编制的。由供应地至现场的运杂费,应计入预算价格中。

18)玻璃厚度和颜色、密封油膏、软填料、如设计与定额不同时可以调整。

19)铝合金门窗、彩板组角钢门窗、塑料门窗和钢门窗成品安装,如每 100 m^2 门窗实际用量超过定额含量 1% 以上时,可以换算,但人工、机械用量不变。门窗成品包括五金配件在内。采用附框安装时,扣除门窗安装子目中的膨胀螺栓、密封膏用量及其他材料费。

20)钢门、钢材含量与定额不同时,钢材用量可以换算,其他不变。

① 钢门窗安装按成品件考虑(包括五金配件和铁脚在内)。

② 钢天窗安装角铁横挡及连接件,设计与定额用量不同时,可以调正,损耗按 6%。

③ 实腹式或空腹式钢门窗均执行本定额。

④ 组合窗、钢天窗为拼装缝需满刮油灰时,每 100 m^2 洞口面积增加人工 5.54 工日,油灰 58.5kg。

⑤ 钢门窗安玻璃,如采用塑料、橡胶条,按门窗安装工程量每 100 m^2 计算压条 736 m。

21)铝合金门窗制作、安装(7—259—283 项)综合机械台班是以机械折旧费 68.26 元、大修理费 5 元、经常修理费 12.83 元、电力 183.94 kW·h 组成。

单扇平开、双扇手开门按 38 系列定制,外框 0.408 kg/m,中框 0.676 kg/m,压线 0.176 kg/m。

铝合金地弹门制作型材(框料)按 76.2 mm×44.5 mm×1.5 mm 方管 0.975 kg/m 制定,压线 15 kg/m。

学以致用

门窗及木结构工程定额工程量计算

1. 厂库房大门、特种门

厂库房大门、特种门制作和安装均按洞口面积,以 m^2 计算。

2. 木屋架

1)木屋架制作和安装均按设计断面竣工木料,以 m^3 计算,其后备长度及配制损耗均不另行计算。附属于屋架的夹板、垫木等已并入相应的屋架制作项目中,不另行计算;与屋架连接的挑檐木、支撑等,其工程量并入屋架竣工木料体积内计算。

2)屋架的制作和安装应区别不同跨度,其跨度应以屋架上下弦杆的中心线交点之间的长度为准。带气楼的屋架并入所依附屋架的体积内计算。

3)屋架的马尾、折角和正交部分半屋架,应并入相连接屋架的体积内计算。

4)钢木屋架区分圆木与方木,按竣工木料,以 m^3 计算。

3. 圆木屋架计算规则

圆木屋架连接的挑檐木、支撑等如为方木时,其方木部分应乘以系数 1.7,折合成圆木并入屋架竣工木料内,单独的方木挑檐,按矩形檩木计算。

4. 檩木计算规则

檩木按竣工木料,以 m³ 计算。简支檩长度按设计规定计算,如设计无规定者,按屋架或山墙中距增加 200 mm 计算,如两端出山,檩条长度算至博风板;连续檩条的长度按设计长度计算,其接头长度按全部连续檩木总体积的 5% 计算。檩条托木已计入相应檩木制作和安装项目中,不另计算。其计算方法如下。

（1）方木檩条工程量计算

$$V_L = \sum_{i=1}^{n} a_i \times b_i \times l_i (\text{m}^3)$$

式中　V_L——方木檩条的体积(m³);

a_i, b_i——第 i 根檩木断面的双向尺寸(m);

l_i——第 i 根檩木的计算长度(m);

n——檩木的根数。

（2）圆木檩条工程量计算

$$V_L = \sum_{i=1}^{n} V_i$$

式中　V_i——单根圆檩木的体积(m³)。

设计规定圆木小头直径时,可按小头直径、檩木长度,由下列公式计算。

① 杉圆木材积计算公式,按下式计算:

$$V = 7.854 \times 10^{-5} \times [(0.026L+1)D^2 + (0.37L+1)D + 10(L-3)] \times L$$

式中　V——杉圆木材积(m³);

L——杉圆木材长(m);

D——杉圆木小头直径(cm)。

② 原木材积计算公式(适用于除杉原木以外的所有树种):

$$V_i = L \times 10^{-4}[(0.003895L + 0.8982)D^2 + (0.39L - 1.219)D - (0.5796L + 3.067)]$$

式中　V_i——单根圆木材(除杉原木)的体积(m³);

L——圆木长度(m);

D——圆木小头直径(cm)。

设计规定为大、小头直径时,取平均断面积乘以计算长度,即

$$V_i = \frac{\pi}{4}D^2 \times L = 7.854 \times 10^{-5} \times D^2 L$$

式中　V_i——单根原木材体积(m³);

L——圆木长度(m);

D——圆木平均直径(cm)。

5. 屋面木基层计算规则

屋面木基层,按屋面的斜面积计算。天窗挑檐重叠部分按设计规定计算,屋面烟囱及斜沟

部分所占面积不扣除。

6.封檐板计算规则

封檐板按图示檐口外围长度计算,博风板按斜长度计算,每个大刀头增加长度 500 mm。

门窗及木结构工程量清单计价

1.木门(编号:010801)

木门工程量清单项目设置、项目特征描述、计量单位及工程量计算规则,见表 11-2。

表 11-2　木门(编号:010801)

项目编码	项目名称	项目特征	计量单位	工程量计算规则	工程内容
010801001	木质门	1.门代号及洞口尺寸 2.镶嵌玻璃品种、厚度	1.樘 2.m²	1.以樘计量,按设计图示数量计算 2.以平方米计量,按设计图示洞口尺寸以面积计算	1.门安装 2.玻璃安装 3.五金安装
010801002	木质门带套				
010801003	木质连窗门				
010801004	木质防火门				
010801005	木门框	1.门代号及洞口尺寸 2.框截面尺寸 3.防护材料种类	1.樘 2.m	1.以樘计量,按设计图示数量计算 2.以米计量,按设计图示框的中心线以延长米计算	1.木门框制作、安装 2.运输 3.刷防护材料
010801006	门锁安装	1.锁品种 2.锁规格	个(套)	按设计图示数量计算	安装

2.金属门(编号:010802)

金属门工程量清单项目设置、项目特征描述、计量单位及工程量计算规则,见表 11-3。

表 11-3　金属门(编号:010802)

项目编码	项目名称	项目特征	计量单位	工程量计算规则	工程内容
010802001	金属(塑钢)门	1.门代号及洞口尺寸 2.门框或扇外围尺寸 3.门框、扇材质 4.玻璃品种、厚度	1.樘 2.m²	1.以樘计量,按设计图示数量计算 2.以平方米计量,按设计图示洞口尺寸以面积计算	1.门安装 2.五金安装 3.玻璃安装
010802002	彩板门	1.门代号及洞口尺寸 2.门框或扇外围尺寸			
010802003	钢质防火门	1.门代号及洞口尺寸 2.门框或扇外围尺寸 3.门框、扇材质			1.门安装 2.五金安装
010802004	防盗门				

3. 金属卷帘（闸）门（编号：010803）

金属卷帘（闸）门工程量清单项目设置、项目特征描述、计量单位及工程量计算规则，见表 11-4。

表 11-4　金属卷帘（闸）门（编号：**010803**）

项目编码	项目名称	项目特征	计量单位	工程量计算规则	工程内容
010803001	金属卷帘（闸）门	1. 门代号及洞口尺寸 2. 门材质 3. 启动装置品种、规格	1. 樘 2. m²	1. 以樘计量，按设计图示数量计算 2. 以平方米计量，按设计图示洞口尺寸以面积计算	1. 门运输、安装 2. 启动装置、活动小门、五金安装
010803002	防火卷帘（闸）门				

4. 厂库房大门、特种门（编号：010804）

厂库房大门、特种门工程量清单项目设置、项目特征描述、计量单位及工程量计算规则，见表 11-5。

表 11-5　厂库房大门、特种门（编号：**010804**）

项目编码	项目名称	项目特征	计量单位	工程量计算规则	工程内容
010804001	木板大门	1. 门代号及洞口尺寸 2. 门框或扇外围尺寸 3. 门框、扇材质 4. 五金种类、规格 5. 防护材料种类	1. 樘 2. m²	1. 以樘计量，按设计图示数量计算 2. 以平方米计量，按设计图示洞口尺寸以面积计算	1. 门（骨架）制作、运输 2. 门、五金配件安装 3. 刷防护涂料
010804002	钢木大门				
010804003	全钢板大门				
010804004	防护铁丝门			1. 以樘计量，按设计图示数量计算 2. 以平方米计量，按设计图示门框或扇以面积计算	
010804005	金属格栅门	1. 门代号及洞口尺寸 2. 门框或扇外围尺寸 3. 门框、扇材质 4. 启动装置的品种、规格		1. 以樘计量，按设计图示数量计算 2. 以平方米计量，按设计图示洞口尺寸以面积计算	1. 门安装 2. 启动装置、五金配件安装
010804006	钢质花饰大门	1. 门代号及洞口尺寸 2. 门框或扇外围尺寸 3. 门框、扇材质		1. 以樘计量，按设计图示数量计算 2. 以平方米计量，按设计图示门框或扇以面积计算	1. 门安装 2. 五金配件安装
010804007	特种门			1. 以樘计量，按设计图示数量计算 2. 以平方米计量，按设计图示洞口尺寸以面积计算	

5. 其他门(编号:010805)

其他门工程量清单项目设置、项目特征描述、计量单位及工程量计算规则,见表11-6。

表 11-6　其他门(编号:010805)

项目编码	项目名称	项目特征	计量单位	工程量计算规则	工程内容
010805001	电子感应门	1.门代号及洞口尺寸 2.门框或扇外围尺寸 3.门框、扇材质 4.玻璃品种、厚度 5.启动装置的品种、规格 6.电子配件品种、规格	1.樘 2.m²	1.以樘计量,按设计图示数量计算 2.以平方米计量,按设计图示洞口尺寸以面积计算	1.门安装 2.启动装置、五金、电子配件安装
010805002	旋转门				
010805003	电子对讲门	1.门代号及洞口尺寸 2.门框或扇外围尺寸 3.门材质 4.玻璃品种、厚度 5.启动装置的品种、规格 6.电子配件品种、规格			
010805004	电动伸缩门				
010805005	全玻自由门	1.门代号及洞口尺寸 2.门框或扇外围尺寸 3.框材质 4.玻璃品种、厚度			1.门安装 2.五金安装
010805006	镜面不锈钢饰面门	1.门代号及洞口尺寸 2.门框或扇外围尺寸 3.框、扇材质 4.玻璃品种、厚度			
010805007	复合材料门				

6. 木窗(编号:010806)

木窗工程量清单项目设置、项目特征描述、计量单位及工程量计算规则,见表11-7。

表 11-7　木窗(编号:010806)

项目编码	项目名称	项目特征	计量单位	工程量计算规则	工程内容
010806001	木质窗	1.窗代号及洞口尺寸 2.玻璃品种、厚度	1.樘 2.m²	1.以樘计量,按设计图示数量计算 2.以平方米计量,按设计图示洞口尺寸以面积计算	1.窗安装 2.五金、玻璃安装
010806002	木飘(凸)窗				
010806003	木橱窗	1.窗代号 2.框截面及外围展开面积 3.玻璃品种、厚度 4.防护材料种类		1.以樘计量,按设计图示数量计算 2.以平方米计量,按设计图示尺寸以框外围展开面积计算	1.窗制作、运输、安装 2.五金、玻璃安装 3.刷防护材料

项目编码	项目名称	项目特征	计量单位	工程量计算规则	工程内容
010806004	木纱窗	1.窗代号及框的外围尺寸 2.窗纱材料品种、规格	1.樘 2.m²	1.以樘计量,按设计图示数量计算 2.以平方米计量,按框的外围尺寸以面积计算	1.窗安装 2.五金安装

7.金属窗(编号:010807)

金属窗工程量清单项目设置、项目特征描述、计量单位及工程量计算规则,见表11-8。

表 11-8　金属窗(编号:010807)

项目编码	项目名称	项目特征	计量单位	工程量计算规则	工程内容
010807001	金属(塑钢、断桥)窗	1.窗代号及洞口尺寸 2.框、扇材质 3.玻璃品种、厚度		1.以樘计量,按设计图示数量计算 2.以平方米计量,按设计图示洞口尺寸以面积计算	
010807002	金属防火窗				
010807003	金属百叶窗	1.窗代号及洞口尺寸 2.框、扇材质 3.玻璃品种、厚度			1.窗安装 2.五金、玻璃安装
010807004	金属纱窗	1.窗代号及框的外围尺寸 2.框材质 3.窗纱材料品种、规格	1.樘 2.m²	1.以樘计量,按设计图示数量计算 2.以平方米计量,按框的外围尺寸以面积计算	
010807005	金属格栅窗	1.窗代号及洞口尺寸 2.框外围尺寸 3.框、扇材质		1.以樘计量,按设计图示数量计算 2.以平方米计量,按设计图示洞口尺寸以面积计算	
010807006	金属(塑钢、断桥)橱窗	1.窗代号 2.框外围展开面积 3.框、扇材质 4.玻璃品种、厚度 5.防护材料种类		1.以樘计量,按设计图示数量计算 2.以平方米计量,按设计图示尺寸以框外围展开面积计算	1.窗制作、运输、安装 2.五金、玻璃安装 3.刷防护材料
010807007	金属(塑钢、断桥)飘(凸)窗	1.窗代号 2.框外围展开面积 3.框、扇材质 4.玻璃品种、厚度			1.窗安装 2.五金、玻璃安装

项目编码	项目名称	项目特征	计量单位	工程量计算规则	工程内容
010807008	彩板窗	1.窗代号及洞口尺寸 2.框外围尺寸 3.框、扇材质 4.玻璃品种、厚度	1.樘 2.m²	1.以樘计量,按设计图示数量计算 2.以平方米计量,按设计图示洞口尺寸或框外围以面积计算	1.窗安装 2.五金、玻璃安装
010807009	复合材料窗				

8. 门窗套(编号:010808)

门窗套工程量清单项目设置、项目特征描述、计量单位及工程量计算规则,见表11-9。

表 11-9 门窗套(编号:010808)

项目编码	项目名称	项目特征	计量单位	工程量计算规则	工程内容
010808001	木门窗套	1.窗代号及洞口尺寸 2.门窗套展开宽度 3.基层材料种类 4.面层材料品种、规格 5.线条品种、规格 6.防护材料种类	1.樘 2.m² 3.m	1.以樘计量,按设计图示数量计算 2.以平方米计量,按设计图示尺寸以展开面积计算 3.以米计量,按设计图示中心以延长米计算	1.清理基层 2.立筋制作、安装 3.基层板安装 4.面层铺贴 5.线条安装 6.刷防护材料
010808002	木筒子板	1.筒子板宽度 2.基层材料种类 3.面层材料品种、规格 4.线条品种、规格 5.防护材料种类			
010808003	饰面夹板筒子板				
010808004	金属门窗套	1.窗代号及洞口尺寸 2.门窗套展开宽度 3.基层材料种类 4.面层材料品种、规格 5.防护材料种类			1.清理基层 2.立筋制作、安装 3.基层板安装 4.面层铺贴 5.刷防护材料
010808005	石材门窗套	1.窗代号及洞口尺寸 2.门窗套展开宽度 3.粘结层厚度、砂浆配合比 4.面层材料品种、规格 5.线条品种、规格			1.清理基层 2.立筋制作、安装 3.基层抹灰 4.面层铺贴 5.线条安装

续表

项目编码	项目名称	项目特征	计量单位	工程量计算规则	工程内容
010808006	门窗木贴脸	1. 门窗代号及洞口尺寸 2. 贴脸板宽度 3. 防护材料种类	1. 樘 2. m	1. 以樘计量,按设计图示数量计算 2. 以米计量,按设计图示尺寸以延长米计算	安装
010808007	成品木门窗套	1. 门窗代号及洞口尺寸 2. 门窗套展开宽度 3. 门窗套材料品种、规格	1. 樘 2. m² 3. m	1. 以樘计量,按设计图示数量计算 2. 以平方米计量,按设计图示尺寸以展开面积计算 3. 以米计量,按设计图示中心以延长米计算	1. 清理基层 2. 立筋制作、安装 3. 板安装

9. 门台板(编号:010809)

门台板工程量清单项目设置、项目特征描述、计量单位及工程量计算规则,见表 11-10。

表 11-10 门台板(编号:010809)

项目编码	项目名称	项目特征	计量单位	工程量计算规则	工程内容
010809001	木窗台板	1. 基层材料种类 2. 窗台面板材质、规格、颜色 3. 防护材料种类	m²	按设计图示尺寸以展开面积计算	1. 基层清理 2. 基层制作、安装 3. 窗台板制作、安装 4. 刷防护材料
010809002	铝塑窗台板				
010809003	金属窗台板				
010809004	石材窗台板	1. 粘结层厚度、砂浆配合比 2. 窗台板材质、规格、颜色			1. 基层清理 2. 抹找平层 3. 窗台板制作、安装

10. 窗帘、窗帘盒、轨(编号:010810)

窗帘、窗帘盒、轨工程量清单项目设置、项目特征描述、计量单位及工程量计算规则,见表 11-11。

表 11-11　窗帘、窗帘盒、轨(编号:010810)

项目编码	项目名称	项目特征	计量单位	工程量计算规则	工程内容
010810001	窗帘	1. 窗帘材质 2. 窗帘高度、宽度 3. 窗帘层数 4. 带幔要求	1. m 2. m²	1. 以米计量,按设计图示尺寸以成活后长度计算 2. 以平方米计量,按图示尺寸以成活后展开面积计算	1. 制作、运输 2. 安装
010810002	木窗帘盒	1. 窗帘盒材质、规格 2. 防护材料种类	m	按设计图示尺寸以长度计算	1. 制作、运输、安装 2. 刷防护材料
010810003	饰面夹板、塑料窗帘盒				
010810004	铝合金窗帘盒				
010810005	窗帘轨	1. 窗帘轨材质、规格 2. 轨的数量 3. 防护材料种类			

11. 木屋架(编号:010701)

木屋架工程量清单项目设置、项目特征描述、计量单位及工程量计算规则,见表 11-12。

表 11-12　木屋架轨(编号:010701)

项目编码	项目名称	项目特征	计量单位	工程量计算规则	工程内容
010701001	木屋架	1. 跨度 2. 材料品种、规格 3. 刨光要求 4. 拉杆及夹板种类 5. 防护材料种类	1. 榀 2. m³	1. 以榀计量,按设计图示数量计算 2. 以立方米计量,按设计图示的规格尺寸以体积计算	1. 制作 2. 运输 3. 安装 4. 刷防护材料
010701002	钢木屋架	1. 跨度 2. 木材品种、规格 3. 刨光要求 4. 钢材品种、规格 5. 防护材料种类	榀	以榀计量,按设计图示数量计算	

12. 木构件(编号:010702)

木构件工程量清单项目设置、项目特征描述、计量单位及工程量计算规则,见表 11-13。

表 11-13　木构件（编号：010702）

项目编码	项目名称	项目特征	计量单位	工程量计算规则	工程内容
010702001	木柱	1. 构件规格尺寸 2. 木材种类 3. 刨光要求 4. 防护材料种类	m³	按设计图示尺寸以体积计算	1. 制作 2. 运输 3. 安装 4. 刷防护材料
010702002	木梁				
010702003	木檩			1. 以立方米计量，按设计图示尺寸以体积计算 2. 以米计量，按设计图示尺寸以长度计算	
010702004	木楼梯	1. 楼梯形式 2. 木材种类 3. 刨光要求 4. 防护材料种类	1. m³ 2. m	按设计图示尺寸以水平投影面积计算。不扣除宽度≤300 mm 的楼梯井，伸入墙内部分不计算	
010702005	其他木构件	1. 构件名称 2. 构件规格尺寸 3. 木材种类 4. 刨光要求 5. 防护材料种类		1. 以立方米计量，按设计图示尺寸以体积计算 2. 以米计量，按设计图示尺寸以长度计算	

13. 屋面木基层（编号：010703）

屋面木基层工程量清单项目设置、项目特征描述、计量单位及工程量计算规则，见表 11-14。

表 11-14　屋面木基层（编号：010703）

项目编码	项目名称	项目特征	计量单位	工程量计算规则	工程内容
010703001	屋面木基层架	1. 椽子断面尺寸及椽距 2. 望板材料种类、厚度 3. 防护材料种类	m²	按设计图示尺寸以斜面积计算 不扣除房上烟囱、风帽底座、风道、小气窗、斜沟等所占面积。小气窗的出檐部分不增加面积	1. 椽子制作、安装 2. 望板制作、安装 3. 顺水条和挂瓦条制作、安装 4. 刷防护材料

门窗及木结构工程计算与示例

1. 圆木屋架计算实例

【实例 11-1】 有一仓库采用圆木木屋架,计 8 榀,如图 11-1 所示,屋架跨度为 8 m,坡度为 1/2,四节间,试计算该仓库屋架工程量。

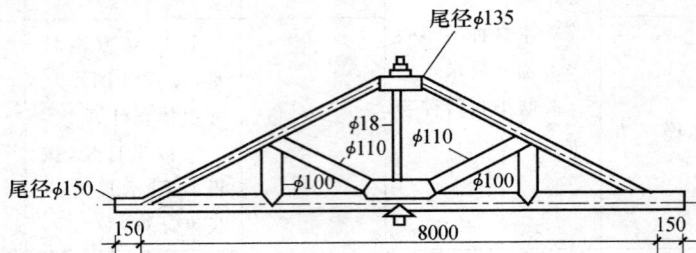

图 11-1 木屋架图示

解:(1)屋架杆件长度＝屋架跨度(m)×长度系数
① 杆件 1 下弦杆 8+0.15×2=8.3 m;
② 杆件 2 上弦杆 2 根 8×0.559×2=4.47 m×2 根;
③ 杆件 4 斜杆 2 根 8×0.28×2=2.24 m×2 根;
④ 杆件 5 竖杆 2 根 8×0.125×2=1 m×2 根。

(2) 计算材积
① 杆件 1,下弦材积,以尾径 ϕ15.0 cm 和 L=8.3 m 代入,则

$V_1=7.854×10^{-5}×[(0.026×8.3+1)×15^2+(0.37×8.3+1)×15+10×(8.3-3)]×8.3=0.2527(\text{m}^3)$

② 杆件 2,上弦杆,以尾径 ϕ13.5 cm 和 L=4.47 m 代入,则

$V_2=7.854×10^{-5}×4.47×[(0.026×4.47+1)×13.5^2+(0.37×4.47+1)×13.5+10×(4.47-3)]×2=0.1783(\text{m}^3)$

③ 杆件 4,斜杆 2 根,以尾径 ϕ11.0 cm 和 L=2.24 m 代入,则

$V_4=7.854×10^{-5}×2.24×[(0.026×2.24+1)×11^2+(0.37×2.24+1)×11+10×(2.24-3)]×2=0.0494(\text{m}^3)$

④ 杆件 5,竖杆 2 根,以尾径 ϕ10 cm 和 L=1 m 代入,则

$V_5=7.854×10^{-5}×1×1×[(0.026×1+1)×10^2+(0.37×1+1)×10+10×(1-3)]×2=0.0151(\text{m}^3)$

一榀屋架的工程量为上述各杆件材积之和,即

$V=V_1+V_2+V_4+V_5=0.2527+0.1783+0.0494+0.0151=0.4955(\text{m}^3)$

仓库屋架工程量为
① 竣工木料材积为 0.4955×8=3.96(m³)
② 铁件:依据钢木屋架铁件参考表,本例每榀屋架铁件用量 20 kg,则铁件总量为 20×8=160(kg)。

2. 檩木计算实例

【**实例 11-2**】 求图 11-2 所示圆木简枝檩(不刨光)工程量。

解:工程量＝圆木简支檩的竣工材积

每一开间的檩条根数＝$[(7+0.5\times2)\times1.118(坡度系数)]\times\dfrac{1}{0.56}+1=17(根)$

每根檩条按规定增加长度计算:

$\phi10$,长 4.1 m 时,檩条长度＝$17\times2\times0.045=1.53(m^3)$

$\phi10$,长 3.7 m 时,檩条长度＝$17\times4\times0.040=2.72(m^3)$

0.045,0.040 均为每根杉圆木的材积

工程量＝$1.53+2.72=4.25(m^3)$

3. 封檐板计算实例

【**实例 11-3**】 求如图 11-2 所示瓦屋面钉封檐板工程量。

解:工程量的计算方法为:封檐板按檐口外围长度计算,博风板按斜长计算,每个大刀头增加长度 500 mm(50 cm)。

故封檐板工程量＝$[(3.5\times6+0.5\times2)+(7+0.5\times2)\times1.18]\times2+0.5\times4(大刀头)$

$=64.88(m)$

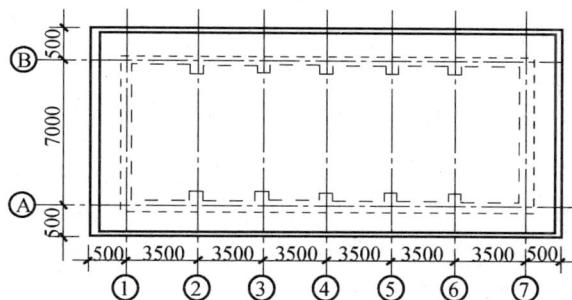

(a)

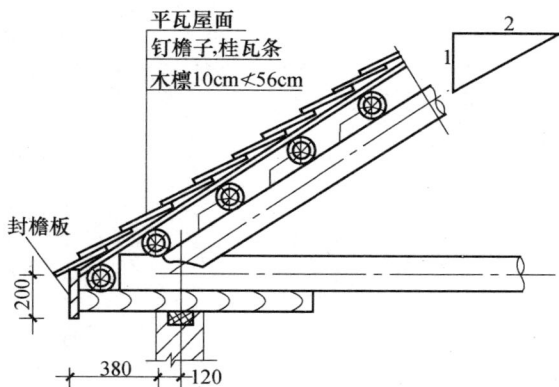

(b)

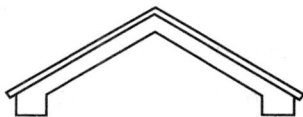

(c)

图 11-2 圆木简枝檩(不刨光)示意图

(a)屋顶平面;(b)檐口节点大样;(c)封檐板

门窗及木结构工程量清单计价编制实例

某住宅室内木楼梯,共 21 套,楼梯斜梁截面:80 mm×150 mm,踏步板 900 mm×300 mm×25 mm,踢脚板 900 mm×150 mm×20 mm,楼梯栏杆 ϕ50 mm,硬木扶手为圆形 ϕ60 mm,除扶手材质为桦木外,其余材质为杉木。

(1)业主根据木楼梯施工图计算

1)木楼梯斜梁体积为 0.256 m³。

2)楼梯面积为 6.21 m²(水平投影面积)。

3)楼梯栏杆为 8.67 m(垂直投影面积为 7.31 m²)。

4)硬木扶手 8.89 m。

(2)投标人投标报价计算

1)木斜梁制作、安装。

① 人工费:75.08×0.256=19.22(元)

② 材料费:1068.73×0.256=273.59(元)

③ 合计:292.81 元

2)楼梯制作、安装。

① 人工费:51.56×6.21=320.19(元)

② 材料费:184.6×6.21=1146.37(元)

③ 合计:1466.56 元

3)楼梯刷防火漆两遍

① 人工费:1.33×22=29.26(元)

② 材料费:3.03×22=66.66(元)

③ 机械费:0.13×22=2.86(元)

④ 合计:98.78 元

4)楼梯刷地板清漆三遍。

① 人工费:9.83×6.21=61.04(元)

② 材料费:5.72×6.21=35.52(元)

③ 机械费:0.48×6.21=2.98(元)

④ 合计:99.54 元

5)楼梯综合。

① 直接费合计:1957.69 元

② 管理费:直接费×34%=665.61(元)

③ 利润:直接费×8%=156.62(元)

④ 总计:2779.92 元

⑤ 综合单价:447.65 元

6）栏杆制作、安装。

① 人工费：$14.98×7.31=109.50$（元）

② 材料费：$50.46×7.31=368.86$（元）

③ 机械费：$2×7.31=14.62$（元）

④ 合计：492.98 元

7）栏杆防火漆两遍。

① 人工费：$1.33×1.56=2.07$（元）

② 材料费：$3.03×1.56=4.73$（元）

③ 机械费：$0.13×1.56=0.20$（元）

④ 合计：7.00 元

8）栏杆刷聚氨酯清漆两遍。

① 人工费：$11.86×7.31=86.70$（元）

② 材料费：$11.08×7.31=80.99$（元）

③ 机械费：$0.7×7.31=5.12$（元）

④ 合计：172.81 元

9）栏杆扶手制作、安装。

① 人工费：$7.04×8.89=62.59$（元）

② 材料费：$129.83×8.89=1154.19$（元）

③ 机械费：$4.18×8.89=37.16$（元）

④ 合计：1253.94 元

10）扶手刷防火漆两遍。

① 人工费：$1.33×1.76=2.34$（元）

② 材料费：$3.03×1.76=5.33$（元）

③ 机械费：$0.13×1.76=0.23$（元）

④ 合计：7.90 元

11）扶手刷聚氨酯清漆三遍。

① 人工费：$5.63×8.87=49.94$（元）

② 材料费：$2.21×8.87=19.60$（元）

③ 机械费：$0.24×8.87=2.13$（元）

④ 合计：71.67 元

12）栏杆、扶手综合。

① 直接费合计：2006.30 元

② 管理费：直接费$×34\%=682.14$（元）

③ 利润：直接费$×8\%=160.50$（元）

④ 总计：2848.94 元

⑤ 综合单价：328.49 元

(3)将相关数据填入"分部分项工程量清单计价表（表 11-15）"和"分部分项工程量清单综合单价计算表（表 11-16 与表 11-17）"中。

表 11-15　分部分项工程量清单计价表

工程名称：某住宅　　　　　　　　　　　　　　　　　　　　　　　　　第 页 共 页

序号	项目编码	项目名称	计量单位	工程数量	金额/元	
					综合单价	合　价
1	010503003	木楼梯 木材种类：杉木 刨光要求：露面部分刨光 踏步板 900 mm×300 mm×25 mm 踢脚板 900 mm×150 mm×20 mm 斜梁截面 80 mm×150 mm 刷防火漆两遍 刷地板清漆两遍	m²	6.21	447.65	2779.91
2	020107002	木栏杆（硬木扶手） 木材种类：栏杆杉木 　　　　　扶手桦木 刨光要求：刨光 栏杆截面：φ50mm 扶手截面：φ60mm 刷防火漆两遍 栏杆刷聚氨酯清漆两遍 扶手刷聚氨酯清漆三遍	m	8.67	328.49	2848.01
		本页小计				
		合　　　计				

表 11-16　分部分项工程量清单综合单价计算表（一）

工程名称：某住宅　　　　　　　　　　　　　　　　　　　　　　　　计量单位：m²
项目编码：010503003　　　　　　　　　　　　　　　　　　　　　　工程数量：6.21
项目名称：木楼梯　　　　　　　　　　　　　　　　　　　　　　　　综合单价：447.64

序号	定额编号	工程内容	单位	数量	其中：/元					
					人工费	材料费	机械费	管理费	利润	小计
1	套北10—18（土）	木斜梁制作、安装	m²	0.041	3.10	44.06		16.03	3.77	66.96

续表

序号	定额编号	工程内容	单位	数量	其中:/元					
					人工费	材料费	机械费	管理费	利润	小计
2	套北 10－19（土）	木楼梯制作、安装	m²	1.000	51.56	184.60		80.29	18.89	335.34
3	11－230（装）*	刷防火漆两遍	m²	3.543	4.71	10.73	0.46	5.41	1.27	22.58
4	11－251、11－253	刷聚氨酯清漆三遍	m²	1.000	9.83	5.72	0.48	5.45	1.28	22.76
		合　计			69.20	245.11	0.94	107.18	25.21	447.64

注：＊定额编号（装）系参考《全国统一装饰工程消耗量定额》(下同)

表 11-17　分部分项工程量清单综合单价计算表(二)

工程名称：某住宅　　　　　　　　　　　　　　　　　　　　　计量单位：m²

项目编码：020107002　　　　　　　　　　　　　　　　　　　工程数量：8.67

项目名称：木栏杆、扶手　　　　　　　　　　　　　　　　　　综合单价：328.49 元

序号	定额编号	工程内容	单位	数量	其中:/元					
					人工费	材料费	机械费	管理费	利润	小计
1	套北 7－21（装）	木栏杆制作、安装	m	1.000	12.55	42.54	1.69	19.30	4.54	80.62
2	11－230	栏杆刷防火漆两遍	m²	0.181	0.24	0.55	0.02	0.28	0.07	1.16
3	11－201	栏杆刷聚氨酯清漆两遍	m²	0.847	10.00	0.34	0.59	0.78	1.59	28.30
4	套北 7-53（装）	硬木扶手制作、安装	m	1.030	7.22	133.12	4.29	49.17	11.57	205.37
5	11－230	硬木扶手刷防火漆两遍	m²	0.202	0.27	0.61	0.03	0.31	0.07	1.29
6	11－152、11－174	扶手刷聚氨酯清漆三遍	m²	0.997	5.76	2.26	0.24	2.81	0.66	11.74
		合　计			36.04	188.42	6.86	78.65	18.50	328.48

第十二章　金属结构工程工程量计算

学习目标

1. 了解金属结构制作工程的定额内容及相关规定。
2. 掌握金属结构制作工程定额工程量的计算规则。
3. 掌握金属结构工程量清单计价及应用。

知识课堂

金属结构制作工程定额内容及有关规定

金属结构的应用范围须根据钢结构的特点作出合理地选择。

1. 定额工作内容

1) 钢柱、钢屋架、钢托架、钢吊车梁、钢制动梁、钢吊车轨道、钢支撑、钢檩条、钢墙架、钢平台、钢梯子、钢栏杆、钢漏斗、H 型钢等制作项目均包括放样、划线、截料、平直、钻孔、拼装、焊接、成品矫正、除锈、刷防锈漆一遍及成品编号堆放。H 型钢项目未包括超声波探伤及 X 射线拍片。

2) 球节点钢网架制作包括定位、放样、放线、搬运材料、制作拼装、油漆等。

2. 定额一般规定

1) 定额适用于现场加工制作,亦适用于企业附属加工厂制作的构件。

2) 定额的制作,均是按焊接编制的。

3) 构件制作,包括分段制作和整体预装配的人工材料及机械台班用量,整体预装配用的螺栓及锚固杆件用的螺栓,已包括在定额内。

4) 定额除注明者外,均包括现场内(工厂内)的材料运输,号料、加工、组装及成品堆放、装车出厂等全部工序。

5) 定额未包括加工点至安装点的构件运输,应另按构件运输定额相应项目计算。

6) 定额中构件制作项目,均已包括刷一遍防锈漆工料。

7) 钢筋混凝土组合屋架钢拉杆,按屋架钢支撑计算。

8)《全国统一建筑工程基础定额(土建工程)》中编号 12-1 至 12-45 项,其他材料费(以 * 表示)均由下列材料组成:木脚手板 0.03 m³、木垫块 0.01 m³、钢丝 8 号 0.40 kg、砂轮片 0.2 g 片、铁砂布 0.07 张、机油 0.04 kg、汽油 0.03 kg、铅油 0.80 kg、棉纱头 0.11 kg。其他机械费(以 * 表示)由下列机械组成:座式砂轮机 0.56 台班、手动砂轮机 0.56 台班、千斤顶 0.56 台班、手动葫芦 0.56 台班、手电钻 0.56 台班。各部门、地区编制价格表时以此计入。

> **温馨提示**
>
> 　　金属结构构件一般是在金属结构加工厂制作,经运输、安装、再刷漆,最后构成工程实体。工程分项包括为金属结构制作及安装(金属构件制作及安装、金属栏杆制作及安装)、金属构件汽车运输、成品钢门窗安装、自加工门窗安装、自加工钢门安装、铁窗棚安装,金属压型板。
>
> 　　金属结构制作是指用各种型钢、钢板和钢管等金属材料或半成品,以不同的连接方法加工制作成构件,其拼接形式由结构特点确定。

学以致用

金属结构制作工程定额工程量计算规划

1. 一般规定的计算规则

金属结构制作按图示钢材尺寸以 t 计算,不扣除孔眼、切边的重量,焊条、铆钉、螺栓等重量,已包括在定额内不另计算。在计算不规则或多边形钢板重量时,均以其最大对角线乘以最大宽度的矩形面积计算。

2. 实腹柱、吊车梁、H 型钢工程量计算规则

实腹柱、吊车梁、H 型钢按图示尺寸计算,其中腹板及翼板宽度按每边增加 25 mm 计算。

3. 制动梁制作工程量计算规则

制动梁的制作工程量包括制动梁、制动桁梁、制动板重量;增架的制作工程量包括墙架柱、墙架梁及连接柱杆重量;钢柱制作工程量包括依附于柱上的牛腿及悬臂梁重量。

4. 轨道制作工程量计算规则

轨道制作工程量,只计算轨道本身重量,不包括轨道垫板、压板、斜垫、夹板及连接角钢等重量。

5. 铁栏杆制作工程量计算规则

铁栏杆制作,仅适用于工业厂房中平台、操作台的钢栏杆。民用建筑中铁栏杆等按定额其他章节有关项目计算。

(1)每 1 m 钢平台(带栏杆)的参考重量见表 12-1。

(2)每 1 m 钢栏杆及扶手的参考重量见表 12-2。

6. 钢漏斗制作工程量计算规则

钢漏斗制作工程量,矩形按图示分片,圆形按图示展开尺寸,并依钢板宽度分段计算,每段均以其上口长度(圆形以分段展开上口长度)与钢板宽度,按矩形计算,依附漏斗的型钢并入漏斗重量内计算。

表 12-1　钢平台(带栏杆)每 1 m 重量参考表

平台宽度/m	3 m 长平台	4 m 长平台	5 m 长平台
	每 1 m 重量/kg		
0.6	54	60	65
0.8	67	74	81
1.0	78	84	97
1.2	87	100	107

表 12-2　钢栏杆及扶手每 1m 重量参考表

项目	钢栏杆			钢扶手		
	角钢	圆钢	扁钢	钢管	圆钢	扁钢
	每米重量/kg					
栏杆及扶手制作	15	12	10	14	9.5	7.7

金属结构工程量清单计价

1. 钢网架(编号:010601)

钢网架工程量清单项目设置、项目特征描述、计量单位及工程量计算规则,见表 12-3。

表 12-3　钢网架(编号:010601)

项目编码	项目名称	项目特征	计量单位	工程量计算规则	工程内容
010601001	钢网架	1. 钢材品种、规格 2. 网架节点形式、连接方式 3. 网架跨度、安装高度 4. 探伤要求 5. 防火要求	t	按设计图示尺寸以质量计算。不扣除孔眼的质量,焊条、铆钉等不另增加质量	1. 拼装 2. 安装 3. 探伤 4. 补刷油漆

2. 钢屋架、钢托架、钢桁架、钢架桥(编号:010602)

钢屋架、钢托架、钢桁架、钢架桥工程量清单项目设置、项目特征描述、计量单位及工程量计算规则,见表 12-4。

表 12-4　钢屋架、钢托架、钢桁架、钢架桥(编号:010602)

项目编码	项目名称	项目特征	计量单位	工程量计算规则	工程内容
010602001	钢屋架	1. 钢材品种、规格 2. 单榀质量 3. 屋架跨度、安装高度 4. 螺栓种类 5. 探伤要求 6. 防火要求	1. 榀 2. t	1. 以榀计量,按设计图示数量计算 2. 以吨计量,按设计图示尺寸以质量计算。不扣除孔眼的质量,焊条、铆钉、螺栓等不另增加质量	1. 拼装 2. 安装 3. 探伤 4. 补刷油漆
010602002	钢托架	1. 钢材品种、规格 2. 单榀质量 3. 安装高度 4. 螺栓种类 5. 探伤要求 6. 防火要求	t	按设计图示尺寸以质量计算。不扣除孔眼的质量,焊条、铆钉、螺栓等不另增加质量	

续表

项目编码	项目名称	项目特征	计量单位	工程量计算规则	工程内容
010602003	钢桁架	1. 钢材品种、规格 2. 单榀质量 3. 安装高度 4. 螺栓种类 5. 探伤要求 6. 防火要求	t	按设计图示尺寸以质量计算。不扣除孔眼的质量,焊条、铆钉、螺栓等不另增加质量	1. 拼装 2. 安装 3. 探伤 4. 补刷油漆
010602004	钢架桥	1. 桥类型 2. 钢材品种、规格 3. 单榀质量 4. 安装高度 5. 螺栓种类 6. 探伤要求			

3. 钢柱(编号:010603)

钢柱工程量清单项目设置、项目特征描述、计量单位及工程量计算规则,见表12-5。

表 12-5　钢柱(编号:010603)

项目编码	项目名称	项目特征	计量单位	工程量计算规则	工程内容
010603001	实腹钢柱	1. 柱类型 2. 钢材品种、规格 3. 单根柱质量 4. 螺栓种类 5. 探伤要求 6. 防火要求	t	按设计图示尺寸以质量计算。不扣除孔眼的质量,焊条、铆钉、螺栓等不另增加质量,依附在钢柱上的牛腿及悬臂梁等并入钢柱工程量内	1. 拼装 2. 安装 3. 探伤 4. 补刷油漆
010603002	空腹钢柱				
010603003	钢管柱	1. 钢材品种、规格 2. 单根柱质量 3. 螺栓种类 4. 探伤要求 5. 防火要求		按设计图示尺寸以质量计算。不扣除孔眼的质量,焊条、铆钉、螺栓等不另增加质量,钢管柱上的节点板、加强环、内衬管、牛腿等并入钢管柱工程量内	

4. 钢梁（编号：010604）

钢梁工程量清单项目设置、项目特征描述、计量单位及工程量计算规则，见表 12-6。

表 12-6　钢梁（编号：010604）

项目编码	项目名称	项目特征	计量单位	工程量计算规则	工程内容
010604001	钢梁	1. 梁类型 2. 钢材品种、规格 3. 单根质量 4. 螺栓种类 5. 安装高度 6. 探伤要求 7. 防火要求	t	按设计图示尺寸以质量计算。不扣除孔眼的质量，焊条、铆钉、螺栓等不另增加质量，制动梁、制动板、制动桁架、车挡并入钢吊车梁工程量内	1. 拼装 2. 安装 3. 探伤 4. 补刷油漆
010604002	钢吊车梁	1. 钢材品种、规格 2. 单根质量 3. 螺栓种类 4. 安装高度 5. 探伤要求 6. 防火要求			

5. 钢板楼板、墙板（编号：010605）

钢板楼板、墙板工程量清单项目设置、项目特征描述、计量单位及工程量计算规则，见表 12-7。

表 12-7　钢板楼板、墙板（编号：010605）

项目编码	项目名称	项目特征	计量单位	工程量计算规则	工程内容
010605001	钢板楼板	1. 钢材品种、规格 2. 钢板厚度 3. 螺栓种类 4. 防火要求	m²	按设计图示尺寸以铺设水平投影面积计算。不扣除单个面积≤0.3 m² 柱、垛及孔洞所占面积	1. 拼装 2. 安装 3. 探伤 4. 补刷油漆
010605002	钢板墙板	1. 钢材品种、规格 2. 钢板厚度、复合板厚度 3. 螺栓种类 4. 复合板夹芯材料种类、层数、型号、规格 5. 防火要求		按设计图示尺寸以铺挂展开面积计算。不扣除单个面积≤0.3 m² 的梁、孔洞所占面积，包角、包边，窗台泛水等不另加面积	

6. 钢构件(编号：010606)

钢构件工程量清单项目设置、项目特征描述、计量单位及工程量计算规则，见表12-8。

表 12-8　钢构件(编号：010606)

项目编码	项目名称	项目特征	计量单位	工程量计算规则	工程内容
010606001	钢支撑、钢拉条	1. 钢材品种、规格 2. 构件类型 3. 安装高度 4. 螺栓种类 5. 探伤要求 6. 防火要求			
010606002	钢檩条	1. 钢材品种、规格 2. 构件类型 3. 单根质量 4. 安装高度 5. 螺栓种类 6. 探伤要求 7. 防火要求			
010606003	钢天窗架	1. 钢材品种、规格 2. 单榀质量 3. 安装高度 4. 螺栓种类 5. 探伤要求 6. 防火要求	t	按设计图示尺寸以质量计算，不扣除孔眼的质量，焊条、铆钉、螺栓等不另增加质量	1. 拼装 2. 安装 3. 探伤 4. 补刷油漆
010606004	钢挡风架	1. 钢材品种、规格 2. 单榀质量 3. 螺栓种类 4. 探伤要求 5. 防火要求			
010606005	钢墙架				
010606006	钢平台	1. 钢材品种、规格 2. 螺栓种类 3. 防火要求			
010606007	钢走道				
010606008	钢梯	1. 钢材品种、规格 2. 钢梯形式 3. 螺栓种类 4. 防火要求			
010606009	钢护栏	1. 钢材品种、规格 2. 防火要求			
010606010	钢漏斗	1. 钢材品种、规格 2. 漏斗、天沟形式 3. 安装高度 4. 探伤要求		按设计图示尺寸以质量计算，不扣除孔眼的质量，焊条、铆钉、螺栓等不另增加质量，依附漏斗或天沟的型钢并入漏斗或天沟工程量内	

项目编码	项目名称	项目特征	计量单位	工程量计算规则	工程内容
010606011	钢板天沟	1. 钢材品种、规格 2. 漏斗、天沟形式 3. 安装高度 4. 探伤要求	t	按设计图示尺寸以质量计算,不扣除孔眼的质量,焊条、铆钉、螺栓等不另增加质量,依附漏斗或天沟的型钢并入漏斗或天沟工程量内	1. 拼装 2. 安装 3. 探伤 4. 补刷油漆
010606012	钢支架	1. 钢材品种、规格 2. 安装高度 3. 防火要求		按设计图示尺寸以质量计算,不扣除孔眼的质量,焊条、铆钉、螺栓等不另增加质量	
010606013	零星钢构件	1. 构件名称 2. 钢材品种、规格			

7. 金属制品(编号:010607)

金属制品工程量清单项目设置、项目特征描述、计量单位及工程量计算规则,见表12-9。

表 12-9　金属制品(编号:010607)

项目编码	项目名称	项目特征	计量单位	工程量计算规则	工程内容
010607001	成品空调金属百页护栏	1. 材料品种、规格 2. 边框材质	m²	按设计图示尺寸以框外围展开面积计算	1. 安装 2. 校正 3. 预埋铁件及安螺栓
010607002	成品栅栏	1. 材料品种、规格 2. 边框及立柱型钢品种、规格			1. 安装 2. 校正 3. 预埋铁件 4. 安螺栓及金属立柱
010607003	成品雨篷	1. 材料品种、规格 2. 雨篷宽度 3. 晾衣杆品种、规格	1. m 2. m²	1. 以米计量,按设计图示接触边以米计算 2. 以平方米计量,按设计图示尺寸以展开面积计算	1. 安装 2. 校正 3. 预埋铁件及安螺栓

续表

项目编码	项目名称	项目特征	计量单位	工程量计算规则	工程内容
010607004	金属网栏	1.材料品种、规格 2.边框及立柱型钢品种、规格	m²	按设计图示尺寸以框外围展开面积计算	1.安装 2.校正 3.安螺栓及金属立柱
010607005	砌块墙钢丝网加固	1.材料品种、规格 2.加固方式		按设计图示尺寸以面积计算	1.铺贴 2.铆固
010607006	后浇带金属网				

温馨提示

金属结构制作工程清单项目内容的说明如下：

1.概况

金属结构制作工程包括钢屋架、钢网架、钢托架、钢桁架、钢架桥、钢柱、钢梁、钢板楼板、墙板、钢构件、金属网。适用于建筑物、构筑物的钢结构工程。

2.有关项目的说明

1)"钢屋架"项目适宜于一般钢屋架和轻钢屋架、冷弯薄壁型钢屋架。

2)"钢网架"项目适用于一般钢网架和不锈钢网架。不论节点形式(球形节点、板式节点等)和节点连接方式(焊结、丝结)等均使用该项目。

3)"实腹钢柱"项目适用于实腹钢柱和实腹式型钢混凝土柱。

4)"空腹钢柱"项目适用于空腹钢柱和空腹式型钢混凝土柱。

5)"钢管柱"项目适用于钢管柱和钢管混凝土柱。应注意,钢管混凝土柱的盖板、底板、穿心板、横隔板、加强环、明牛腿、暗牛腿应包括在报价内。

6)"钢梁"项目适用于钢梁和实腹式型钢混凝土梁、空腹式型钢混凝土梁。

7)"钢吊车梁"项目适用于钢吊车梁及吊车梁的制动梁、制动板、制动桁架,车挡应包括在报价内。

8)"钢板楼板"项目适用于现浇混凝土楼板,使用压型钢板作永久性模板,并与混凝土叠合后组成共同受力的构件。压型钢板采用镀锌或经防腐处理的薄钢板。

9)"钢护栏"适用于工业厂房平台钢栏杆。

3.共性问题的说明

1)钢构件的除锈、刷漆包括在报价内。

2)钢构件拼装台的搭拆和材料摊销应列入措施项目费。

3)钢构件的探伤(包括射线探伤、超声波探伤、磁粉探伤、金相探伤、着色探伤、荧光探伤等)应包括在报价内。

金属结构制作工程定额工程量计算与示例

1. 一般规定计算实例

【实例 12-1】 试计算图 12-1 所示踏步式钢梯工程量和人工钢材用量。

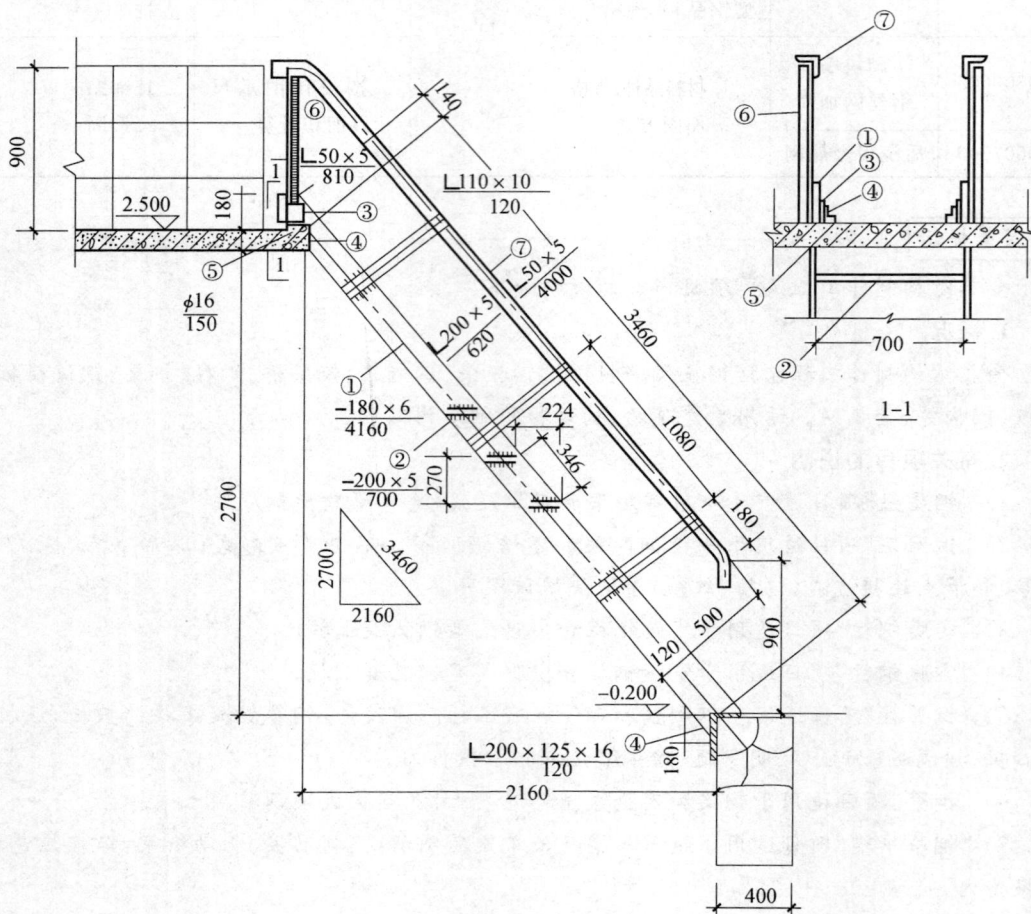

图 12-1 踏步式钢梯

解:钢梯制作工程量按图示尺寸计算出长度,再按钢材单位长度重量计算钢梯钢材重量,以吨(t)为单位计算。工程量计算如下:

1) 钢梯边梁,扁钢—180×6,长度 $l=4.16$ m,2 块;由钢材重量表得单位长度重量 8.48 kg/m,则

$$钢梁边梯 = 8.48 \times 4.16 \times 2 = 70.554(kg)$$

2) ∟200×5,$l=0.7$ m,9 块,7.85 kg/m

$$钢踏 = 7.85 \times 0.7 \times 9 = 49.455(kg)$$

3) ∟110×10,$l=0.12$ m,2 根,16.69 kg/m

$$∟110 \times 10 = 16.69 \times 0.12 \times 2 = 4.006(kg)$$

4)∟200×125×16,*l*=0.12,4 根,39.045 kg/m

$$∟200×125×16=39.045×0.12×4=18.742(kg)$$

5)∟200×5,*l*=0.62 m,6 根,3.77 kg/m

$$∟200×5=3.77×0.62×6=14.024(kg)$$

6)∟50×5,*l*=0.81 m,2 根,4.251 kg/m

$$∟50×5=4.251×0.81×2=6.887(kg)$$

7)∟50×5,*l*=4.0 m,2 根,3.77 kg/m

$$∟50×5=3.77×4×2=30.16(kg)$$

钢材总质量 70.554+49.455+4.006+18.742+14.024+6.887+30.16=193.828(kg)=0.194(t)。

【实例 12-2】 某钢直梯如图 12-2 所示,*ϕ*25 光面钢筋线密度为 4.834 kg/m,计算钢直梯工程量。

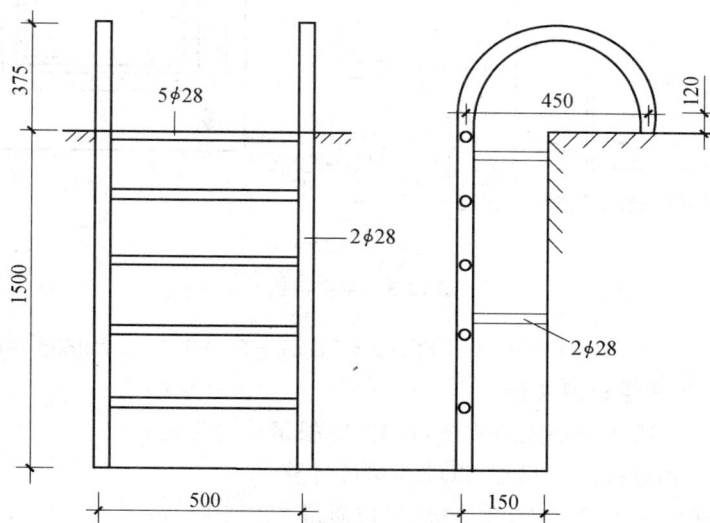

图 12-2　钢直梯

解:计算公式:杆件重量=杆件设计图示长度×单位理论质量

钢直梯工程量=[(1.50+0.12×2+0.45×π÷2)×2+(0.50+0.028)×5+(0.15-0.014)×4]×4.834=39.05(kg)=0.039(t)

2. 实腹柱、吊车梁、H 型钢工程量计算实例

【实例 12-3】 某工程空腹钢柱如图 12-3 所示,共 20 根,计算空腹钢柱工程量。

解:计算公式:杆件质量=杆件设计图示长度×单位理论质量

多边形钢板质量=最大对角线长度×最大宽度×面密度

[32b 槽钢立柱质量=2.97×2×43.25=256.91(kg)

∟100×100×8 角钢横撑质量=0.9×6×12.276=66.29(kg)

∟100×100×8 角钢斜撑工程量=$\sqrt{0.8^2+0.29^2}×6×12.276=62.68(kg)$

∟140×140×10 角钢底座质量=(0.32+0.14×2)×4×21.488=51.57(kg)

—12 钢板底座质量=0.75×0.75×94.20=52.99(kg)

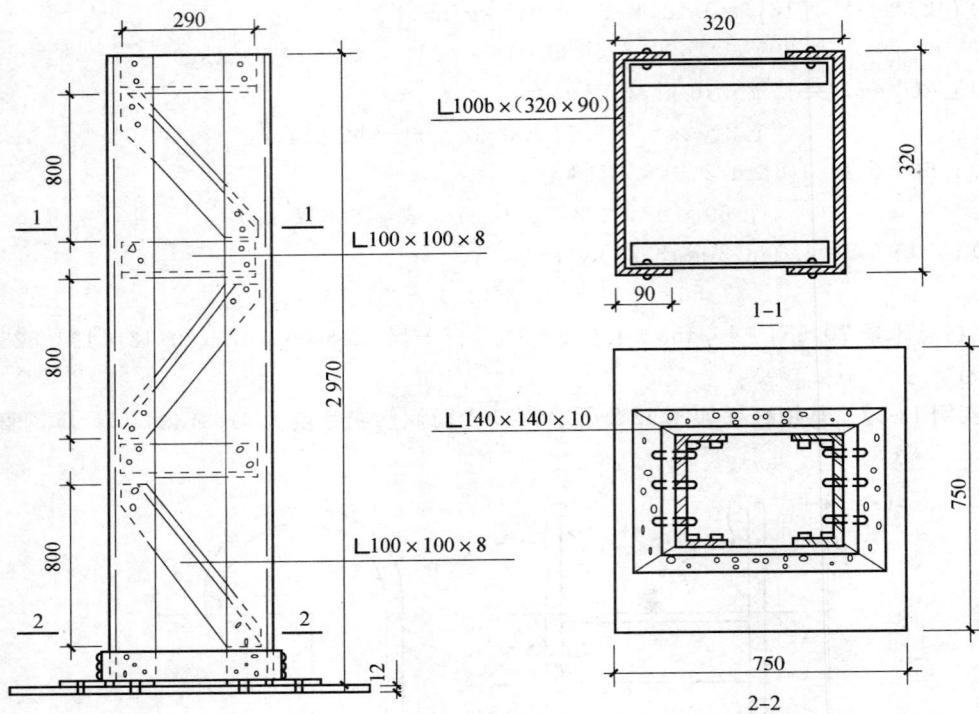

图 12-3 空腹钢柱

空腹钢柱工程量＝(256.91＋66.29＋62.68＋51.57＋52.99)×20＝9808.80(kg)＝9.81(t)

3. 制动梁制作工程量计算实例

【实例 12-4】 图 12-4 为钢柱结构图,计算 20 根钢柱的工程量。

解:钢柱制作工程量按图示尺寸,以吨为单位计算。

1) 该柱主体钢材采用槽钢[32 b,2 根,单位质量 43.25 kg/m,
柱高:0.14＋(1＋0.1)×3＝3.44 m,则

$$槽钢重 \ 43.25 \times 3.44 \times 2 = 297.56(kg)$$

2) 水平杆角钢∟100×8,6 块,单位质量 12.276 kg/m,则

$$角钢长 = (0.32 - 0.015 \times 2) = 0.29(m)$$

$$水平杆角钢质量 = 12.276 \times 0.29 \times 6 = 21.36(kg)$$

3) 斜杆角钢∟100×8,6 块,单位质量 12.276kg/m,则

$$角钢长 = \sqrt{(1 - 0.01)^2 + (0.32 - 0.015 \times 2)^2} = 1.032(m)$$

$$斜杆角钢质量 = 12.276 \times 1.032 \times 6 = 76.013(kg)$$

4) 底座角钢∟140×10,单位质量 21.488 kg/m,则

$$底座角钢质量 = 21.488 \times 0.32 \times 4 = 27.505(kg)$$

5) 底座钢板-12,单位重量 94.20 kg/m²,则

$$底座钢板质量 = 94.20 \times 0.7 \times 0.7 = 46.158(kg)$$

一根钢柱的工程量:297.56＋21.36＋76.013＋27.505＋46.158＝468.596(kg)

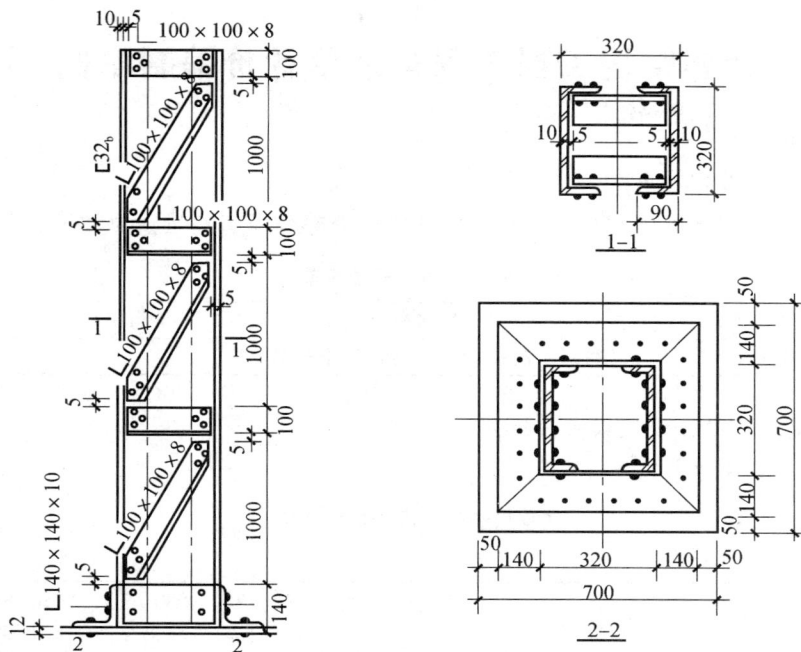

图 12-4　钢柱结构图

20 根钢柱的总工程量：468.596×20＝9371.92（kg）＝9.372（t）

【**实例 12-5**】　某厂房上柱间支撑尺寸如图 12-5 所示，共 4 组，∟63×6 的线密度为 5.72 kg/m，－8 钢板的面密度为 62.8 kg/m²。计算柱间支撑工程量。

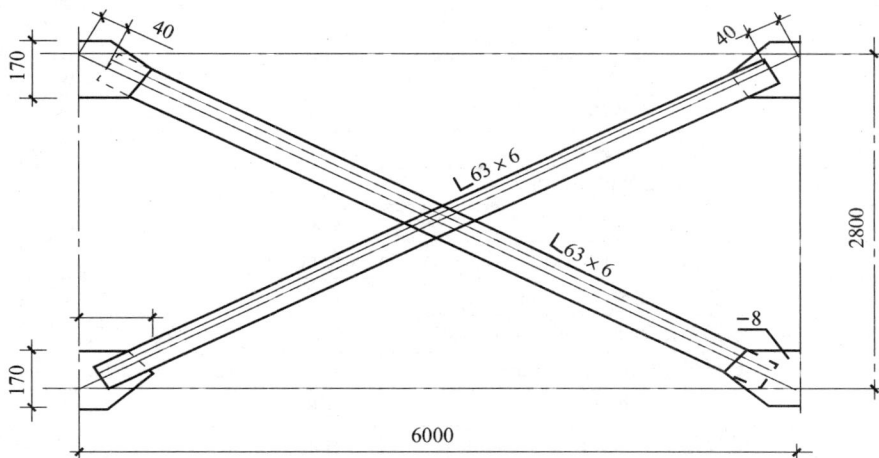

图 12-5　上柱间支撑

解：计算公式：杆件质量＝杆件设计图示长度×单位理论质量

多边形钢板质量＝最大对角线长度×最大宽度×面密度

$$∟63×6 角钢质量 ＝（\sqrt{6^2＋2.8^2}－0.04×2）×5.72×2＝74.83（kg）$$

$$－8 钢板质量 ＝0.17×0.15×62.8×4＝6.41（kg）$$

$$柱间支撑工程量 ＝（74.83＋6.41）×4＝324.96（kg）＝0.325（t）$$

金属结构工程工程量清单计价编制示例

某工程钢栏杆。

（1）业主根据施工图计算

业主根据施工图计算出钢栏杆工程量为 1.5 t，分部分项工程量清单如下表所示。

分部分项工程量清单

序号	项目编码	项目名称	计量单位	工程数量
1	010606009	钢栏杆（制作、安装、刷调和漆两遍）	t	1.50

（2）工程量汇款单计价工料机分析表

1）钢栏杆（钢管为主）。

工程量清单计价工料机分析表

项目编码：010606009 单位：t

序号	工作内容				
	放样、划线、截料、平直、钻孔、拼装、焊接、成品矫正、除锈、刷防锈漆一遍及成品编号堆放。				
	名　称	单位	单价/元	消耗量	合价/元
1	综合人工	工日	22.00	35.88	789.36
2	钢管 33.5 mm×3.25 mm	kg	3.23	590	1905.70
3	钢板 4	kg	3.13	235	735.55
4	钢板 3	kg	3.13	235	735.55
5	电焊条	kg	6.14	24.99	153.44
6	氧气	m³	3.50	3.08	10.78
7	乙炔气	m³	7.50	1.34	10.05
8	防锈漆	kg	9.70	11.60	112.52
9	汽油	kg	2.85	3.00	8.55
10	龙门式起重机 10t 以内	台班	277.83	0.45	125.02
11	龙门式起重机 20t	台班	604.92	0.17	102.84
12	轨道平车 10t 以内	台班	70.46	0.28	19.73
13	空气压缩机 9m³/min	台班	290.88	0.08	23.27
14	型钢剪断机 500 mm 以内	台班	166.95	0.11	18.36
15	剪板机 40 mm×3100 mm	台班	730.70	0.02	14.61
16	型钢校正机	台班	166.95	0.11	18.36
17	钢板校平机 30 mm×2600 mm	台班	1841.25	0.02	36.83
18	刨边机 12 000 以内	台班	672.81	0.03	20.18
19	交流电焊机 40 kV·A 以内	台班	99.10	5.6	554.96
20	摇臂钻床 φ50	台班	79.86	0.14	11.18
21	焊条烘干箱	台班	17.32	0.89	15.41
22	恒温箱	台班	134.49	0.89	119.70
	合　计	元			5541.95

2) 钢吊车(梯台包括钢梯扶手)。

工程量汇款单计价工料机分析表

项目编码:010606009　　　　　　　　　　　　　　　　　　　　单位:t

序号	工作内容(名称)	单位	单位/元	消耗量	合价/元
1	综合人工	工日	22.00	19.49	428.78
2	电焊条	kg	6.14	1.51	9.27
3	二等板方材摊销(松)	m³	975.68	0.02	19.51
4	镀锌铁丝8号	kg	4.24	6.09	25.82
5	其他材料费占材料费	%	54.6	2.58	1.41
6	交流电焊机30kV·A	台班	68.78	0.18	12.38
	合　计	元			497.17

3) 钢栏杆刷油漆。

工程量清单计价工料机分析表

项目编码:010606009　　　　　　　　　　　　　　　　　　　　单位:t

序号	工作内容(名称)	除锈、清扫、刷油漆			
		单位	单价/元	消耗量	合价/元
1	综合人工	工日	22.00	1.8	39.60
2	调和漆	kg	11.01	6.32	69.58
3	油漆溶剂油	kg	3.12	0.66	2.06
4	催干剂	kg	7.24	0.11	0.80
5	砂纸	张	1.05	3.00	3.15
6	白布0.9 m	m²	2.44	0.03	0.07
	合　计	元			115.26

(3) 工程量清单综合单价分析表

工程量清单综合单价分析表

	项目编码	清单项目		计量单位		清单项目工程量		综合单价/元		
	010606009	钢栏杆		t		1.5		8739.22		
序号	定额编号	子目名称	单位	工程量	子目综合单价分析/元					合价/元
					单价	人工费	材料费	机械使用费	管理费	利润	

序号	定额编号	子目名称	单位	工程量	单价	人工费	材料费	机械使用费	管理费	利润	合价/元
1	12—14	钢栏杆(钢管为主)	t	1.5	5541.95	789.36	3672.16	1080.43	1884.26	443.36	7869.57
2	6—483	钢吊车(梯台包括钢梯扶手)	t	1.5	497.17	428.78	56.01	12.38	169.04	39.77	705.98
3	11—575	钢栏杆刷油漆	t	1.5	115.26	39.60	75.66	—	39.19	9.22	163.67
		子目合计				1257.74	3803.83	1092.81	2092.49	492.35	8739.22

第十三章　屋面及防水工程工程量计算

1. 了解屋面及防水工程的定额内容及有关规定。
2. 熟悉和掌握屋面及防水工程定额工程量计算的规则及应用。
3. 掌握屋面及防水工程量清单计价及应用。

屋面及防水工程定额内容及有关规定

一、定额工作内容

1.屋面

1）瓦屋面项目包括了铺瓦、调制砂浆、安脊瓦、檐口梢头坐灰。水泥瓦或黏土瓦如果穿铁丝、钉铁钉，每 100 m 檐瓦增加 2.2 工日，20 号铁丝 0.7 kg，铁钉 0.49 kg。

2）小波、大波石棉瓦项目包括了檩条上铺钉石棉瓦、安脊瓦。

3）金属压型板屋面项目包括了构件变形修理、临时加固、吊装、就位、找正、螺栓固定。

4）油毡卷材屋面项目包括了熬制沥青玛碲脂、配制冷底子油、贴附加层、铺贴卷材收头。

5）三元乙丙橡胶卷材冷贴、再生橡胶卷材冷贴、氯丁橡胶卷材冷贴、氯化聚乙烯-橡胶共混卷材冷贴、氯磺化聚乙烯卷材冷贴等高分子卷材屋面项目均包括了清理基层、找平层、分格缝嵌油膏、防水薄弱处刷涂膜附加层；刷底胶、铺贴卷材、接缝嵌油膏、做收头；涂刷着色剂保护层两遍。

6）热贴满铺防水柔毡项目包括了清理基层、熔化粘胶、涂刷粘胶、铺贴柔毡、做收头、铺撒白石子保护层。

7）聚氯乙烯防水卷材铝合金压条项目包括了清理基层、铺卷材、钉压条及射钉、嵌密封膏、收头。

8）冷贴满铺 SBC120 复合卷材项目包括了找平层、嵌缝、刷聚氨酯涂膜附加层；用掺胶水泥浆贴卷材及用聚氨酯胶接缝搭接。

9）屋面满涂塑料油膏项目包括了油膏加热、屋面满涂油膏。

10）屋面板塑料油膏嵌缝项目包括了油膏加热、板缝嵌油膏。嵌缝取定纵缝断面；空心板 7.5 cm²，大形屋面板 9 cm²；如果断面不同于取定断面，则以纵缝断面比例调整人工、材料数量。

11）塑料油膏玻璃纤维布屋面项目包括了刷冷底子油、找平层、分格缝嵌油膏、贴防水附加层、铺贴玻璃纤维布、表面撒粒砂保护层。

12）屋面分格缝项目包括了支座处干铺油毡一层、清理缝、熬制油膏、油膏灌缝、沿缝上做二毡三油一砂。

13）塑料油膏贴玻璃布盖缝项目包括了熬制油膏、油膏灌缝、缝上铺贴玻璃纤维布。

14）聚氨酯涂膜防水屋面项目包括了涂刷聚氨酯底胶、刷聚氨酯防水层两遍、撒石渣做保护层（或刚性连接层）。聚氨酯如果掺缓凝剂，应增加磷酸 0.30 kg；如果掺促凝剂，应增加二月桂酸二丁基锡 0.25 kg。

15）防水砂浆、镇水粉隔离层等项目包括了清理基层、调制砂浆、铺抹砂浆养护、筛铺镇水粉、铺隔离纸。

16）氯丁冷胶涂膜防水屋面项目包括了涂刷底胶、做一布一涂附加层于防水薄弱处、冷胶贴聚酯布防水层、最表层撒细砂保护层。

17）铁皮排水项目包括了铁皮截料、制作及安装。

18）铸铁落水管项目包括了切管、埋管卡、安水管、合灰捻口。

19）铸铁雨水口、铸铁水斗（或称接水口）、铸铁弯头（含算子板）等项目均包括了就位、安装。

20）单屋面玻璃钢排水管系统项目包括了埋设管卡箍、截管、涂胶、接口。

21）屋面阳台玻璃钢排水管系统项目包括了埋设管卡箍、截管、涂胶、安三通等。

22）玻璃钢水斗（带罩）项目包括了细石混凝土填缝、涂胶、接口。

23）玻璃钢弯头（90°）短管项目包括了涂胶、接口。

2. 防水

1）玛碲脂卷材防水项目包括了配制和涂刷冷底子油、熬制玛碲脂、防水薄弱处贴附加层、铺贴玛碲脂卷材。

2）玛碲脂（或沥青）玻璃纤维布防水等项目包括了基层清理、配制和涂刷冷底子油、熬制玛碲脂、防水薄弱处贴附加层、铺贴玛碲脂（或沥青）玻璃纤维布。

3）高分子卷材项目包括了涂刷基层处理剂、防水薄弱处涂聚氨酯涂膜加强、铺贴卷材、卷材接缝贴卷材条加强、收头。

4）苯乙烯涂料、刷冷底子油等涂膜防水项目包括了基层清理、刷涂料。

5）焦油玛碲脂、塑料油膏等涂膜防水项目包括了配制和涂刷冷底子油、熬制玛碲脂或油膏、涂刷油膏或玛碲脂。

6）氯偏共聚乳胶涂膜防水项目包括了成品涂刷。

7）聚氨酯涂膜防水项目包括了涂刷底胶及附加层、刷聚氨酯两道、盖石渣保护层（或刚性连接层）。聚氨酯如果掺缓凝剂，应增加磷酸 0.30 kg；如果掺促凝剂，应增加二月桂酸二丁基锡 0.25 kg。

8）石油沥青（或石油沥青玛碲脂）涂膜防水等项目包括了熬制石油沥青（或石油沥青玛碲脂）、配制和涂刷冷底子油、涂刷沥青（或石油沥青玛碲脂）。

9）防水砂浆涂膜防水项目包括了基层清理、调制砂浆、抹水泥砂浆。

10）水乳型普通乳化沥青涂料、水乳型水性石棉质沥青、水乳型再生胶沥青聚酯布、水乳型阴离子合成胶乳化沥青聚酯布、水乳型阳离子氯丁胶乳化沥青聚酯布、溶剂型再生胶沥青聚酯布涂膜防水等项目均包括了基层清理、调配涂料、铺贴附加层、贴布（聚酯布或玻璃纤维布）、刷涂料（最后两遍掺水泥作保护层）。

3. 变形缝

1）油浸麻丝填变形缝项目包括了熬制沥青、配制沥青麻丝、填塞沥青麻丝。

2）油浸木丝板填变形缝项目包括了熬制沥青、浸木丝板、油浸木丝板嵌缝。

3）石灰麻刀填变形缝项目包括了调制石灰麻刀、石灰麻刀嵌缝、缝上贴二毡二油条一层。

4）建筑油膏、沥青砂浆填变形缝等项目包括了熬制油膏和沥青、拌和沥青砂浆、沥青砂浆或建筑油膏嵌缝。

5）氯丁橡胶片止水带项目包括了清理，用乙酸乙酯洗缝、隔纸，用氯丁胶粘剂贴氯丁橡胶片，最后在氯丁橡胶片上涂胶铺砂。

6）预埋式紫铜板止水带项目包括了铜板剪裁、焊接成形、铺设。

7）聚氯乙烯胶泥变形缝项目包括了清缝、水泥砂浆勾缝、垫牛皮纸、熬制及灌注聚氯乙烯胶泥。

8）涂刷式一布二涂氯丁胶贴玻璃纤维布止水片项目包括了基层清理，刷底胶，缝上粘贴 350 mm 宽一布二涂氯丁胶贴玻璃纤维布，在缝中心贴 150 mm 宽一布二涂氯丁胶贴玻璃纤维布，止水片干后表面涂胶并粘粒砂。

9）预埋式橡胶、塑料止水带项目包括了止水带制作、接头及安装。

10）木板盖缝板项目包括了平面板材加工、板缝一侧涂胶粘、立面埋木砖、钉木盖板。

11）铁皮盖缝板项目包括了平面（屋面）埋木砖、钉木条、木条上钉铁皮；立面埋木砖、木砖上钉铁皮。

二、定额一般规定

1）水泥瓦、黏土瓦、小青瓦、石棉瓦规格与定额不同时，瓦材数量可以换算，其他不变。

2）高分子卷材厚度，再生橡胶卷材按 1.5 mm 取定，其他均按 1.2 mm 取定。

3）防水工程也适用于楼地面、墙基、墙身、构筑物、水池、水塔及室内厕所、浴室等防水，建筑物±0.00 以下的防水、防潮工程按防水工程相应项目计算。

4）三元乙丙丁基橡胶卷材屋面防水，按相应三元丙橡胶卷材屋面防水项目计算。

5）氯丁冷胶"二布三涂"项目，其"三涂"是指涂料构成防水层数并非指涂刷遍数；每一层"涂层"刷两遍至数遍不等。

6）定额中沥青、玛碲脂均指石油沥青、石油沥青玛碲脂。

7）变形缝填料：建筑油膏聚氯乙烯胶泥断面取定 3 cm×2 cm；油浸木丝板取定为 2.5 cm×15 cm；紫铜板止水带系 2 mm 厚，展开宽 45 cm；氯丁橡胶宽 30 cm，涂刷式氯丁胶贴玻璃止水片宽 35 cm。其余均为 15 cm×3 cm。如设计断面不同时，用料可以换算。

8）盖缝：木板盖缝断面为 20 cm×2.5 cm，如设计断面不同时，用料可以换算，人工不变。

9）屋面砂浆找平层，面层按楼地面相应定额项目计算。

> 学以致用

屋面及防水工程定额工程量计算规则

1. 瓦屋面、金属压型板屋面工程量计算规则

瓦屋面、金属压型板（简称"型材"，如彩钢板、波纹瓦）按图 13-1 中尺寸的水平投影面积乘

以屋面坡度系数(见表13-1),以平方米(m²)计算。不扣除房上烟囱、风帽底座、风道、屋面小气窗、斜沟等所占面积,屋面小气窗的出檐部分亦不增加。

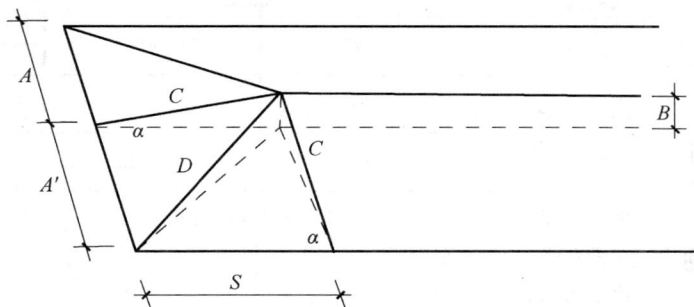

图 13-1 瓦屋面、型材屋面工程量计算示意图

表 13-1 屋面坡度系数表

坡度 B/A(A=1)	坡度 B/2A	坡度角度(α)	延尺系数 C	隔延尺系数 D
1	1/2	45°	1.4142	1.7321
0.75		36°52′	1.2500	1.6008
0.70		35°	1.2207	1.5779
0.666	1/3	33°40′	1.2015	1.5620
0.65		33°01′	1.1926	1.5564
0.60		30°58′	1.1662	1.5362
0.577		30°	1.1547	1.5270
0.55		28°49′	1.1413	1.5170
0.50	1/4	26°34′	1.1180	1.5000
0.45		24°14′	1.0966	1.4839
0.40	1/5	21°48′	1.0770	1.4697
0.35		19°17′	1.0594	1.4569
0.30		16°42′	1.0440	1.4457
0.25		14°02′	1.0308	1.4362
0.20	1/10	11°19′	1.0198	1.4283
0.15		8°32′	1.0112	1.4221
0.125		7°8′	1.0078	1.4191

坡度 B/A(A=1)	坡度 B/2A	坡度角度(α)	延尺系数 C	隔延尺系数 D
0.100	1/20	5°42′	1.0050	1.4177
0.083		4°45′	1.0030	1.4166
0.066	1/30	3°49′	1.0022	1.4157

注:1. $A=A'$,且 $S=0$ 时,为等两坡屋面;$A=A'=S$ 时,等四坡屋面。

2. 屋面斜铺面积=屋面水平投影面积×C。

3. 等两坡屋面山墙泛水斜长:$A×C$。

4. 等四坡屋面斜脊长度:$A×D$。

2. 卷材屋面工程计算规则

1) 卷材屋面按图示尺寸的水平投影面积乘以规定的坡度系数,以 m² 计算。但不扣除房上烟囱、风帽底座、风道、屋面小气窗和斜沟所占的面积,屋面的女儿墙、伸缩缝和天窗等处的弯起部分,按图示尺寸并入屋面工程量计算。如图纸规定时,伸缩缝、女儿墙的弯起部分可按 250 mm 计算,天窗弯起部分可按 500 mm 计算。

2) 卷材屋面的附加层、接缝、收头、找平层的嵌缝、冷底子油已计入定额内,不另计算。

3. 涂膜屋面工程计算规则

涂膜屋面的工程量计算同卷材屋面。涂膜屋面的油膏嵌缝、玻璃布盖缝、屋面分格缝,以"延长米"计算。

4. 屋面排水工程计算规则

铁皮排水包括以下。

1) 落水管按檐口滴水处算至设计室外地坪的高度以"延长米"计算,檐口处伸长部分(即马腿弯伸长)、勒脚和泄水口的弯起部分均不增加,但水落管遇到外墙腰线(需弯起的)按每条腰线增加长度 25 cm 计算。

2) 檐沟、天沟均以图示"延长米"计算;白铁斜沟、泛水长度可按水平长度乘以"延长系数"或隔延长系数计算;水斗以"个"计算。

玻璃钢、PVC、铸铁水落管、檐沟均按图示尺寸以"延长米"计算。水斗、女儿墙弯头、铸铁落水口(带罩)均按"只"计算。

阳台 PVC 管通水落管按"只"计算。每只阳台出水口至水落管中心线斜长按 1 m 计(内含两只 135°弯头,1 只异径三通)。

5. 防水工程计算规则

1) 建筑物地面防水、防潮层,按主墙间净空面积计算,扣除凸出地面的构筑物、设备基础等所占的面积,不扣除柱、垛、间壁墙、烟囱及 0.3 m² 以内孔洞所占面积。与墙面连接处高度在 500 mm 以内者,按展开面积计算,并入平面工程量内,超过 500 mm 时,按立面防水层计算。

2）建筑物墙基防水、防潮层，外墙长度按中心线，内墙按净长乘以宽度，以 m² 计算。

3）构筑物及建筑物地下室防水层，按实铺面积计算，但不扣除 0.3m² 以内的孔洞面积。平面与立面交接处的防水层，其上卷高度超过 500 mm 时，按立面防水层计算。

4）防水卷材的附加层、接缝、收头、冷底子油等人工材料均已计入定额内，不另计算。

5）变形缝按"延长米"计算。

屋面及防水工程工程量清单计价

1. 瓦、型材及其他屋面（编号：010901）

瓦、型材及其他屋面工程量清单项目设置、项目特征描述、计量单位及工程量计算规则，见表 13-2。

表 13-2　瓦、型材及其他屋面（编号：010901）

项目编码	项目名称	项目特征	计量单位	工程量计算规则	工程内容
010901001	瓦屋面	1. 瓦品种、规格 2. 黏结层砂浆的配合比	m²	按设计图示尺寸以斜面积计算　不扣除房上烟囱、风帽底座、风道、小气窗、斜沟等所占面积。小气窗的出檐部分不增加面积	1. 砂浆制作、运输、摊铺、养护 2. 安瓦、作瓦脊
010901002	型材屋面	1. 型材品种、规格 2. 金属檩条材料品种、规格 3. 接缝、嵌缝材料种类			1. 檩条制作、运输、安装 2. 屋面型材安装 3. 接缝、嵌缝
010901003	阳光板屋面	1. 阳光板品种、规格 2. 骨架材料品种、规格 3. 接缝、嵌缝材料种类 4. 油漆品种、刷漆遍数		按设计图示尺寸以斜面积计算　不扣除屋面面积 ≤ 0.3 m² 孔洞所占面积	1. 骨架制作、运输、安装、刷防护材料、油漆 2. 阳光板安装 3. 接缝、嵌缝
010901004	玻璃钢屋面	1. 玻璃钢品种、规格 2. 骨架材料品种、规格 3. 玻璃钢固定方式 4. 接缝、嵌缝材料种类 5. 油漆品种、刷漆遍数			1. 骨架制作、运输、安装、刷防护材料、油漆 2. 玻璃钢制作、安装 3. 接缝、嵌缝

项目编码	项目名称	项目特征	计量单位	工程量计算规则	工程内容
010901005	膜结构屋面	1. 膜布品种、规格 2. 支柱(网架)钢材品种、规格 3. 钢丝绳品种、规格 4. 锚固基座做法 5. 油漆品种、刷漆遍数	m²	按设计图示尺寸以需要覆盖的水平投影面积计算	1. 膜布热压胶接 2. 支柱(网架)制作、安装 3. 膜布安装 4. 穿钢丝绳、锚头锚固 5. 锚固基座、挖土、回填 6. 刷防护材料,油漆

2. 屋面防水及其他(编号:010902)

屋面防水及其他工程量清单项目设置、项目特征描述、计量单位及工程量计算规则,见表13-3。

表 13-3　屋面防水及其他(编号:010902)

项目编码	项目名称	项目特征	计量单位	工程量计算规则	工程内容
010902001	屋面卷材防水	1. 卷材品种、规格、厚度 2. 防水层数 3. 防水层做法	m²	按设计图示尺寸以面积计算 1. 斜屋顶(不包括平屋顶找坡)按斜面积计算,平屋顶按水平投影面积计算 2. 不扣除房上烟囱、风帽底座、风道、屋面小气窗和斜沟所占面积 3. 屋面的女儿墙、伸缩缝和天窗等处的弯起部分,并入屋面工程量内	1. 基层处理 2. 刷底油 3. 铺油毡卷材、接缝
010902002	屋面涂膜防水	1. 防水膜品种 2. 涂膜厚度、遍数 3. 增强材料种类			1. 基层处理 2. 刷基层处理剂 3. 铺布、喷涂防水层
010902003	屋面刚性层	1. 刚性层厚度 2. 混凝土种类 3. 混凝土强度等级 4. 嵌缝材料种类 5. 钢筋规格、型号		按设计图示尺寸以面积计算。不扣除房上烟囱、风帽底座、风道等所占面积	1. 基层处理 2. 混凝土制作、运输、铺筑、养护 3. 钢筋制安

项目编码	项目名称	项目特征	计量单位	工程量计算规则	工程内容
010902004	屋面排水管	1. 排水管品种、规格 2. 雨水斗、山墙出水口品种、规格 3. 接缝、嵌缝材料种类 4. 油漆品种、刷漆遍数	m	按设计图示尺寸以长度计算。如设计未标注尺寸,以檐口至设计室外散水上表面垂直距离计算	1. 排水管及配件安装、固定 2. 雨水斗、山墙出水口、雨水箅子安装 3. 接缝、嵌缝 4. 刷漆
010902005	屋面排(透)气管	1. 排(透)气管品种、规格 2. 接缝、嵌缝材料种类 3. 油漆品种、刷漆遍数		按设计图示尺寸以长度计算	1. 排(透)气管及配件安装、固定 2. 铁件制作、安装 3. 接缝、嵌缝 4. 刷漆
010902006	屋面(廊、阳台)泄(吐)水管	1. 吐水管品种、规格 2. 接缝、嵌缝材料种类 3. 吐水管长度 4. 油漆品种、刷漆遍数	根(个)	按设计图示数量计算	1. 水管及配件安装、固定 2. 接缝、嵌缝 3. 刷漆
010902007	屋面天沟、檐沟	1. 材料品种、规格 2. 接缝、嵌缝材料种类	m²	按设计图示数量计算	1. 天沟材料铺设 2. 天沟配件安装 3. 接缝、嵌缝 4. 刷防护材料
010902008	屋面变形缝	1. 嵌缝材料种类 2. 止水带材料种类 3. 盖缝材料 4. 防护材料种类	m	按设计图示尺寸以展开面积计算	1. 清缝 2. 填塞防水材料 3. 止水带安装 4. 盖缝制作、安装 5. 刷防护材料

3. 墙面防水、防潮(编号:010903)

墙面防水、防潮工程量清单项目设置、项目特征描述、计量单位及工程量计算规则,见表13-4。

表 13-4　墙面防水、防潮(编号:010903)

项目编码	项目名称	项目特征	计量单位	工程量计算规则	工程内容
010903001	墙面卷材防水	1.卷材品种、规格、厚度 2.防水层数 3.防水层做法	m²	按设计图示尺寸以面积计算	1.基层处理 2.刷黏结剂 3.铺防水卷材 4.接缝、嵌缝
010903002	墙面涂膜防水	1.防水膜品种 2.涂膜厚度、遍数 3.增强材料种类			1.基层处理 2.刷基层处理剂 3.铺布、喷涂防水层
010903003	墙面砂浆防水(防潮)	1.防水层做法 2.砂浆厚度、配合比 3.钢丝网规格			1.基层处理 2.挂钢丝网片 3.设置分格缝 4.砂浆制作、运输、摊铺、养护
010903004	墙面变形缝	1.嵌缝材料种类 2.止水带材料种类 3.盖缝材料 4.防护材料种类	m		1.清缝 2.填塞防水材料 3.止水带安装 4.盖缝制作、安装 5.刷防护材料

4.楼(地)面防水、防潮(编号:010904)

楼(地)面防水、防潮工程量清单项目设置、项目特征描述、计量单位及工程量计算规则,见表 13-5。

表 13-5　楼(地)面防水、防潮(编号:010904)

项目编码	项目名称	项目特征	计量单位	工程量计算规则	工程内容
010904001	楼(地)面卷材防水	1.卷材品种、规格、厚度 2.防水层数 3.防水层做法 4.反边高度	m²	按设计图示尺寸以面积计算 1.楼(地)面防水:按主墙间净空面积计算,扣除凸出地面的构筑物、设备基础等所占面积,不扣除间壁墙及单个面积≤0.3 m²柱、垛、烟囱和孔洞所占面积 2.楼(地)面防水反边高度≤300 mm算作地面防水,反边高度>300 mm 按墙面防水计算	1.基层处理 2.刷黏结剂 3.铺防水卷材 4.接缝、嵌缝

续表

项目编码	项目名称	项目特征	计量单位	工程量计算规则	工程内容
010904002	楼(地)面涂膜防水	1. 防水膜品种 2. 涂膜厚度、遍数 3. 增强材料种类 4. 反边高度	m²	按设计图示尺寸以面积计算 1. 楼(地)面防水:按主墙间净空面积计算,扣除凸出地面的构筑物、设备基础等所占面积,不扣除间壁墙及单个面积≤0.3 m² 柱、垛、烟囱和孔洞所占面积 2. 楼(地)面防水反边高度≤300 mm算作地面防水,反边高度>300 mm按墙面防水计算	1. 基层处理 2. 刷基层处理剂 3. 铺布、喷涂防水层
010904003	楼(地)面砂浆防水(防潮)	1. 防水层做法 2. 砂浆厚度、配合比 3. 反边高度			1. 基层处理 2. 砂浆制作、运输、摊铺、养护
010904004	楼(地)面变形缝	1. 嵌缝材料种类 2. 止水带材料种类 3. 盖缝材料 4. 防护材料种类	m	按设计图示以长度计算	1. 清缝 2. 填塞防水材料 3. 止水带安装 4. 盖缝制作、安装 5. 刷防护材料

温馨提示

屋面及防水工程清单项目内容的说明如下。

1. 概况

屋面及防水工程共4节21个项目。包括瓦、型材屋面,屋面防水,墙、地面防水、防潮。适用于建筑物屋面工程。

2. 有关项目的说明

1)"瓦屋面"项目适用于小青瓦、平瓦、筒瓦、石棉水泥瓦、玻璃钢波形瓦等。应注意:

①屋面基层包括檩条、椽子、木屋面板、顺水条、挂瓦条等。

②木屋面板应明确启口、错口、平口接缝。

2)"型材屋面"项目适用于压型钢板、金属压型夹心板、阳光板、玻璃钢等。应注意:型材屋面的钢檩条或木檩条以及骨架、螺栓、挂钩等应包括在报价内。

3)"膜结构屋面"项目适用于膜布屋面。应注意：

① 工程量的计算按设计图示尺寸以需要覆盖的水平投影面积计算(图 13-2)。

膜布水平投影面积

需覆盖的水平投影面积

图 13-2 膜结构屋面工程量计算图

② 支撑和拉固膜布的钢柱、拉杆、金属网架、钢丝绳、锚固的锚头等应包括在报价内。

③ 支撑柱的钢筋混凝土的柱基、锚固的钢筋混凝土基础以及地脚螺栓等按混凝土及钢筋混凝土相关项目编码列项。

4)"屋面卷材防水"项目适用于利用胶结材料粘贴卷材进行防水的屋面。应注意：

① 抹屋面找平层、基层处理(清理修补、刷基层处理剂)等应包括在报价内。

② 檐沟、天沟、水落口、泛水收头、变形缝等处的卷材附加层应包括在报价内。

③ 浅色、反射涂料保护层、绿豆砂保护层、细砂、云母及蛭石保护层应包括在报价内。

④ 水泥砂浆保护层、细石混凝土保护层可包括在报价内,也可按相关项目编码列项。

5)"屋面涂膜防水"项目适用于厚质涂料、薄质涂料和有加增强材料或无加增强材料的涂膜防水屋面。应注意：

① 抹屋面找平层,基层处理(清理修补、刷基层处理剂等)应包括在报价内。

② 需加强材料的应包括在报价内。

③ 檐沟、天沟、落水口、泛水收头、变形缝等处的附加层材料应包括在报价内。

④ 浅色、反射涂料保护层、绿豆砂保护层、细砂、云母、蛭石保护层应包括在报价内。

⑤ 水泥砂浆、细石混凝土保护层可包括在报价内,也可按相关项目编码列项。

6)"屋面刚性层"项目适用于细石混凝土、补偿收缩混凝土、块体混凝土、预应力混凝土和钢纤维混凝土刚性防水层面。应注意：刚性防水屋面的分格缝、泛水、变形缝部位的防水卷材、密封材料、背衬材料、沥青麻丝等应包括在报价内。

7)"屋面排水管"项目适用于各种排水管材(PVC管、玻璃钢管、铸铁管等)。应注意：

① 排水管、雨水口、算子板、水斗等应包括在报价内。

② 埋设管卡箍、裁管、接嵌缝应包括在报价内。

8)"屋面天沟、檐沟"项目适用于水泥砂浆天沟、细石混凝土天沟、预制混凝土天沟板、卷材天沟、玻璃钢天沟、镀锌铁皮天沟等;塑料檐沟、镀锌铁皮檐沟、玻璃钢天沟等。应注意：

① 天沟和檐沟固定卡件、支撑件应包括在报价内。

② 天沟和檐沟的接缝、嵌缝材料应包括在报价内。

9)"墙面卷材防水、涂膜防水"项目适用于基础、楼地面、墙面等部位的防水。应注意：

① 抹找平层、刷基础处理剂、刷胶粘剂、胶粘防水卷材应包括在报价内。

② 特殊处理部位(如:管道的通道部位)的嵌缝材料、附加卷材衬垫等应包括在报价内。

③ 永久保护层(如砖墙、混凝土地坪等)应按相关项目编码列项。

10)"墙面砂浆防水的(防潮)"项目适用于地下、基础、楼地面、墙面等部位的防水防潮。应注意:防水、防潮层的外加剂应包括在报价内。

11)"墙面变形缝"项目适用于基础、墙体、屋面等部位的抗震缝、温度缝(伸缩缝)、沉降缝。应注意:止水带安装及盖板制作及安装应包括在报价内。

3.共性问题的说明

1)"瓦屋面"、"型材屋面"的木檩条、木橼子、木屋面板需刷防火涂料时,可按相关项目单独编码列项,也可包括在"瓦屋面"、"型材屋面"项目报价内。

2)"瓦屋面"、"型材屋面"、"膜结构屋面"的钢檩条、钢支撑(柱、网架等)和拉结结构需刷防护材料时,可按相关项目单独编码列项,也可包括在"瓦屋面"、"型材屋面"、"膜结构屋面"项目报价内。

屋面及防水工程定额工程量计算与示例

1.瓦屋面、金属压型板屋面工程量计算实例

【实例 13-1】　有一带屋面小气窗的四坡水平瓦屋面,尺寸及坡度如图 13-3 所示。试计算屋面工程量和屋脊长度。

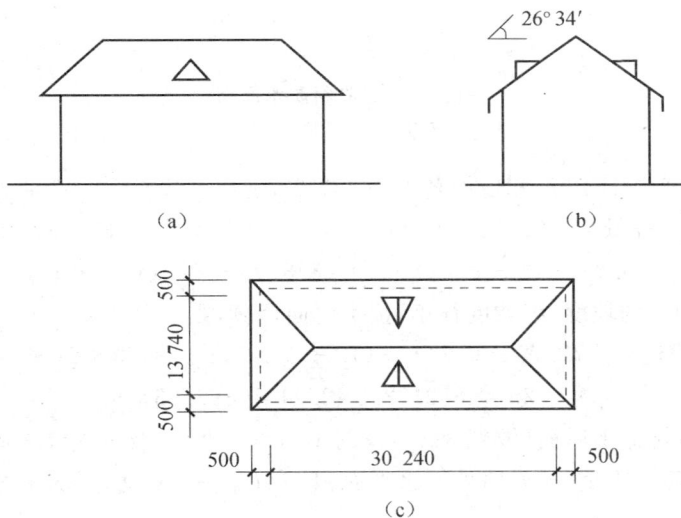

图 13-3　带屋面小气窗的四坡水平屋面

解:1)屋面工程量:按图示尺寸乘屋面坡度"延尺系数",屋面小气窗不扣除,与屋面重叠部分面积不增加。由屋面"坡度系数"表得,$C=1.1180$

$$S_w = (30.24 + 0.5 \times 2) \times (13.74 + 0.5 \times 2) \times 1.1180 = 514.81(m^2)$$

2）屋脊长度。

① 正屋脊长度：若 $S=A$，则 $L_{j1}=30.24-13.74=16.5$（m）

② 斜脊长度：由屋面坡度系数表得 $D=1.50$，斜脊 4 条，则

$$L_{j2} = \frac{13.74+0.5\times 2}{2}\times 1.50\times 4 = 44.22（m）$$

③屋脊总长：$L_j=L_{j1}+L_{j2}=16.5+44.22=60.72$（m）

2. 卷材屋面工程计算实例

【实例 13-2】 有一两坡水二毡三油卷材屋面，尺寸如图 13-4 所示。屋面防水层构造层次为：预制钢筋混凝土空心板、1:2 水泥砂浆找平层、冷底子油一道、二毡三油一砂防水层。试计算：

1）当有女儿墙，屋面坡度为 1:4 时的工程量；2）当有女儿墙，坡度为 3％时的工程量；3）无女儿墙有挑檐，坡度为 3％时的工程量。

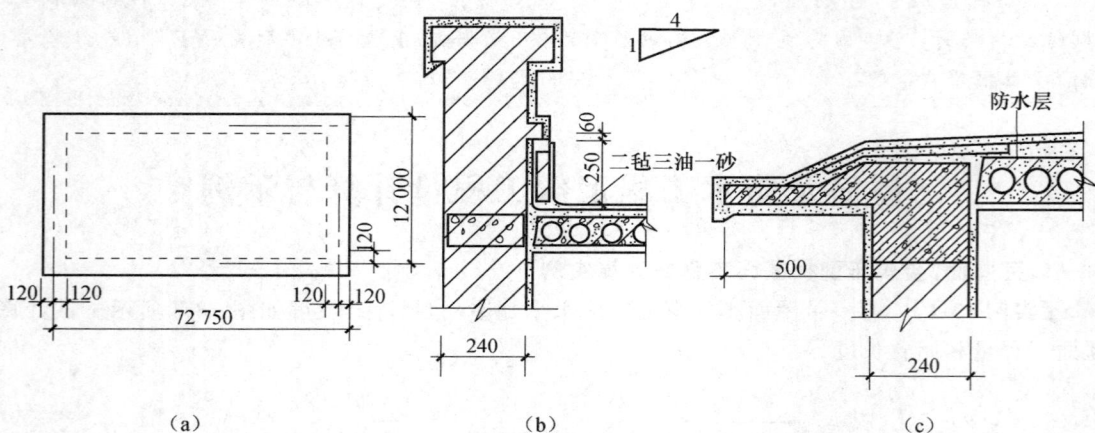

图 13-4 某卷材防水屋面

(a)平面；(b)女儿墙；(c)挑檐

解：1）屋面坡度为 1:4 时，相应的角度为 14°02′，延尺系数 $C=1.0308$，则

屋面工程量 $= (72.75-0.24)\times(12-0.24)\times 1.0308+0.25\times$

$(72.75-0.24+12-0.24)\times 2 = 878.98+42.14 = 921.12$（m²）

2）有女儿墙，3％的坡度，因坡度很小，按平屋面计算，则

屋面工程量 $= (72.75-0.24)\times(12-0.24)+(72.75+12-0.48)\times$

$2\times 0.25 = 852.72+42.14 = 894.86$（m²）

3）无女儿墙有挑檐平屋面（坡度 3％），按图 13-14(a)及(c)及下式计算屋面工程量：

屋面工程量 $=$ 外墙外围水平面积 $+（L_外+4\times$ 檐宽）$\times$ 檐宽

代入数据得：

屋面工程量 $=(72.75+0.24)\times(12+0.24)+[(72.75+12+0.48)\times 2+4\times 0.5]\times 0.5$

$= 979.63$（m²）

3. 涂膜屋面工程计算实例

【实例 13-3】 计算如图 13-4(a)、(c)所示有挑檐平屋面涂刷聚氨酯涂料的工程量。

解：由图 13-4(a)及(c)的尺寸得其面积为：

涂膜面积 $= (72.75 + 0.24 + 0.5 \times 2) \times (12 + 0.24 + 0.5 \times 2) = 979.63(\text{m}^3)$

4.屋面排水工程计算实例

【实例 13-4】　某屋面设计有铸铁管雨水口 8 个,塑料水斗 8 个,配套的塑料水落管直径 100 mm,每根长度 16 m,计算塑料水落管工程量。

解:计算公式:屋面排水管工程量=设计图示长度

水落管工程量 $= 16 \times 8 = 128(\text{m})$

【实例 13-5】　假设某仓库屋面为 12 m 长的铁皮排水天沟(见图 13-5),求天沟工程量。

解:　　工程量 $= 12 \times (0.035 \times 2 + 0.045 \times 2$

$+ 0.12 \times 2 + 0.08) = 5.76 \text{ m}^2$

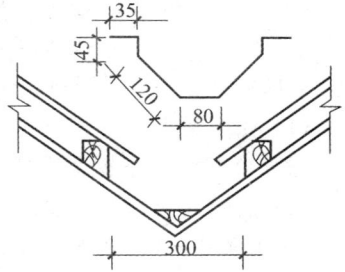

图 13-5　某仓库屋面铁皮排水天沟

5.防水工程计算实例

【实例 13-6】　试计算如图 13-6 所示地面防潮层工程量,其防潮层做法如图 13-7 所示。

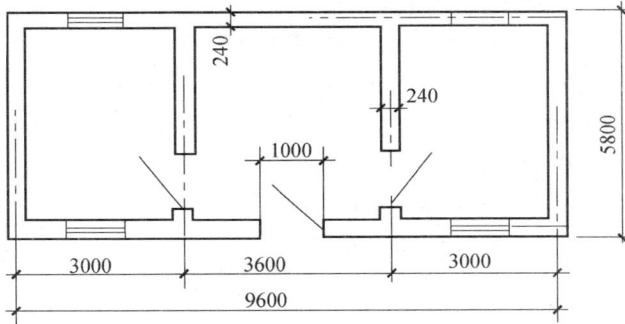

图 13-6　某建筑物平面示意图

解:工程量按主墙间净空面积计算,即

地面防潮层工程量 $= (9.6 - 0.24 \times 3) \times (5.8 - 0.24) = 49.37(\text{m}^2)$

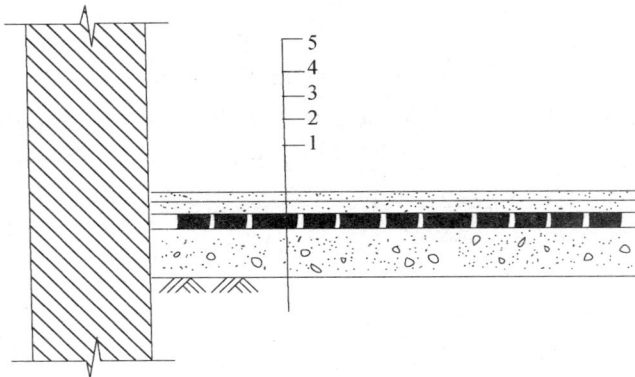

图 13-7　地面防潮层构造层次

1—素土夯实;2—100 mm 厚 C20 混凝土;3—冷底子油一遍,玛琋脂玻璃布一布二油;

4—20 mm 厚 1:3 水泥砂浆找平层;5—10 mm 厚 1:2 水泥砂浆面层

屋面及防水工程工程量清单计价编制示例

某膜结构公共汽车等候车亭。

(1) 业主要求

每个公共汽车亭覆盖面积为:45 m²,共 15 个候车亭,675 m²,使用不锈钢支撑支架。

(2) 投标人根据业主要求进行设计并报价

1) 加强型 PVC 膜布制作、安装:

① 人工费:20.46×675＝13810.50(元)

② 材料费:280.34×675＝189 229.50(元)

③ 机械费:8.75×675＝5906.25(元)

④ 合计:208 946.25 元

2) 不锈钢支架、支撑、拉杆、法兰制作、安装(每个候车亭不锈钢钢材 0.524 t):

① 人工费:962.14×7.86＝7562.42(元)

② 材料费:43 056.74×7.86＝338 425.98(元)

③ 机械费:653.32×7.86＝5135.09(元)

④ 合计:351 123.50 元

3) 钢丝绳(1.65t)制作、安装:

① 人工费:491.18×1.65＝810.45(元)

② 材料费:3245.61×1.65＝5355.26(元)

③ 机械费:284.21×1.65＝468.95(元)

④ 合计:6634.66 元

4) 综合:

① 直接费合计:566 704.41 元

② 管理费:566 704.41×12％＝68 004.53(元)

③ 利润:566 704.41×5％＝28 335.22(元)

④ 总计:663 044.16 元

⑤ 综合单价:663 044.16÷675＝982.29(元/m²)

5) 现浇混凝土支架基础(每个候车亭基础 0.27 m³):

① 人工费:24.34×15＝365.10(元)(包括挖土方)

② 材料费:282.03×4.05＝1142.22(元)

③ 机械费:21.33×4.05＝86.40(元)

④ 合计:1593.72 元

⑤ 管理费:1593.72×34％＝541.86(元)

⑥ 利润:1593.72×8％＝127.50(元)

⑦ 总计:2263.08 元

⑧ 综合单价:2263.08÷4.05＝558.79(元/m³)

(3) 将相关数据填入"分部分项工程量清单计价表(表 13-6)"及"分部分项工程量清单综合单价计算表(表 13-7 与表 13-8)"中。

表 13-6　分部分项工程量清单计价表

工程名称:候车亭　　　　　　　　　　　　　　　　　　　　　　　　　第　页　共　页

序号	项目编号	项目名称	计量单位	工程数量	金额/元	
					综合单价	合　价
1	010703002	膜结构屋面 膜布:加强型 PVC 膜布、白色 支柱:不锈钢管支架支撑 钢丝绳:6 股 7 丝	m²	675	982.29	663045.75
2	010416001	现浇钢筋混凝土基础 混凝土强度 C15	t	4.05	558.79	2263.10
		本页小计				
		合　　计				

表 13-7　分部分项工程量清单综合单价计算表

工程名称:候车亭　　　　　　　　　　　　　　　　　　　　　　　计量单位:m²
项目编码:010703002　　　　　　　　　　　　　　　　　　　　工程数量:675
项目名称:膜结构屋面　　　　　　　　　　　　　　　　　　　综合单价:982.29 元

序号	定额编号	工程内容	单位	数量	其中:/元					
					人工费	材料费	机械费	管理费	利润	小计
1	投标人报价	加强型 PVC 膜布制作、安装	m²	1.000	20.46	280.34	8.75	37.15	15.48	362.18
2		不锈钢支架、支撑、拉杆、法兰制作、安装	t	0.012	11.20	501.37	7.61	62.42	26.01	608.61
3		钢丝绳制作、安装	t	0.002	1.20	7.93	0.69	1.18	0.49	11.49
		合　　计			32.86	789.64	17.05	100.75	41.98	982.29

表 13-8　分部分项工程量清单综合单价计算表

工程名称:候车亭　　　　　　　　　　　　　　　　　　　　　　　计量单位:m³
项目编码:010416001　　　　　　　　　　　　　　　　　　　　工程数量:4.05
项目名称:现浇钢筋混凝土基础　　　　　　　　　　　　　　综合单价:558.79 元

序号	定额编号	工程内容	单位	数量	其中:/元					
					人工费	材料费	机械费	管理费	利润	小计
1	估算	现浇混凝土块基础	m³	1.000	90.15	282.03	21.33	133.79	31.48	558.78
		合　　计			90.15	282.03	21.33	133.79	31.48	558.78

第十四章 保温、隔热、防腐工程工程量计算

学习目标

1. 了解保温、隔热、防腐工程定额的内容及相关规定。
2. 掌握保温、隔热、防腐工程的定额工程量计算规则及应用。
3. 掌握保温、隔热、防腐工程量清单计价及应用。

知识课堂

保温、隔热、防腐工程定额内容及有关规定

一、定额工作内容

1. 耐酸防腐

1）水玻璃耐酸混凝土、耐酸沥青砂浆整体防腐面层项目包括了清扫基层、底层或施工缝刷稀胶泥、调运砂浆胶泥和混凝土、浇灌混凝土。

2）耐酸沥青混凝土、碎土灌沥青整体防腐面层项目包括了清扫基层、熬沥青、填充料加热、调运胶泥、刷胶泥、搅拌沥青混凝土、摊铺并压实沥青混凝土。

3）硫黄混凝土、环氧砂浆整体防腐面层项目包括了清扫基层、熬制硫黄、烘干粉骨料，调运混凝土、砂浆和胶泥。

4）环氧稀胶泥、环氧煤焦油砂浆整体防腐面层项目包括了清扫基层、调运胶泥、刷稀胶泥。

5）环氧呋喃砂浆、邻苯型不饱和聚酯砂浆、双酚 A 型不饱和聚酯砂浆、邻苯型聚酯稀胶泥、铁屑砂浆等整体防腐面层项目包括了清扫基层、打底料、调运砂浆、摊铺砂浆。

6）不发火沥青砂浆、重晶石混凝土、重晶石砂浆、酸化处理等整体防腐面层项目包括了清扫基层、调运砂浆、摊铺砂浆。

7）玻璃钢防腐面层底漆、刮腻子项目包括了材料运输、填料干燥和过筛、胶浆配制和涂刷、腻子配制及嵌刮。

8）玻璃钢防腐面层项目包括了清扫基层、调运胶泥、胶浆配制和涂刷、贴布一层。

9）软聚氯乙烯塑料防腐地面项目包括了清扫基层、配料、下料、涂胶、铺贴、滚压、养护、焊接缝、整平、安装压条、铺贴踢脚板。

10）耐酸沥青胶泥卷材、耐酸沥青胶泥玻璃布等隔离层项目包括了清扫基层、熬沥青、填充料加热、调运胶泥、基层涂冷底子油、铺设油毡。

11）沥青胶泥、一道冷底子油二道热沥青等隔离层项目包括了清扫基层、熬沥青胶泥、铺设沥青胶泥。

12）树脂类胶泥平面砌块料面层项目包括了清扫基层、运料、清洗块料、调制胶泥、砌块料。

13）水玻璃胶泥平面砌块料面层项目包括了清扫基层、运料、清洗块料、调制胶泥、砌块料。

14）硫黄胶泥平面砌块料面层项目包括了清扫基层、运料、清洗块料、调制胶泥、砌块料。

15）耐酸沥青胶泥平面砌块料面层项目包括了清扫基层、运料、清洗块料、调制胶泥、砌块料。

16）水玻璃胶泥结合层、树脂胶泥勾缝平面砌块料面层项目包括了清扫基层、运料、清洗块料、调制胶泥、砌块料、树脂胶泥勾缝。

17）耐酸沥青胶泥结合层、树脂胶泥勾缝平面砌块料面层项目包括了清扫基层、运料、清洗块料、调制胶泥、砌块料、树脂胶泥勾缝。

18）树脂类胶泥池、沟、槽砌块料面层项目包括了清扫基层、洗运块料、调制胶泥、打底料、砌块料。

19）水玻璃胶泥、耐酸沥青胶泥等池、沟、槽砌块料面层项目包括了清扫基层、洗运块料、调制胶泥、砌块料。

20）过氯乙烯漆、沥青漆、漆酚树脂漆、酚醛树脂漆、氯磺化聚乙烯漆、聚氨酯漆等耐酸防腐涂料项目包括了清扫基层、配制油漆、油漆涂刷。

2. 保温隔热

1）泡沫混凝土块、沥青玻璃棉毡、沥青矿渣棉毡、沥青珍珠岩块等屋面保温项目均包括了清扫基层、拍实、平整、找坡、铺砌。

2）水泥蛭石块、现浇水泥珍珠岩、现浇水泥蛭石、干铺蛭石、干铺珍珠岩、铺细砂等屋面保温项目均包括了清扫基层、铺砌保温层。

3）混凝土板下铺贴聚苯乙烯塑料板、沥青贴软木等天棚保温(带木龙骨)项目均包括了熬制沥青、铺贴隔热层、清理现场。

4）聚苯乙烯塑料板、沥青贴软木等墙体保温项目均包括了木框架制作及安装、熬制沥青、铺贴隔热层、清理现场。

5）砌加气混凝土块、沥青珍珠岩板墙、水泥珍珠岩板墙等墙体保温项目均包括了搬运材料、熬制沥青、加气混凝土砌块铺砌、铺贴隔热层。

6）沥青玻璃棉、沥青矿渣棉、松散稻壳等墙体保温项目均包括了搬运材料、玻璃棉袋装材料、填装玻璃棉和矿渣棉、清理现场。

7）聚苯乙烯塑料板、沥青贴软木、沥青铺加气混凝土块等楼地面隔热项目均包括了场内搬运材料、熬制沥青、铺贴隔热层、清理现场。

8）聚苯乙烯塑料板、沥青贴软木等柱子保温及沥青稻壳板铺贴墙或柱子保温项目均包括了熬制沥青、铺贴隔热层、清理现场。

二、定额一般规定

1. 耐酸防腐

1）整体面层、隔离层适用于平面、立面的防腐耐酸工程,包括沟、坑、槽。

2）块料面层以平面砌为准,砌立面者,按平面砌相应项目,人工乘以系数1.38,踢脚板人工乘以系数 1.56,其他不变。

3)各种砂浆、胶泥、混凝土材料的种类、配合比及各种整体面层的厚度,如设计与定额不同时,可以换算,但各种块料面层的结合层砂浆或胶泥厚度不变。

4)本章的各种面层,除软聚氯乙烯塑料地面外,均不包括踢脚板。

5)花岗岩板以六面剁斧的板材为准。如底面为毛面者,水玻璃砂浆增加 0.38 m³;耐酸沥青砂浆增加 0.44 m³。

2.保温隔热

1)定额中适用于中温、低温及恒温的工业厂(库)房隔热工程以及一般保温工程。

2)定额中只包括保温隔热材料的铺贴,不包括隔气防潮、保护层或衬墙等。

3)隔热层铺贴,除松散稻壳、玻璃棉、矿渣棉为散装外,其他保温材料均以石油沥青(30 号)作胶结材料。

4)稻壳已包括装前的筛选、除尘工序,稻壳中如需增加药物防虫时,材料另行计算,人工不变。

5)玻璃棉、矿渣棉包装材料和人工均已包括在定额内。

6)墙体铺贴块体材料,包括基层涂沥青一遍。

温馨提示

保温隔热屋面,是一种集防水和保温隔热于一体的防水屋面,防水是基本功能,同时兼顾保温隔热。

保温层可采用松散材料保温层、板状保温层或整体保温层;隔热层可采用架空隔热层、蓄水隔热层、种植隔热层等。

保温、隔热、防腐工程定额工程量计算规则

1.防腐工程计算规则

1)防腐工程项目应区分不同防腐材料种类及其厚度,按设计实铺面积,以 m² 计算。应扣除凸出地面的构筑物、设备基础等所占的面积,砖垛等突出墙面部分按展开面积计算,并计入墙面防腐工程量之内。

2)踢脚板按实铺长度乘以高度以 m² 计算,应扣除门洞所占面积,并相应增加侧壁展开面积。

3)平面砌筑双层耐酸块料时,按单层面积乘以系数 2 计算。

4)防腐卷材接缝、附加层、收头等人工材料,已计入在定额中,不再另行计算。

2.保温隔热工程计算规则

1)保温隔热层应区别不同保温隔热材料,除另有规定者外,均按设计实铺厚度以 m³ 计算。

2)保温隔热层的厚度按隔热材料(不包括胶结材料)净厚度计算。

3)地面隔热层按围护结构墙体间净面积乘以设计厚度,以 m³ 计算,不扣除柱、垛所占的体积。

4)墙体隔热层,外墙按隔热层中心线,内墙按隔热层净长乘以图示尺寸的高度及厚度,以 m³ 计算。应扣除冷藏门洞口和管道穿墙洞口所占的体积。

5)柱包隔热层,按图示柱的隔热层中心线的展开长度乘以图示尺寸高度及厚度,以 m³ 计算。

　6）其他保温隔热：

　①　池槽隔热层按图示池槽保温隔热层的长、宽及其厚度，以 m³ 计算。其中池壁按墙面计算，池底按地面计算。

　②　门洞口侧壁周围的隔热部分，按图示隔热层尺寸，以 m³ 计算，并入墙面的保温隔热工程量内。

　③　柱帽保温隔热层按图示保温隔热层体积，并入顶棚保温隔热层工程量内。

保温、隔热、防腐工程量清单计价

1. 保温、隔热（编号：011001）

保温、隔热工程量清单项目设置、项目特征描述、计量单位及工程量计算规则，见表 14-1。

表 14-1　保温、隔热（编号：011001）

项目编码	项目名称	项目特征	计量单位	工程量计算规则	工程内容
011001001	保温隔热屋面	1. 保温隔热材料品种、规格、厚度 2. 隔气层材料品种、厚度 3. 黏结材料种类、做法 4. 防护材料种类、做法	m²	按设计图示尺寸以面积计算。扣除面积＞0.3 m² 孔洞及占位面积	1. 基层清理 2. 刷黏结材料 3. 铺粘保温层 4. 铺、刷（喷）防护材料
011001002	保温隔热天棚	1. 保温隔热面层材料品种、规格、厚度 2. 保温隔热材料品种、规格及厚度 3. 黏结材料种类及做法 4. 防护材料种类及做法		按设计图示尺寸以面积计算。扣除面积＞0.3 m² 上柱、垛、孔洞所占面积，与天棚相连的梁按展开面积计算，并入天棚工程量内	
011001003	保温隔热墙面	1. 保温隔热部位 2. 保温隔热方式 3. 踢脚线、勒脚线保温做法 4. 龙骨材料品种、规格 5. 保温隔热面层材料品种、规格、性能 6. 保温隔热材料品种、规格及厚度 7. 增强网及抗裂防水砂浆种类 8. 黏结材料种类及做法 9. 防护材料种类及做法		按设计图示尺寸以面积计算。扣除门窗洞口以及面积＞0.3 m² 梁、孔洞所占面积；门窗洞口侧壁以及与墙相连的柱，并入保温墙体工程量内	1. 基层清理 2. 刷界面剂 3. 安装龙骨 4. 填贴保温材料 5. 保温板安装 6. 黏贴面层 7. 铺设增强格网、抹抗裂、防水砂浆面层 8. 嵌缝 9. 铺、刷（喷）防护材料
011001004	保温柱、梁			按设计图示尺寸以面积计算 1. 柱按设计图示柱断面保温层中心线展开长度乘保温层高度以面积计算，扣除面积＞0.3 m² 梁所占面积 2. 梁按设计图示梁断面保温层中心线展开长度乘保温层长度以面积计算	

项目编码	项目名称	项目特征	计量单位	工程量计算规则	工程内容
011001005	保温隔热楼地面	1.保温隔热部位 2.保温隔热材料品种、规格、厚度 3.隔气层材料品种、厚度 4.黏结材料种类、做法 5.防护材料种类、做法	m²	按设计图示尺寸以面积计算。扣除面积＞0.3 m² 柱、垛、孔洞等所占面积。门洞、空圈、暖气包槽、壁龛的开口部分不增加面积	1.基层清理 2.刷黏结材料 3.铺粘保温层 4.铺、刷（喷）防护材料
011001006	其他保温隔热	1.保温隔热部位 2.保温隔热方式 3.隔气层材料品种、厚度 4.保温隔热面层材料品种、规格、性能 5.保温隔热材料品种、规格及厚度 6.黏结材料种类及做法 7.增强网及抗裂防水砂浆种类 8.防护材料种类及做法		按设计图示尺寸以展开面积计算。扣除面积＞0.3 m² 孔洞及占位面积	1.基层清理 2.刷界面剂 3.安装龙骨 4.填贴保温材料 5.保温板安装 6.黏贴面层 7.铺设增强格网、抹抗裂防水砂浆面层 8.嵌缝 9.铺、刷（喷）防护材料

2. 防腐面层（编号：011002）

防腐面层工程量清单项目设置、项目特征描述、计量单位及工程量计算规则，见表 14-2。

表 14-2　防腐面层（编号：011002）

项目编码	项目名称	项目特征	计量单位	工程量计算规则	工程内容
011002001	防腐混凝土面层	1.防腐部位 2.面层厚度 3.混凝土种类 4.胶泥种类、配合比	m²	按设计图示尺寸以面积计算 1.平面防腐：扣除凸出地面的构筑物、设备基础等以及面积＞0.3 m² 孔洞、柱、垛等所占面积，门洞、空圈、暖气包槽、壁龛的开口部分不增加面积	1.基层清理 2.基层刷稀胶泥 3.混凝土制作、运输、摊铺、养护
011002002	防腐砂浆面层	1.防腐部位 2.面层厚度 3.砂浆、胶泥种类、配合比			1.基层清理 2.基层刷稀胶泥 3.砂浆制作、运输、摊铺、养护

项目编码	项目名称	项目特征	计量单位	工程量计算规则	工程内容
011002003	防腐胶泥面层	1.防腐部位 2.面层厚度 3.胶泥种类、配合比	m²	2.立面防腐:扣除门、窗、洞口以及面积＞0.3 m²孔洞、梁所占面积,门、窗、洞口侧壁、垛突出部分按展开面积并入墙面积内	1.基层清理 2.胶泥调制、摊铺
011002004	玻璃钢防腐面层	1.防腐部位 2.玻璃钢种类 3.贴布材料的种类、层数 4.面层材料品种			1.基层清理 2.刷底漆、刮腻子 3.胶浆配制、涂刷 4.黏布、涂刷面层
011002005	聚氯乙烯板面层	1.防腐部位 2.面层材料品种、厚度 3.黏结材料种类			1.基层清理 2.配料、涂胶 3.聚氯乙烯板铺设
011002006	块料防腐面层	1.防腐部位 2.块料品种、规格 3.黏结材料种类 4.勾缝材料种类			1.基层清理 2.铺贴块料 3.胶泥调制、勾缝
011002007	池、槽块料防腐面层	1.防腐池、槽名称、代号 2.块料品种、规格 3.黏结材料种类 4.勾缝材料种类	m²	按设计图示尺寸以展开面积计算	1.基层清理 2.铺贴块料 3.胶泥调制、勾缝

3.其他防腐（编号:011003）

其他防腐工程量清单项目设置、项目特征描述、计量单位及工程量计算规则,见表14-3。

表 14-3　其他防腐(编号:011003)

项目编码	项目名称	项目特征	计量单位	工程量计算规则	工程内容
011003001	隔离层	1. 隔离层部位 2. 隔离层材料品种 3. 隔离层做法 4. 粘贴材料种类	m²	按设计图示尺寸以面积计算 1. 平面防腐:扣除凸出地面的构筑物、设备基础等以及面积＞0.3 m²孔洞、柱、垛等所占面积,门洞、空圈、暖气包槽、壁龛的开口部分不增加面积 2. 立面防腐:扣除门、窗、洞口以及面积＞0.3 m²孔洞、梁所占面积,门、窗、洞口侧壁、垛突出部分按展开面积并入墙面积内	1. 基层清理、刷油 2. 煮沥青 3. 胶泥调制 4. 隔离层铺设
011003002	砌筑沥青浸渍砖	1. 砌筑部位 2. 浸渍砖规格 3. 胶泥种类 4. 浸渍砖砌法	m³	按设计图示尺寸以体积计算	1. 基层清理 2. 胶泥调制 3. 浸渍砖铺砌
011003003	防腐涂料	1. 涂刷部位 2. 基层材料类型 3. 刮腻子的种类、遍数 4. 涂料品种、刷涂遍数	m²	按设计图示尺寸以面积计算 1. 平面防腐:扣除凸出地面的构筑物、设备基础等以及面积＞0.3 m²孔洞、柱、垛等所占面积,门洞、空圈、暖气包槽、壁龛的开口部分不增加面积 2. 立面防腐:扣除门、窗、洞口以及面积＞0.3 m²孔洞、梁所占面积,门、窗、洞口侧壁、垛突出部分按展开面积并入墙面积内	1. 基层清理 2. 刮腻子 3. 刷涂料

温馨提示

保温、隔热、防腐工程清单项目内容的说明与注意事项。

1. 概况

保温、隔热、防腐工程包括保温、隔热、防腐面层、其他防腐工程。适用于工业与民用建筑的基础、地面、墙面防腐,楼地面、墙体、屋盖的保温隔热工程。

2. 有关项目的说明

1)"防腐混凝土面层"、"防腐砂浆面层"、"防腐胶泥面层"项目适用于平面或立面的水玻璃混凝土、水玻璃砂浆、水玻璃胶泥、沥青混凝土、沥青砂浆、沥青胶泥、树脂砂浆、树脂胶泥以及聚合物水泥砂浆等防腐工程。应注意:

① 因防腐材料不同价格上的差异,清单项目中必须列出混凝土、砂浆、胶泥的材料种类,如水玻璃混凝土、沥青混凝土等。

② 如遇池槽防腐,池底和池壁可合并列项,也可分为池底面积和池壁防腐面积,分别列项。

2)"玻璃钢防腐面层"项目适用于树脂胶料与增强材料(如玻璃纤维丝或布、玻璃纤维表面毡、玻璃纤维短切毡或涤纶布、丙纶毡、丙纶布等)复合塑制而成的玻璃钢防腐。应注意:

① 项目名称应描述构成玻璃钢、树脂和增强材料名称。如环氧酚醛(树脂)玻璃钢、酚醛(树脂)玻璃钢、环氧煤焦油(树脂)玻璃钢、环氧呋喃(树脂)玻璃钢、不饱和聚酯(树脂)玻璃钢等。增强材料玻璃纤维布或毡、涤纶布毡等。

② 应描述防腐部位和立面、平面。

3)"聚氯乙烯板面层"项目适用于地面、墙面的软、硬聚氯乙烯板防腐工程。应注意:聚氯乙烯板的焊接应包括在报价内。

4)"块料防腐面层"项目适用于地面、沟槽,基础的各类块料防腐工程。应注意:

① 防腐蚀块料粘贴部位(地面、沟槽、基础、踢脚线)应在清单项目中进行描述。

② 防腐蚀块料的规格、品种(瓷板、铸石块、天然石板等)应在清单项目中进行描述。

5)"隔离层"项目适用于楼地面的沥青类、树脂玻璃钢类防腐工程隔离层。

6)"砌筑沥青浸渍砖"项目适用于浸渍标准砖。工程量以体积计算,立砌按厚度113 mm计算,平砌以53 mm计算。

7)"防腐涂料"项目适用于建筑物、构筑物以及钢结构的防腐。应注意:

① 项目名称应对涂刷基层(混凝土、抹灰面)进行描述。

② 需刮腻子时应包括在报价内。

③ 应对涂料底漆层、中间漆层、面漆涂刷(或刮)遍数进行描述。

8)"保温隔热屋面"项目适用于各种材料的屋面隔热保温。应注意:

① 屋面保温隔热层上的防水层应按屋面的防水项目单独列项。

② 预制隔热板屋面的隔热板与砖墩分别按混凝土及钢筋混凝土工程和砌筑工程相关项目编码列项。

③ 屋面保温隔热的找坡、找平层应包括在报价内,如果屋面防水层项目包括找平层和找坡,屋面保温隔热不再计算,以免重复。

9)"保温隔热天棚"项目适用于各种材料的下贴式或吊顶上搁置式的保温隔热的天棚。

应注意：

① 下贴式如需底层抹灰时,应包括在报价内。

② 保温隔热材料需加药物防虫剂时,应在清单中进行描述。

10)"保温隔热墙"项目适用于工业与民用建筑物外墙、内墙保温隔热工程。应注意：

① 外墙内保温和外保温的面层应包括在报价内,装饰层应按装饰装修工程量清单中相关项目编码列项。

② 外墙内保温的内墙保温踢脚线应包括在报价内。

③ 外墙外保温、内保温、内墙保温的基层抹灰或刮腻子应包括在报价内。

3. 共性问题的说明

1)防腐工程中需酸化处理时应包括在报价内。

2)防腐工程中的养护应包括在报价内。

3)保温的面层应包括在项目内,面层外的装饰面层按装饰装修工程量清单中相关项目编码列项。

学以致用

保温、隔热、防腐工程定额工程量计算实例

1. 防腐工程计算实例

【实例 14-1】 求图 14-1 酸池贴耐酸瓷砖、水玻璃耐酸砂浆砌工程量。

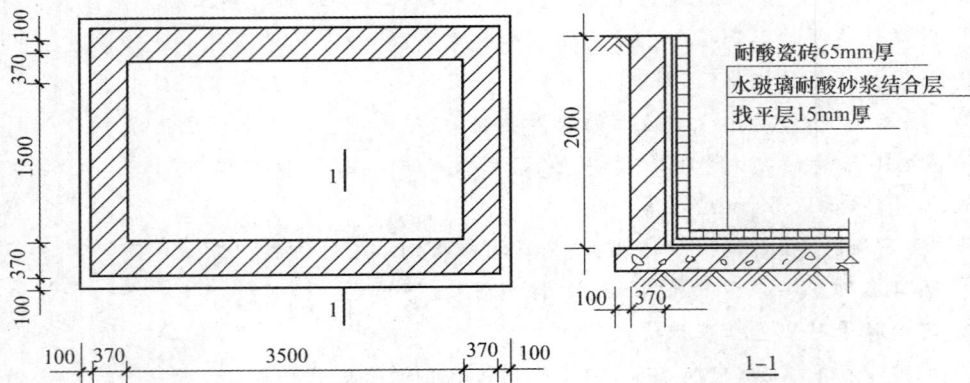

图 14-1 酸池示意图

解:工程量=$3.5 \times 1.5 + (3.5 + 1.5 - 0.08 \times 2) \times 2 \times (2 - 0.08) = 23.84(\text{m}^2)$

2. 保温隔热工程计算实例

【实例 14-2】 保温平屋面,尺寸如图 14-2 所示,做法如下:空心板上 1:3 水泥砂浆找平 20 mm 厚,刷冷底油两遍,沥青隔气层一遍,8 mm 厚水泥蛭石块保温层,1:10 现浇水泥蛭石找坡,1:3 水泥砂浆找平 20 mm,SBS 改性沥青卷材满铺一层,点式支撑预制混凝土架空隔热板,

板厚 60 mm，计算水泥蛭石块保温层和预制混凝土架空隔热板工程量。

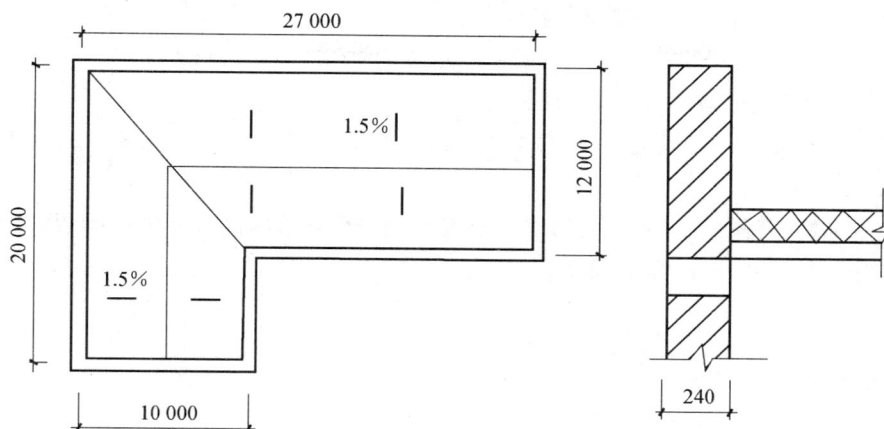

图 14-2　保温平屋面示意图

解：1）水泥蛭石块保温层工程量计算如下。

计算公式：屋面保温层工程量＝保温层设计长度×设计宽度

屋面保温层工程量＝（27.00－0.24）×（12.00－0.24）＋（10.00－0.24）×（20.00－12.00）＝392.78（m²）

2）预制混凝土架空隔热板工程量计算如下。

计算公式：预制混凝土板架空隔热板工程量＝设计长度×设计宽度×厚度

预制混凝土板架空隔热层工程量＝（27.00－0.24）×（12.00－0.24）＋（10.00－0.24）×（20.00－12.00）×0.06＝319.38（m³）

【实例 14-3】　图 14-3 是某冷库平面图，设计采用软木保温层，厚度 0.01 m，顶棚做带木龙骨保温层，试计算该冷库室内软木保温隔热层工程量。

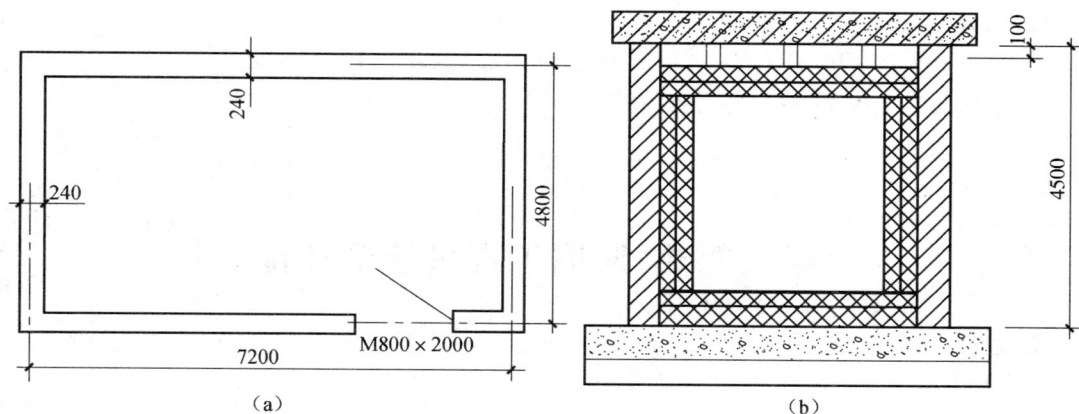

图 14-3　软木保温隔热冷库简图
（a）平面图；（b）立面图

解：1）地面保温隔热层工程量为：

$$[(7.2-0.24)\times(4.8-0.24)+0.8\times0.24]\times0.1=3.19(m^3)$$

2）钢筋混凝土板下软木保温层工程量为：

$$(7.2-0.24)\times(4.8-0.24)\times0.1=3.17(m^3)$$

3）墙体按附墙铺贴软木考虑,工程量为：

$$[(7.2-0.24-0.1+4.8-0.24-0.1)\times2\times(4.5-0.3)-0.8\times2]\times0.1$$
$$=9.35(m^3)$$

【实例 14-4】 若图 14-3 冷库内加设 2 根直径为 0.5 m 的圆柱,上带柱帽,尺寸如图 14-4 所示,仍采用软木保温,试计算工程量。

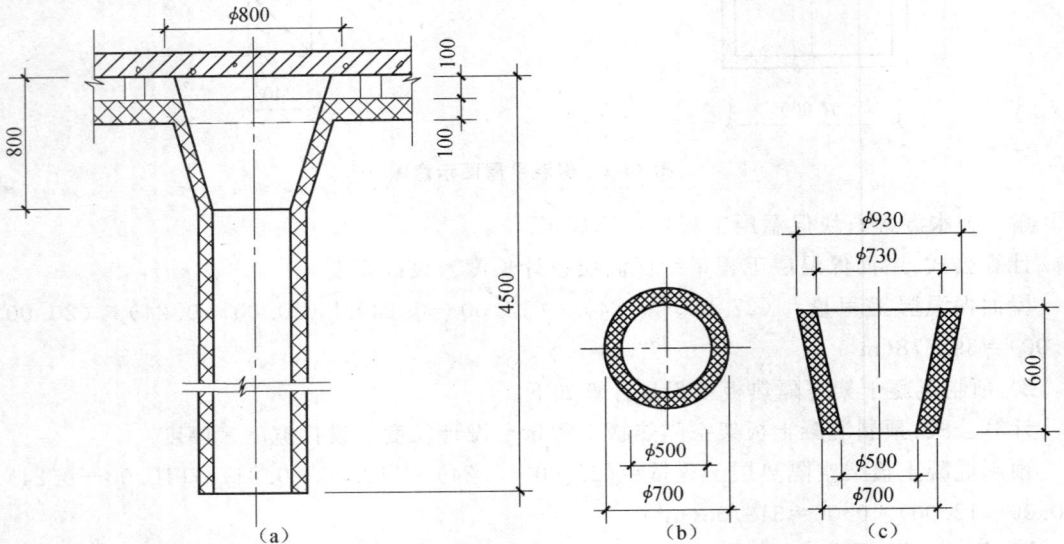

图 14-4 柱保温层结构图

解：1）柱身保温层工程量。

$$V_1=0.6\pi\times(4.5-0.8)\times0.1\times2=1.39(m^3)$$

2）柱帽保温工程量,按空心圆锥体计算。

$$V_2=\frac{1}{2}\pi\times(0.7+0.73)\times0.6\times0.1\times2=0.27(m^3)$$

保温、隔热、防腐工程量清单计价

某玻璃钢防腐工程。

（1）业主根据施工图计算

业主根据施工图计算出玻璃钢防腐面层工程量清单见表 14-4。

表 14-4　分部分项工程量清单

序号	项目编码	项目名称	计量单位	工程数量
1	010801004	玻璃钢防腐面层	m²	25.30

（2）工程量清单计价工料机分析表

1）玻璃钢防腐面层分析表见表 14-5。

表 14-5　玻璃钢防腐面层分析表

项目编码:010801004　　　　　　　　　　　　　　　　　　　计量单位:100 m²

序号	工作内容（名称）	1.清理基层;2.刷底漆、刮腻子;3.胶浆配制、涂刷;4.粘布、涂刷面层			
		单位	单价/元	消耗量	合价/元
1	综合人工	工日	22.00	5.29	116.38
2	石英粉	kg	0.44	2.39	1.05
3	丙酮	kg	4.14	9.68	40.08
4	环氧树脂	kg	27.72	11.96	331.53
5	乙二胺	kg	14.00	0.84	11.76
6	其他材料费（占材料费）	%	384.41	2	7.69
7	轴流风机 7.5 kW（小型）	台班	33.65	1	33.65
	合　计	元			542.14

2）玻璃钢面层刮腻子（每层）分析表见表 14-6。

表 14-6　玻璃钢面层刮腻子（每层）分析表

项目编码:010801004　　　　　　　　　　　　　　　　　　　计量单位:100 m²

序号	工作内容（名称）	配制腻子及嵌刮			
		单位	单价/元	消耗量	合价/元
1	综合人工	工日	22.00	3.31	72.82
2	环氧树脂	kg	27.72	3.59	99.51
3	丙酮	kg	4.14	0.72	2.98
4	乙二胺	kg	14.00	0.25	3.50
5	石英粉	kg	0.44	7.18	3.16
6	砂布	张	0.90	40	36.00
7	其他材料费（占材料费）	%	145.24	2	2.90
8	轴流风机 7.5 kW（小型）	台班	33.65	1.6	53.84
	合　计	元			274.71

3）环氧玻璃钢贴布面层（贴布每层）分析表见表 14-7。

表 14-7 环氧玻璃钢贴布面层(贴布每层)分析表

项目编码:010801004   计量单位:100 m²

序号	工作内容(名称)	1.材料运输;2.填料干燥、过筛;3.胶浆配制、涂刷;4.配制腻子及嵌刮;5.贴布一层			
		单位	单价/元	消耗量	合价/元
1	综合人工	工日	22.00	44	968.00
2	环氧树脂	kg	27.72	17.94	497.30
3	丙酮	kg	4.14	6.09	25.21
4	乙二胺	kg	14.00	1.26	17.64
5	石英粉	kg	0.44	3.59	1.58
6	玻璃丝布	m²	1.67	115	192.05
7	砂布	张	0.90	20	18.00
8	其他材料费(占材料费)	%	751.76	2	15.04
9	轴流风机 7.5 kW(小型)	台班	33.65	5	168.25
	合 计	元			1903.07

4) 环氧玻璃钢面漆(每层)分析表见表 14-8。

表 14-8 环氧玻璃钢面漆(每层)分析表

项目编码:010801004   计量单位:100 m²

序号	工作内容(名称)	刮腻子、刷油漆			
		单位	单价/元	消耗量	合价/元
1	综合人工	工日	22.00	3.14	69.08
2	环氧树脂	kg	27.72	11.96	331.53
3	丙酮	kg	4.14	4.29	17.76
4	乙二胺	kg	14.00	0.84	11.76
5	石英粉	kg	0.44	0.84	0.37
6	轴流风机 7.5 kW(小型)	台班	33.65	1.00	33.65
	合 计	元			464.15

（3）工程量清单综合单价分析表

工程量清单综合单价分析表见表 14-9。

表 14-9　工程量清单综合单价分析表

项目编码	清单项目				计量单位	清单项目工程量		综合单价/元		
010801004	玻璃钢防腐面层				m²	25.30		45.30		
序号	定额编号	子目名称	单位	工程量	子目综合单价分析/元					合价/元
					单价	人工费	材料费	机械使用费	管理费	利润	

序号	定额编号	子目名称	单位	工程量	单价	人工费	材料费	机械使用费	管理费	利润	合价/元
1	10028	玻璃钢防腐面层	100 m³	0.253	5.42	1.16	3.92	0.34	1.84	0.43	7.69
2	10029	玻璃钢面层刮腻子	100 m²	0.253	2.75	0.73	1.48	0.54	0.94	0.22	3.91
3	10030	环氧玻璃钢贴面面层	100 m²	0.253	19.03	9.68	7.67	1.68	6.47	1.52	27.02
4	10031	环氧玻璃钢面漆	100 m²	0.253	4.70	0.75	3.61	0.34	1.60	0.38	6.68
		子目合价				12.32			45.30		

第十五章　建筑工程施工图预算的编制与审查

1. 了解施工图预算的概念及作用。
2. 熟悉施工图预算的编制依据及方法。
3. 掌握施工图预算的审查内容。

知识课堂

施工图预算的概念与作用

1. 概念

施工图预算是根据施工图,按照各专业工程的预算工程量计算规则统计计算出工程量,并考虑实施施工图的施工组织设计确定的施工方案或方法,按照现行预算定额、工程建设费用定额、材料预算价格和建设主管部门规定的费用计算程序及其他取费规定等,确定的单位工程、单项工程及建设项目建筑安装工程造价的技术和经济文件。

2. 作用

(1) 最主要的作用就是为建筑安装产品定价

准确的施工图预算所确定的工程造价,即是建筑安装产品的计划价格。由于建筑安装产品和施工生产的技术经济特点以及社会主义初级阶段建筑市场机制和价值规律的客观要求,建筑安装产品的计划价格,在现阶段仍然是按编制工程预算的特殊计价程序来计算和确定。以此所确定的工程造价,能为编制基本建设计划,考核基本建设投资效益提供可靠的依据。

(2) 是建设单位和建筑安装企业经济核算的基础

施工图预算是建筑安装企业确定工程收入的依据,是工程预算成本的根据。以此来对照工程的人工、材料、机械等费用的实际消耗,才能正确地核算其经济效益,便于进行成本分析,改善建设项目和施工企业的管理。对于建设单位的经济核算和编制计划、决策,施工图预算也是主要的依据之一。

(3) 是工程进度计划和统计工作的基础,是设备、材料加工订货的依据

在工程建设计划编制中,工程项目和工程量的主要依据是工程建设预算的有关指标。因此,检查与分析工程建设进度计划执行情况的工程统计,其口径应与计划指标取得一致,并与预算对口。经过对比分析,才能反映出工程建设计划实际完成情况和所存在的问题以及与企业收益的关系。需加工订货和材料、设备的数量,应以预算的实物量指标作为控制的依据,防止盲目采购或加工而突破预算货币的指标。

(4) 是编制工程招标标底和工程投标报价的基础

工程建设实行招投标承包,是基本建设和建筑业改革的一项主要内容。不论采取何种包

干方式,都要以工程预算所确定的工程造价为基础,适当地考虑影响造价的各种动态因素后确定标底。同样,投标单位投标报价仍然是以工程预算为基础,进而考虑本企业的实际水平,充分利用自身的优势和相应的投标报价策略而确定的。

3. 内容

施工图预算有单位工程预算、单项工程预算和建设项目总预算。在单位工程预算的基础上汇总所有各单位工程施工图预算,成为单项工程施工预算;再汇总各所有单项施工图预算,便是一个建设项目建筑安装工程的总预算。

单位工程预算包括建筑工程预算和设备安装工程预算。建筑工程预算按其工程性质分为一般土建工程预算、水暖工程预算(包括室内外给排水工程、采暖通风工程、煤气工程等)、电气照明工程预算、弱电工程预算、特殊构筑物(如炉窑、烟囱、水塔等工业管道工程)预算等。设备安装工程预算可分为机械设备安装工程预算、电气设备安装工程预算和热力安装工程预算等。

施工图预算审查的作用与内容

1. 作用

1) 对降低工程造价具有现实意义。

2) 有利于节约工程建设资金。

3) 有利于发挥领导层、银行的监督作用。

4) 有利于积累和分析各项技术经济指标。

2. 内容

审查施工图预算的重点是:工程量计算是否准确;分部、分项单价套用是否正确;各项取费标准是否符合现行规定等方面。

(1) 建筑工程施工图预算各分部工程的工程量审核重点

1) 土方工程。

① 平整场地、挖地槽、挖地坑、挖土方工程量的计算是否符合定额计算规定和施工图纸标示尺寸,土壤类别是否与勘察资料一致,地槽与地坑放坡、带挡土板是否符合设计要求,有无重算和漏算。

② 回填土工程量应注意地槽、地坑回填土的体积是否扣除了基础、垫层所占体积,地面和室内填土的厚度是否符合设计要求。

③ 运土方的审查除了注意运土距离外,还要注意运土数量是否扣除了就地回填的土方。运土距离应是最短运距,需作比较。

2) 打桩工程。

① 注意审查各种不同桩料,必须分别计算,施工方法必须符合设计要求或经设计院同意。

② 桩料长度必须符合设计要求,桩料长度如果超过一般桩料长度需要接桩时,注意审查接头数是否正确。

③ 必须核算实际钢筋量(抽筋核算)。

3) 砖石工程。

① 墙基与墙身的划分是否符合规定。

② 按规定不同厚度的墙、内墙和外墙是否是分别计算的，应扣除的门窗洞口及埋入墙体各种钢筋混凝土梁、柱等是否已经扣除。

③ 不同砂浆强度的墙和定额规定按立方米或按平方米计算的墙，有无混淆、错算或漏算。

4）混凝土及钢筋混凝土工程。

① 现浇构件与预制构件是否分别计算。

② 现浇柱与梁，主梁与次梁及各种构件计算是否符合规定，有无重算或漏算。

③ 有筋和无筋构件是否按设计规定分别计算，有没有混淆。

④ 钢筋混凝土的含钢量与预算定额的含钢量发生差异时，是否按规定予以增减调整。

⑤ 钢筋按图抽筋计算。

5）木结构工程。

① 门窗是否按不同种类，按框外面积或扇外面积计算。

② 木装修的工程量是否按规定分别以延长米或平方米计算。

③ 门窗孔面积与相应扣除的墙面积中的门窗孔面积核对应一致。

6）地面工程。

① 楼梯抹面是否按踏步和休息平台部分的水平投影面积计算。

② 细石混凝土地面找平层的设计厚度与定额厚度不同时，是否按其厚度进行换算。

③ 台阶不包括嵌边、侧面装饰

7）屋面工程。

① 卷材层工程量是否与屋面找平层工程量相等。

② 屋面保温层的工程量是否按屋面层的建筑面积乘以保温层平均厚度计算，不做保温层的挑檐部分是否按规定计算。

③ 瓦材规格如实际使用与定额取定规格不同时，其数量换算，其他不变。

④ 屋面找平层的工程量同卷材屋面，其嵌缝油膏已包括在定额内，不另计算。

⑤ 刚性屋面按图示尺寸水平投影面积乘以屋面坡度系数，以平方米计算。不扣除房上烟囱、风帽底座，风道所占面积。

8）构筑物工程。

① 烟囱和水塔脚手架是以座编制的，凡地下部分已包括在定额内，按规定不能再另行计算。审查是否符合要求，有无重算。

② 凡定额按钢管脚手架与竹脚手架综合编制，包括挂安全网和安全笆的费用。如实际施工不同均可换算或调整；如施工需搭设斜道则可另行计算。

9）装饰工程。

① 内墙抹灰的工程量是否按墙面的净高和净宽计算，有无重算或漏算。

② 抹灰厚度，如设计规定与定额取定不同时，在不增减抹灰遍数的情况下，一般按每增减1 mm 定额调整。

③ 油漆、喷涂的操作方法和颜色不同时，均不调整。如设计要求的涂刷遍数与定额规定不同时，可按"每增加一遍"定额项目进行调整。

10）金属构件制作。

① 金属构件制作工程量多数以吨为单位。在计算时，型钢按图示尺寸求出长度，再乘以

每米的重量;钢板要求出面积,再乘以每平方米的重量。审查是否符合规定。

② 除注明者外,定额均已包括现场(工厂)内的材料运输、下料、加工、组装及产品堆放等全部工序。

③ 加工点至安装点的构件运输,应另按"构件运输定额"相应项目计算。

(2)审查定额或单价的套用

1)预算中所列各分项工程单价是否与预算定额的预算单价相符;其名称、规格、计量单位和所包括的工程内容是否与预算定额一致。

2)有单价换算时,应审查换算的分项工程是否符合定额规定及换算是否正确。

3)对补充定额和单位计价表的使用应审查补充定额是否符合编制原则,单位计价表计算是否正确。

(3)审查其他有关费用

其他有关费用包括的内容各地不同,具体审查时应注意是否符合当地规定和定额的要求。

1)是否按本项目的工程性质计取费用、有无高套取费标准。

2)间接费的计取基础是否符合规定。

3)预算外调增的材料差价是否计取间接费;直接费或人工费增减后,有关费用是否做了相应调整。

4)有无将不需安装的设备计取在安装工程的间接费中。

5)有无巧立名目、乱摊费用的情况。

6)利润和税金的审查,重点应放在计取基础和费率是否符合当地有关部门的现行规定,有无多算或重算方面。

学以致用

施工图预算的编制依据

1.一般规定

编制施工图预算必须深入现场进行充分的调研,使预算的内容既能反映实际,又能满足施工管理工作的需要。同时,必须严格遵守国家建设的各项方针、政策和法令,做到实事求是,不弄虚作假,并注意不断研究和改进编制的方法,提高效率,准确及时地编制出高质量的预算,以满足工程建设的需要。

2.施工图纸及设计说明和标准图集

经审定的施工图纸、说明书和标准图集,完整地反映了工程的具体内容,各部的具体做法、结构尺寸、技术特征以及施工方法,是编制施工图预算的重要依据。

3.现行国家基础定额及有关计价表

国家和地区都颁发有现行建筑、安装工程预算定额及计价表和相应的工程量计算规则,是编制施工图预算、确定分项工程子目、计算工程量、计算工程费直接的主要依据。

4.施工组织设计或施工方案

因为施工组织设计或施工方案中包括了与编制施工图预算必不可少的有关资料,如建设地点的土质、地质情况,土石方开挖的施工方法及余土外运方式与运距,施工机械使用情况,结构构件预制加工方法及运距,重要的梁板柱的施工方案,重要或特殊设备的安装方案等。

5.材料、人工、机械台班预算价格及市场价格

材料、人工、机械台班预算价格是构成综合单价的主要因素。尤其是材料费在工程成本中占的比重大,而且在市场经济条件下,材料、人工、机械台班的价格是随市场而变化的。为使预算造价尽可能符合实际,合理确定材料、人工、机械台班预算价格是编制施工图预算的重要依据。

6.建筑安装工程费用定额

建筑安装工程费用定额是各省、市、自治区和各专业部门规定的费用定额及计算程序。

温馨提示

预算员工作手册及有关工具书如下:

预算员工作手册和工具书包括了计算各种结构件面积和体积的公式,钢材、木材等各种材料规格、型号及用量数据,各种单位换算比例,特殊断面、结构件的工程量的速算方法及金属材料质量表等。

施工图审查的方法

1.逐项审查法

逐项审查法又称全面审查法,即按定额顺序或施工顺序,对各分项工程中的工程细目逐项全面详细审查的一种方法。其优点是全面、细致,审查质量高、效果好。缺点是工作量大,时间较长。这种方法适合于一些工程量较小、工艺比较简单的工程。

2.标准预算审查法

标准预算审查法就是对利用标准图纸或通用图纸施工的工程,先集中力量编制标准预算,以此为准来审查工程预算的一种方法。按标准设计图纸或通用图纸施工的工程,一般上部结构和做法相同,只是根据现场施工条件或地质情况不同,仅对基础部分做局部改变。凡这样的工程,以标准预算为准,对局部修改部分单独审查即可,不需逐一详细审查。该方法的优点是时间短、效果好、易定案。其缺点是适用范围小,仅适用于采用标准图纸的工程。

3.分组计算审查法

分组计算审查法就是把预算中有关项目按类别划分若干组,利用同组中的一组数据审查分项工程量的一种方法。这种方法首先将若干分部分项工程按相邻且有一定内在联系的项目进行编组,利用同组分项工程间具有相同或相近计算基数的关系,审查一个分项工程数量,由此判断同组中其他几个分项工程的准确程度。该方法的特点是审查速度快、工作量小。

4.对比审查法

对比审查法是当工程条件相同时,用已完工程的预算或未完但已经过审查修正的工程预算对比审查拟建工程的同类工程预算的一种方法。

5."筛选"审查法

"筛选"审查法是能较快发现问题的一种方法。建筑工程虽面积和高度不同,但其各分部分项工程的单位建筑面积指标变化却不大。将这样的分部分项工程加以汇集、优选,找出其单位建筑面积工程量、单价、用工的基本数值,归纳为工程量、价格、用工三个单方基本指标,并注明基本指标的适用范围。这些基本指标用来筛分各分部分项工程,对不符合条件的应进行详细审查,若审查对象的预算标准与基本指标的标准不符,就应对其进行调整。"筛选"审查法的优点是简单易懂,便于掌握,审查速度快,便于发现问题。但问题出现的原因尚需继续审查。该方法适用于审查住宅工程或不具备全面审查条件的工程。

6. 重点审查法

重点审查法就是抓住工程预算中的重点进行审核的方法。审查的重点一般是工程量大或者造价较高的各种工程、补充定额、计取的各项费用(计取基础、取费标准)等。重点审查法的优点是突出重点、审查时间短、效果好。

施工图预算的审查步骤

1. 做好审查前的准备工作

1) 熟悉施工图纸。施工图纸是编制预算分项工程数量的重要依据,必须全面熟悉了解。一是核对所有的图纸,清点无误后,依次识读;二是参加技术交底,解决图纸中的疑难问题,直至完全掌握图纸。

2) 了解预算包括的范围。根据预算编制说明,了解预算包括的工程内容。例如,配套设施、室外管线、道路以及会审图纸后的设计变更等。

3) 弄清编制预算采用的单位工程估价表。任何单位估价表或预算定额都有一定的适用范围。根据工程性质,搜集熟悉相应的单价、定额资料,特别是市场材料单价和取费标准等。

2. 选择合适的审查方法,按相应内容审查

由于工程规模、繁简程度不同,施工企业情况也不同,所编工程预算繁简和质量也不同,因此需针对情况选择相应的审查方法进行审核。

3. 综合整理审查资料

编制调整预算。经过审查,如发现有差错,需要进行增加或核减的,经与编制单位逐项核实,统一意见后,修正原施工图预算,汇总核减量。

第十六章　建筑工程结算与竣工决算

学习目标

1. 了解建筑工程结算的基础知识,掌握其中的概念及作用,内容与方式。
2. 熟悉建筑工程决算的分类与作用
3. 掌握建筑工程结算的编制方式与依据。

知识课堂

工程结算基础知识

1. 概念

工程结算是指项目竣工后,承包方按照合同约定的条款和结算方式,向业主结清双方往来款项。工程结算在项目施工中通常需要发生多次,一直到整个项目全部竣工验收,还需要进行最终建筑产品的工程竣工结算,从而完成最终建筑产品的工程造价的确定和控制。

2. 作用

1) 通过工程结算办理已完工程的工程价款,确定施工企业的货币收入,补充施工生产过程中的资金消耗。

2) 工程结算是统计施工企业完成生产计划和建设单位完成建设投资任务的依据。

3) 竣工结算是施工企业完成该工程项目的总货币收入,是企业内部编制工程决算,进行成本核算,确定工程实际成本的重要依据。

4) 竣工结算是建设单位编制竣工决算的主要依据。

5) 竣工结算的完成,标志着施工企业和建设单位双方所承担的合同义务和经济责任的基本结束。

3. 分类

根据工程结算的内容不同,工程结算可分为以下几种。

1) 工程价款结算:它是指建筑安装工程施工完毕并经验收合格后建筑安装企业(承包商)按工程合同的规定与建设单位(业主)结清工程价款的经济活动。包括预付工程备料款和工程进度款的结算,在实际工作中通常统称为工程结算。

2) 设备、工器具购置结算:是指建设单位、施工企业为了采购机械设备、工器具以及处理积压物资,同有关单位之间发生的货币收付结算。

3) 劳务供应结算:是指施工、建设单位及有关部门之间,互相提供咨询、勘察、设计、建筑安装工程施工、运输和加工等劳务而发生的结算。

4) 其他货币资金结算:是施工单位各项工作、建设单位及主管基建部门和建设银行等之间,资金调拨、缴纳、存款、贷款和账户清理而发生的结算。

温馨提示

编制依据,工程结算的编制依据主要有以下资料:

1) 施工企业与建设单位签订的合同或协议书。

2) 施工进度计划、月旬作业计划和施工工期。

3) 施工过程中现场实际情况记录和有关费用签证。

4) 施工图样及有关资料、会审纪要、设计变更通知书和现场工程变更签证。

工程竣工决算的编制

工程竣工决算的分类与作用

1. 工程竣工决算及其分类

工程竣工决算是工程竣工之后,由建设单位编制的用来综合反映竣工建设项目或单项工程的建设成果和财务情况的经济文件。

为了严格执行建设项目竣工验收制度,正确核定新增固定资产价值,考核投资效果,建立健全的经济责任制,国家建设项目竣工验收规定,所有的新建、扩建、改建和重建的建设项目竣工后都要编制竣工决算。根据建设项目规模的大小,可分为大、中型建设项目竣工决算和小型建设项目竣工决算两大类。

必须指出,施工企业为了总结经验,在单位工程竣工后,往往也编制单位工程竣工成本决算,核算单位工程的实际成本、预算成本和成本降低额,作为实际成本分析、反映经营成果和提高管理水平的手段,它与建设工程竣工决算,在概念的内涵上是不同的。

2. 工程竣工决算的作用

1) 竣工决算是建设与施工单位双方结算工程价款,完结合同关系和经济责任的依据。

2) 竣工决算反映建筑安装工程上作量和实物量的实际完成情况,是建设单位编报竣工决算的依据。

3) 竣工决算反映建筑安装工程实际造价,是编制概算指标、投资估算指标的基础资料。

4) 竣工决算是施工企业的最终收入,是施工企业进行经济核算和考核工程成本的依据。

学习致用

工程结算内容与方式

1. 工程结算内容

1) 按照工程承包合同或协议办理预付工程备料款。

2) 按照双方确定的结算方式开列施工作业计划和工程价款预支单,办理工程预付款。

3) 月末(或阶段完成)呈报已完工程月(或阶段)报表和工程价款结算单,同时按规定抵扣工程备料款和预付工程款,办理工程款结算。

4) 年终已完成工程、未完工程盘点和年终结算。

5）工程竣工时，编写工程竣工书，办理工程竣工结算。

2. 工程结算方式

目前，我国采用的工程结算方式主要有以下几种。

（1）按月结算

实行旬末或月中预支，月终结算，竣工后清算的方法。跨年度竣工的工程，在年终进行工程盘点，办理年度结算。

（2）竣工后一次结算

建设项目或单项工程全部建筑安装工程建设期在 12 个月以内，或者工程承包价值在 100 万元以下的，可以实行工程价款每月月中预支，竣工后一次结算。

（3）分段结算

分段结算，即当年开工，当年不能竣工的单项工程或单位工程按照工程形象进度，划分不同阶段进行结算。

（4）目标结算方式

目标结算方式，即在工程合同中，将承包工程的内容分解成不同的控制界面，以业主验收控制界面作为支付工程款的前提条件。也就是说，将合同中的工程内容分解成不同的验收单元，当施工单位完成单元工程内容并经业主验收后，业主支付构成单元工程内容的工程价款。在目标结算方式下，施工单位要想获得工程价款，必须按照合同约定的质量标准完成界面内的工程内容，要想尽早获得工程价款，施工单位必须充分发挥自己的组织实施能力，在保证质量的前提下，加快施工进度。

（5）结算双方约定的其他结算方式

实行预收备料款的工程项目，在承包合同或协议中应明确发包单位（甲方）在开工前拨付给承包单位（乙方）工程备料款的预付数额、预付时间，开工后扣还备料款的起扣点、逐次扣还的比例以及办理的手续和方法。

按照我国有关规定，备料款的预付时间应不迟于约定的开工日期前 7 天。发包方不按约定预付的，承包方在约定预付时间 7 天后向发包方发出要求预付的通知。发包方收到通知后仍不能按要求预付，承包方可在发出通知后 7 天停止施工，发包方应从约定应付之日起向承包方支付应付款的贷款利息，并承担违约责任。

工程竣工决算的编制方式与依据

1. 概念与作用

（1）竣工决算的概念

竣工决算是工程竣工后施工单位根据施工过程中实际发生的变更情况对原施工图预算或工程合同造价进行调整、修正，重新确定工程造价的技术经济文件。

施工图预算是在开工前编制和签订的。施工过程中工程地质条件的变化、设计考虑不周或设计意图的改变、材料的代换、项目的删减以及经有关方面协商同意而发生的设计变更等都会使原施工图预算或工程合同确定的工程造价发生变化。为了如实地反映竣工工程造价，单位工程竣工后必须及时办理竣工决算。

（2）竣工决算的作用

1）是施工单位与建设单位办理工程价款结算的依据。

2）是建设单位编制竣工决算的基础资料。

3）是施工单位统计最终完成工作量和竣工面积的依据。

4）是施工单位计算全员产值,核算工程成本,考核企业盈亏的依据。

5）是进行经济活动分析的依据。

2. 竣工决算方式

（1）施工图预算加签证的决算方式

把经过审定的施工图预算作为决算的依据。凡是在施工过程中发生而施工图预算又未包括的工程项目和费用,经建设单位签证后,可以在竣工决算中调整。

（2）施工图预算加系数包干的决算方式

先由有关单位共同商定包干范围,编制施工图预算时,乘以一个不可预见的包干系数。

如果发生包干范围以外的增加项目,如增加建筑面积,提高原设计标准,改变工程结构等,必须由双方协商同意后方可变更,并随时填写工程变更结算单,经双方签证,作为结算工程价款的依据。

（3）平方米造价包干的决算方式

它与按施工图加签证的办法比较,手续简便,但适用范围具有一定局限性,一般只适用于民用住宅工程的上部结构。

（4）招标、投标结算方式

招标标底和投标标价都是以施工图预算为基础核定的,投标单位在此基础上根据竞争对手情况和自己的竞争策略对报价进行合理浮动。中标后,招标单位与投标单位按照中标标价、承包方式、范围、工期、质量、双方责任、付款及结算办法、奖惩规定等内容签订承包合同,合同确定的工程造价就是决算造价。

3. 工程竣工决算的编制依据

1）工程竣工报告及竣工验收单。这是编制工程竣工结算的首要条件。对要办理竣工结算的工程项目,应对工程数量、质量进行全面清点,看其是否符合设计要求及施工验收规范。未完工程或工程质量不合格的,不能结算。需要返工的,应返修并经验收点交后,才能结算。如果施工合同中说明工程价款与工程质量有奖罚的,应依据竣工验收确定的质量等级,结算工程价款。

2）施工合同文件。施工合同文件包括合同协议条款、合同条件,招标承包工程的中标通知书、投标书和招标文件,工程量清单或确定工程造价的工程预算书和图纸。合同文件中规定的承包方式、范围、工期、质量等级、合同价款、合同价款内容、结算方式、双方责任等,是竣工决算的主要依据。

3）图纸会审记录、设计变更、现场签证、工程洽商记录。这些是竣工决算时判定合同增减变化因素的依据。同时,建设单位及其代表的口头批示（应有书面确认）、各方来往文件和信件、会议记录和施工日志等,可作为决算的辅助依据。

4）工程进度报表,施工人员出勤记录,材料、设备进场报表,工程验收记录,工程照片。这些是决算时计算各项费用的依据。

5）预算定额、材料预算价格、取费标准、工程建设造价信息、材料采购原始凭证、国家有关造价调整文件。

6）不可抗拒的自然灾害和不可预见费用的记录。

7）国家颁发的有关法律、法规、部门规章。如《中华人民共和国合同法》、《建设工程施工合同管理办法》等。

4. 工程竣工决算的编制步骤与方法

（1）工程竣工决算的编制步骤

1）收集、整理、分析原始资料。从建设工程开始就按编制依据的要求，收集、清点、整理有关资料，主要包括建设工程档案资料，如设计文件、施工记录、上级批文、概（预）算文件、工程结算的归集整理、财务处理、财产物资的盘点核实及债权债务的清偿，做到账证、账实、账表相符。对各种设备、材料、工具、器具等要逐项盘点核实并填列清单，妥善保管，或按照国家有关规定处理，不准任意侵占和挪用。

2）对照、核实工程变动情况，重新核实各单位工程、单项工程造价。将竣工资料与原设计图纸进行查对、核实，必要时可实地测量，确认实际变更情况；根据经审定的施工单位竣工决算等原始资料，按照有关规定对原概（预）算进行增减调整，重新核定工程造价。

3）将审定后的待摊投资、设备工器具投资、建筑安装工程投资、工程建设其他投资严格划分和核定后，分别计入相应的建设成本栏目内。

4）编制竣工财务决算说明书，力求内容全面、简明扼要、文字流畅、说明问题。

5）填报竣工财务决算报表。

6）做好工程造价对比分析。

7）清理、装订好竣工图。

8）按国家规定上报、审批、存档。

（2）工程竣工决算的方法

1）核实工程量。

① 根据原施工图预算工程量进行复核，防止漏算、重算和错算。

② 根据设计修改而变更的工程量进行调整。

③ 根据现场工程变更进行调整。这些变更包括：施工中预见不到的工程，如基础开挖后遇到古墓等；施工方法与原施工组织设计或施工方案不符，如土方施工由机械改为人工等。这些调整必须根据建设单位和施工单位双方签证。

2）调整材料价差。工期长是建筑产品生产的一大特点，一般来说，施工周期内实际材料预算价格与开工前编制施工图预算所确定的材料预算价格相比是有变化的。按规定，在编制工程竣工决算时，应对材料价差进行调整。

附录　造价员常用工作表格

工程价款结算账单

工程名称：　　　　　　　　　　　　　　　　　　　　　　　编号：_____

单位：元

单项工程项目名称	合同预算		本期应收工程款	应抵扣款项					本期实收款	备料款余额	本期止已收工程价款累积	备注
	价值	其中：计划利润		合计	预支工程款	备料款	建设单位供给材料价款	各种往来款				

承包单位项目制表人：　　　　　　（签章）　　　建筑单位项目负责人：　　　　　　（签章）

说明：(1)本账单由承包单位在月终和竣工决算工程价款时填列。送建设单位和经办行各一份。

　　　(2)第4栏"应收工程款"应根据已完工程月报数填写。

工程款支付申请报告

工程名称：   编号：

致：工程造价主管

施工单位已完成了××住宅楼基础工程施工的工作，经我方验收，结果如下。

1.合格工程项目

1）基础钢筋的绑扎，共计50吨。

2）基础模板的支固。

3）基础混凝土的浇注，共计500方。

2.经返工后合格的工程项目

无

3.不合格的工程项目

无

现上报施工单位工程款支付申请，请工程造价主管予以审查。

附件：1.工程量清单

2.施工单位工程款支付申请表

工地代表：   日期：   年 月 日

工程造价主管回复意见：

同意/不同意审查施工单位报审的工程款支付申请资料。

理由：(此处应说明同意或不同意审查工程款支付申请资料的理由)

工程造价主管：   日期：   年 月 日

说明：本表由工地代表填写，一式两份，工地代表、工程造价主管各存一份。

维修工程结算费

工程名称：　　　　　　　　　　　　　　　　　　　　　　编号：＿＿＿＿＿

施工单位					房号			
甲方监理人		审核人			主要维修项目			
序号	工程编号	工程名称	单位	工程量	单价/元	合价/元	审定合价/元	备注
总计价格：					核定总计价格：			
利润税金：					核定利润税金：			
结算价格：					核定结算价格：			

现场负责人：	施工单位负责人：	维修组审核人：	监理审核人：
年　月　日	年　月　日	年　月　日	年　月　日

说明：如果维修项目多，表格不够可另加附表。

单位工程费用表

工程名称：　　　　　　　　　　　　　　　　　　　　　　　编号：＿＿＿＿＿

序号	项目名称	合同价/元	送审增减价/元	送审价/元	
合　计					

措施项目费增(减)表

工程名称：　　　　　　　　　　　　　　　　　　　　　　　编号：＿＿＿＿＿＿

第　页　共　页

序号	项目名称	合同价/元	送审增减价/元	备注
	合计			

其他项目费增(减)表

工程名称：　　　　　　　　　　　　　　　　　　　　　　　编号：＿＿＿＿＿＿

第　页　共　页

序号	项目名称	合同价/元	送审增减价/元	备注
1	招标人部分			
	小计			
2	投标人部分			
	小计			
	合计			

材料(设备)询价(空价)审查意见表

编号:_____

工程名称		建设单位	
施工单位		监理单位	
询价方式		询价时间	

询价参加人员:

　　询价记录:

　　1.材料(设备)名称:

　　2.生产厂家:

　　3.供应商:

　　4.供应方式及供应单价:

　　5.材料规格、品种、质地、颜色、等级:

　　6.辅助材料名称:

　　7.单价包括的内容:

　　8.拟购数量:

　　9.施工单位报价:

资讯(申请)人:　　　　　项目负责人:　　　　　　　　年　月　日

监理单位意见:

　　　　　　　　　　　总监理工程师:　　　　　　　　年　月　日

咨询企业意见:

　　　　　　　　　　项目负责人:　　　　　　　　年　月　日

建设单位意见:

　　　　　　　　　项目负责人:　　　　　　　年　月　日

工程造价审定表

编号：_____

工程名称		工程地址	
建设单位		施工单位	
委托合同书编号		审定日期	
原预(结)算总造价/元		审定预(结)算总造价/元	
核减金额/元		核增金额/元	核增减累计额/元
备注：			
签字栏	审价机构(签章) 代表人(签章)：	建设单位(签章) 代表人(签章)：	施工单位(签章) 代表人(签章)：

填表人： 　　　　　　　　　　　　　　　　　　　　　　　　年 月 日

工程造价变更审定表

编号：_____

工程名称		签证项目	
变更事由		审定日期	
建设单位		施工单位	
原预(结)算总造价/元		审定预(结)算总造价/元	
核减金额/元		核增金额/元	核增减累计额/元
说明：			
签字栏	审价机构(签章) 代表人(签章)：	建设单位(签章) 代表人(签章)：	施工单位(签章) 代表人(签章)：

填表人： 　　　　　　　　　　　　　　　　　　　　　　　　年 月 日

预(结)算备案报审表

工程名称： 编号：_____

该工程已按相关规定办理了预(结)算事宜,经相关部门审核,现提供预(结)算资料如下：

1.预(结)算书

说明：

(在此处说明预(结)算书组成的内容、变更洽商的计入方法等)

2.甲方供材料(设备)明细

说明：

(在此处说明提供的甲方供材料明细是否齐备、准确,是否经过审核及计入方法等)

3.甲方分包工程项目明细

说明：

(在此处说明提供的甲方分包项目是否齐备、准确,是否经过审核及计入方法等)

4.其他

(需要另行说明的问题)

建筑单位工程部负责人： 日期： 年 月 日

上列提交的预(结)算备案文件资料现已收悉,审查意见如下：

(所上报资料是否齐备、真实有效,符合信息收集的需要,是否同意备案)

建设单位预结算部负责人： 日期： 年 月 日

工程结算审价资料提供情况登记表

工程名称：   编号：_____

序号	资料名称	提供日期	页数

建设单位(签章) 经办人： 　　　年　月　日	施工单位(签章) 经办人： 　　　年　月　日	审价单位(签章) 签收人： 　　　年　月　日

备注：

参 考 文 献

[1]《建筑工程预算快速培训教材》编写组[M].建筑工程预算快速培训教材[M].北京:北京理工大学出版社,2009.

[2] 陈远吉,等.建筑工程概预算实例教程[M].北京:机械工业出版社,2009.

[3] 中华人民共和国国家标准.建设工程工程量清单计价规范(GB 50500—2013)[S].北京:中国计划出版社,2013.

[4] 中国建设工程造价管理协会.建设工程造价与定额名词解释[M].北京:中国建筑工业出版社,2004.

[5]《建设工程工程量清单计价规范》编制组.《建设工程工程量清单计价规范》宣贯辅导教材[M].北京:中国计划出版社,2013.

[6] 高文安.安装工程预算与组织管理[M].北京:中国建筑工业出版社,2002.

[7] 刘庆山.建筑安装工程预算[M].2版.北京:机械工业出版社,2004.

[8] 蒋红焰.建筑工程概预算[M].北京:化学工业出版社,2005.

[9] 本书编委会.建筑施工企业关键岗位技能图解系列丛书——预算员[M].黑龙江:哈尔滨工程大学出版社,2008.

[10] 张庆宏,等.建筑工程概预算编制常识[M].北京:化学工业出版社,2006.

[11] 曹小琳,等.建筑工程定额原理与概预算[M].北京:中国建筑工业出版社,2008.

[12] 本书编委会.建筑工程管理人员职业技能全书——造价员[M].湖北:华中科技大学出版社,2008.

[13] 张宝岭,等.建设工程概预算实用便携手册[M].北京:机械工业出版社,2008.

[14] 袁建新,等.建筑工程预算[M].3版.北京:中国建筑工业出版社,2007.

[15] 徐南.建筑工程定额与预算[M].北京:化学工业出版社,2007.

[16] 王瑞红,等.建筑工程项目施工六大员实用手册——预算员[M].北京:机械工业出版社,2004.

[17] 孙震.土木工程概预算[M].北京:人民交通出版社,2006.

[18] 王维纲.土建工程概预算[M].北京:中国建筑工业出版社,2006.

[19] 陈远吉,等.查图表看实例从细节学建筑工程预算与清单计价[M].北京:化学工业出版社,2011.

[20] 陈远吉,等.查图表看实例从细节学安装工程预算与清单计价[M].北京:化学工业出版社,2011.

[21] 中华人民共和国国家标准.房屋建筑与装饰工程工程量计算规范(GB 50854—2013)[S].北京:中国计划出版社,2013.